U0420437

中国战略性新兴产业——前沿新材料

编 委 会

主　　任：魏炳波　韩雅芳

副 主 任：张锁江　吴和俊

委　　员：（按姓氏音序排列）

崔铁军　丁　铁　韩雅芳　李小军　刘　静
刘利民　聂　俊　彭华新　沈国震　唐见茂
王　勇　魏炳波　吴和俊　杨　辉　张　勇
张　韵　张光磊　张锁江　张增志　郑咏梅
周　济

国家出版基金项目
“十四五”时期国家重点出版物出版专项规划项目

中国战略性新兴产业——前沿新材料

多孔金属

丛书主编 魏炳波 韩雅芳
编　　著 丁　轶 汤慧萍 赵云峰 王建忠

中国铁道出版社有限公司
CHINA RAILWAY PUBLISHING HOUSE CO., LTD.

内容简介

本书为“中国战略性新兴产业——前沿新材料”丛书之分册。

本书基于作者20多年的研究成果，以及多孔金属材料研究前沿与产业应用的现状，系统论述了多孔金属的主要类型、制备方法、结构特性和应用领域。本书首次把多孔金属的结构性和功能性结合在一起，从材料体系、制备方法、结构维度等方面实现了毫米—微米—纳米的跨越，为下一代可实现功能集成的跨尺度超结构多孔金属材料的开发与应用展示了广阔的前景。

本书可供材料、化工、能源、交通、生物医药、传感等领域的科研人员和工程技术人员参考，也可供高校材料类专业师生参考。

图书在版编目(CIP)数据

多孔金属 / 丁轶等编著. -- 北京 ：中国铁道出版社有限公司，2024. 12. --(中国战略性新兴产业 / 魏炳波，韩雅芳主编). -- ISBN 978-7-113-31846-8

Ⅰ. TG14

中国国家版本馆 CIP 数据核字第 2024M0R904 号

书　　名：多孔金属

作　　者：丁　轶　汤慧萍　赵云峰　王建忠

策　　划：阚济存　李小军

责任编辑：石华琨　吕继函　　**编辑部电话：**(010)51873169　　**电子邮箱：**3828746671@qq.com

封面设计：高博越

责任校对：刘　畅

责任印制：高春晓

出版发行：中国铁道出版社有限公司(100054，北京市西城区右安门西街8号)

网　　址：https://www.tdpress.com

印　　刷：北京联兴盛业印刷股份有限公司

版　　次：2024年12月第1版　2024年12月第1次印刷

开　　本：787 mm×1 092 mm 1/16　**印张：**14.75　**字数：**311千

书　　号：ISBN 978-7-113-31846-8

定　　价：128.00元

版权所有　侵权必究

凡购买铁道版图书，如有印制质量问题，请与本社读者服务部联系调换。电话：(010)51873174

打击盗版举报电话：(010)63549461

作者简介

魏炳波

中国科学院院士，教授，工学博士，著名材料科学家。现任中国材料研究学会理事长，教育部科技委材料学部副主任，教育部物理学专业教学指导委员会副主任委员。入选首批国家“百千万人才工程”，首批教育部长江学者特聘教授，首批国家杰出青年科学基金获得者，国家基金委创新研究群体基金获得者。曾任国家自然科学基金委金属学科评委、国家“863”计划航天技术领域专家组成员、西北工业大学副校长等职。主要从事空间材料、液态金属深过冷和快速凝固等方面的研究。获1997年度国家技术发明奖二等奖，2004年度国家自然科学奖二等奖和省部级科技进步奖一等奖等。在国际国内知名学术刊物上发表论文120余篇。

韩雅芳

工学博士，研究员，著名材料科学家。现任国际材料研究学会联盟主席、《自然科学进展：国际材料》(英文期刊)主编。曾任中国航发北京航空材料研究院副院长、科技委主任，中国材料研究学会副理事长、秘书长、执行秘书长等职。主要从事航空发动机材料研究工作。获1978年全国科学大会奖、1999年度国家技术发明奖二等奖和多项部级科技进步奖等。在国际国内知名学术刊物上发表论文100余篇，主编公开发行的中、英文论文集20余卷，出版专著5部。

丁　铁

工学博士，教授。1998 年本科、2001 年硕士毕业于中国科学技术大学，2005 年博士毕业于美国约翰霍普金斯大学。2005 年被聘为山东省泰山学者特聘教授并在山东大学工作，2015 年被聘为天津市特聘教授并调入天津理工大学。先后入选英国皇家化学会会士、科技部中组部科技创新领军人才和国家百千万人才，享受国务院政府特殊津贴，2018 年获国家杰出青年科学基金资助。研究方向：纳米多孔金属材料，新能源材料与技术。

序

前沿新材料是指现阶段处在新材料发展尖端，人们在不断地科技创新中研究发现或通过人工设计而得到的具有独特的化学组成及原子或分子微观聚集结构，能提供超出传统理念的颠覆性优异性能和特殊功能的一类新材料。在新一轮科技和工业革命中，材料发展呈现出新的时代发展特征，人类已进入前沿新材料时代，将迅速引领和推动各种现代颠覆性的前沿技术向纵深发展，引发高新技术和新兴产业以至未来社会革命性的变革，实现从基础支撑到前沿颠覆的跨越。

进入21世纪以来，前沿新材料得到越来越多的重视，世界发达国家，无不把发展前沿新材料作为优先选择，纷纷出台相关发展战略或规划，争取前沿新材料在高新技术和新兴产业的前沿性突破，以抢占未来科技制高点，促进可持续发展，解决人口、经济、环境等方面的难题。我国也十分重视前沿新材料技术和产业化的发展。2017年国家发展和改革委员会、工业和信息化部、科技部、财政部联合发布了《新材料产业发展指南》，明确指明了前沿新材料作为重点发展方向之一。我国前沿新材料的发展与世界基本同步，特别是近年来集中了一批著名的高等学校、科研院所，形成了许多强大的研发团队，在研发投入、人力和资源配置、创新和体制改革、成果转化等方面不断加大力度，发展非常迅猛，标志性颠覆技术陆续突破，某些领域已跻身全球强国之列。

“中国战略性新兴产业——前沿新材料”丛书是由中国材料研究学会组织编写，由中国铁道出版社有限公司出版发行的第二套关于材料科学与技术的系列科技专著。丛书从推动发展我国前沿新材料技术和产业的宗旨出发，重点选择了当代前沿新材料各细分领域的有关材料，全面系统论述了发展这些材料的需求背景及其重要意义、全球发展现状及前景；系统地论述了这些前沿新材料的理论基础和核心技术，着重阐明了它们将如何推进高新技术和新兴产业颠覆性的变革和对未来社会产生的深远影响；介绍了我国相关的研究进展及最新研究成果；针对性地提出了我国发展前沿新材料的主要方向和任务，分析了存在的主要问题，提出了相关对策和建议；是我国“十三五”和“十四五”期间在材料领域具有国内领先水平的第二套系列科技著作。

本丛书特别突出了前沿新材料的颠覆性、前瞻性、前沿性特点。丛书的出版，将对我国从事新材料研究、教学、应用和产业化的专家、学者、产业精英、决策咨询机构以及政府职能部门相关领导和人士具有重要的参考价值，对推动我国高新技术和战略性新兴产业可持续发展具有重要的现实意义和指导意义。

本丛书的编著和出版是材料学术领域具有足够影响的一件大事。我们希望，本丛书的出版能对我国新材料特别是前沿新材料技术和产业发展产生较大的助推作用，也热切希望广大材料科技人员、产业精英、决策咨询机构积极投身到发展我国新材料研究和产业化的行列中来，为推动我国材料科学进步和产业化又好又快发展做出更大贡献，也热切希望广大学子、年轻才俊、行业新秀更多地“走近新材料、认知新材料、参与新材料”，共同努力，开启未来前沿新材料的新时代。

中国科学院院士、中国材料研究学会理事长 魏炳波

国际材料研究学会联盟主席 韩雅芳

2020年8月

前　言

“中国战略性新兴产业——前沿新材料”丛书是中国材料研究学会组织的、由国内一流学者著述的一套材料类科技著作。丛书突出颠覆性、前瞻性、前沿性特点，涵盖了超材料、气凝胶、离子液体、多孔金属等10多种重点发展的前沿新材料。本书为《多孔金属》分册。

多孔材料是指内部包含一定数量且满足特定需求孔隙的固体材料，孔隙率通常大于10%，孔隙的尺度通常小于厘米量级。多孔结构是大自然亿万年来演化的最优结果。自然界广泛存在的植物和动物，如犀鸟的喙、鸟的翅膀、树木的躯干，甚至包括人类的骨骼均为多孔结构。这些多孔结构不仅能够承受一定的载荷，起到支撑躯体的作用，而且相互连通的孔隙还可以实现输送营养、减轻重量、保温透气等效果。

多孔金属材料是一类人造多孔材料。20世纪初，同时出现了两种典型的多孔金属材料：一个是1910年出现的烧结青铜含油轴承，奠定了粉末冶金多孔材料的基础，时至今日，每年生产100多亿只含油轴承，用于普通大众的日常生活中，包括手机、风扇、光驱、打印机等；另一个是1926年出现的雷尼镍，采用氢氧化钠浸洗镍铝合金，孔隙率约50%，孔径3～80 nm不等，比表面积可高达100 m^2/g的多孔镍催化剂，至今仍然是有机化合物合成中不可替代的氢化催化剂。

经过一百多年的发展，多孔金属材料已成为现代工业流体净化、物相分离、流态化输送、催化反应、阻尼消声、高效换热、骨科植入等应用难以替代的关键材料，材料的种类几乎覆盖现有全部金属材料，孔隙率最高可达99%，孔径最小可达纳米量级，制备技术也多种多样。近年来以增材制造、脱合金为代表的新技术的出现，为多孔金属材料的孔结构设计与精确控制提供了新的机遇，从而显著扩展了多孔金属材料体系与应用领域。尤其是以锂离子电池和燃料电池为代表的新能源技术及绿色化工与生命健康领域对高性能催化和传感材料的迫切需求，赋予了多孔金属更丰富的科学内涵和广阔的发展空间。此外，多孔金属又属于备受关注的交叉科学前沿，所涉及研究领域与材料、化工、电池、电子、环境、能源、交通等密切相关；在此背景下，《多孔金属》一书适时面世，可为传统多孔金属工程材料和新型纳米多孔金属功能材料架起一座沟通的桥梁，也可以提供一部对产业界和学术界均有参考意义的著作。

本书首先通过绪论引入多孔材料、多孔金属的内容，然后第1章至第4章开始，主要论述烧结多孔金属、泡沫金属、金属点阵材料与纳米多孔金属的制备方法和基本结构特性；第5章至第7章主要论述多孔金属的应用，以已经在化工、交通运输、生物医学等领域实现应用的大尺寸多孔金属及在高效催化、传感和新型电池等领域展现显著应用潜力的纳米多孔金属为主进行论述。本书的侧重点在于探讨多孔金属结构—功能—应用之间的关联，为实现结构功能一体化新材料的开发与应用提供参考。

本书汇聚了金属多孔材料国家重点实验室和天津市先进多孔功能材料重点实验室研究团队多年来的研究成果，也参考了以中国材料研究学会多孔材料分会委员专家为代表的广大同行们的许多创新成果和宝贵建议。感谢刘喜正、何广、印会鸣、何佳、肖子辉、袁克东、王建、高砚秀、安翠华、马军、敖庆波、吴琛、张学哲等在本书编著过程中给予诸多支持。

当前，多孔金属领域在前沿技术探索和工程应用开拓两个方面均呈现高速发展，成果层出不穷。此外，因时间仓促和笔者学识见解有限，书中难免有所疏漏和不足，请同行和读者批评指正。

编著者
2024年3月

目　　录

绪　论

0.1　多孔材料概述

多孔材料广泛存在于自然界和生活中，例如土壤、骨骼、红砖、粉笔、报纸、海绵、面包、植物等。这些常见的物体有一个共同的特点：内部都含有大量孔隙，且孔隙既可以互相连通形成孔道，也可以独立存在形成封闭气囊。多孔结构赋予这些物体低密度、强吸水、高透气等性能，可见多孔材料是一个值得探索的神奇世界。事实上，多孔材料近年来已成为材料研究领域的热点。

依据标准的不同，多孔材料有多种分类方法，其中最常用的有两种：按照孔径和材料组成进行分类。按照国际纯粹与应用化学联合会（International Union of Pure and Applied Chemistry，IUPAC）的标准[1]，根据孔径的大小可分为微孔（micropore，＜2 nm）、介孔（mesopore，2～50 nm）和大孔（macropore，＞50 nm），而微孔还可进一步分为极微孔（supramicropore，0.7～2 nm）和超微孔（ultramicropore，＜0.7 nm）。通常我们所说的纳米多孔材料是指孔径小于 100 nm 的多孔材料。

当然，多孔材料的范畴绝不仅仅局限于某个体系，诸如海绵、泡沫金属、金属筛网等具有毫米甚至微米尺度的孔结构，而有些材料的孔径可以横跨宏观尺度和微观尺度，形成多级孔材料，这又极大地丰富了多孔材料的家族。

若以材料的组成进行分类，多孔材料可分为无机多孔材料、有机多孔材料及无机-有机杂化多孔材料。典型的无机多孔材料包括：分子筛、活性炭、多孔金属等；典型的有机多孔材料包括：共价有机框架（covalent organic frameworks，COFs）、有机多孔聚合物、自具微孔聚合物等；最具代表性的杂化多孔材料则为金属有机框架材料（metal organic frameworks，MOFs）[2]。这些分类互有交叉（图 0-1），以本书所涉及的多孔金属主题而言，既有涵盖几纳米到几百纳米范围的纳米多孔金属，也有微米尺度的泡沫金属和大至毫米尺度的多孔金属筛网。

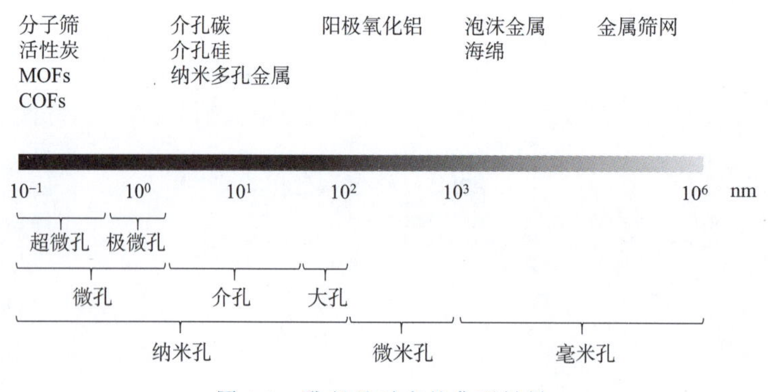

图 0-1　孔径及对应的典型材料

0.1.1　多孔金属的概念

多孔金属是指内部含有大量孔隙的金属材料，其兼具多孔材料和金属材料的优势，在结构上能够兼具轻质与高强度，在功能上能够赋予多孔材料高的导电、导热和电磁屏蔽等其他多孔材料难以获得的性能。近 25 年来，以“porous metal”或“nanoporous metal”为主题词在 Web of Science 数据库检索可获得 85 000 余篇文献(图 0-2)，1998 年以后逐年增加，2017 年以来每年发表的 SCI 论文数都超过 5 000 篇[图 0-2(a)]。此外，世界上 130 多个国家和地区都有从事多孔金属材料研究的科研人员[图 0-2(b)]，其中排名前列的国家分别是中国(49.85%)、美国(23.05%)、韩国(5.77%)、印度(5.57%)日本(5.35%)、德国(4.94%)、英国(3.75%)、澳大利亚(3.32%)法国(3.30%)。

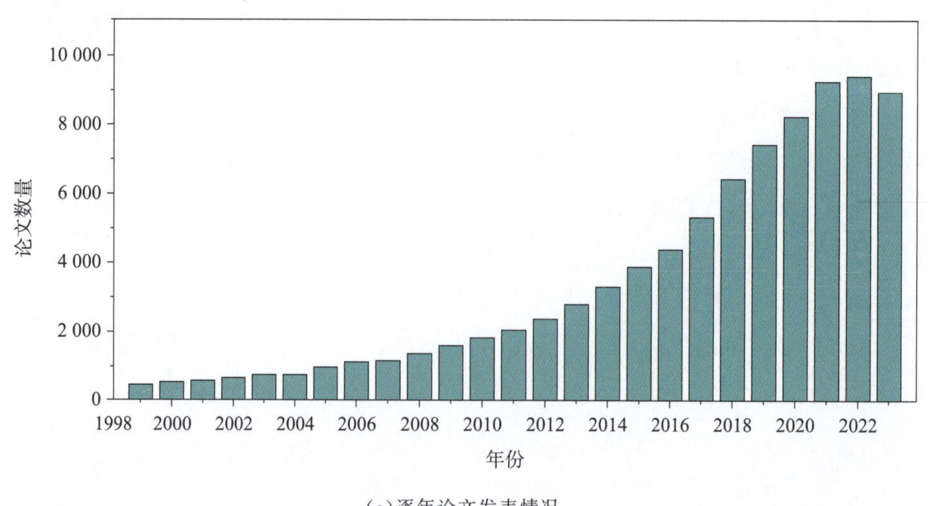

(a)逐年论文发表情况

图　0-2

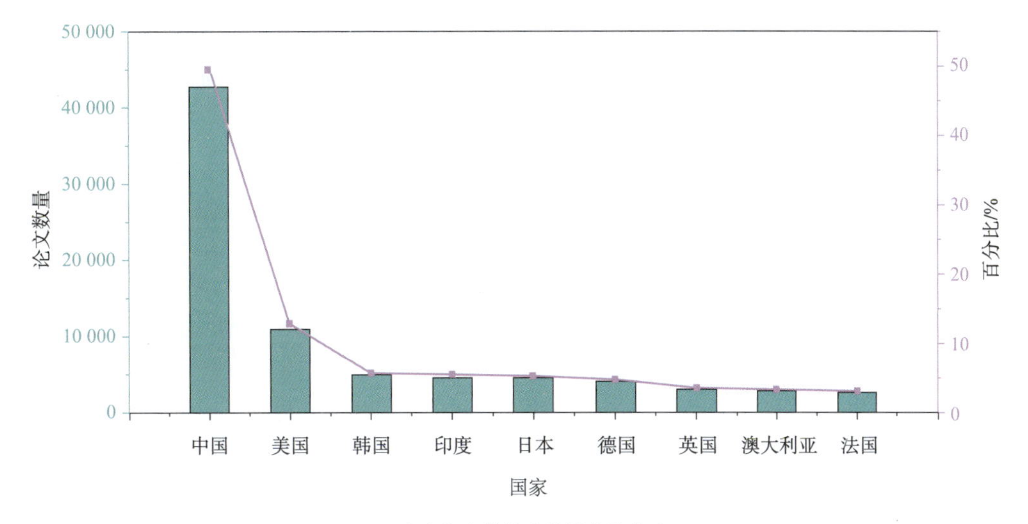

(b)论文发表数较多的国家及占比

图 0-2　以“porous metal”或“nanoporous metal”为关键词在 Web of Science 数据库的检索结果（时间范围 1998-01-01 至 2023-12-31）

0.1.2　多孔金属的发展历程

早在 19 世纪末，以金属粉末为主要原料，通过压制、烧结等工序得到的多孔质金属烧结体即已得到应用。利用其孔隙结构储存润滑油，可以实现自行供油状态下使用的滑动轴承，现常称作烧结含油轴承或者多孔含油轴承[3]。随着 20 世纪工业化的蓬勃发展，这种基于粉末冶金技术的烧结多孔金属材料得到了广泛应用。

泡沫金属(foam metal)概念的提出则被认为始于 1943 年，Sosnick 尝试在熔融铝中添加汞，成功获得了泡沫金属，自此泡沫金属的概念被广泛推广[4]。1956 年，Ellioty 用可热分解的发泡剂替代了有毒的汞[5]。1959 年，Allen 开发了压缩粉末发泡技术，奠定了现代泡沫金属工业的技术基础[6]。随着工业化的推进及新技术的发展，烧结金属纤维和金属点阵等多种新型多孔金属材料逐渐被开发出来。近年来，纳米多孔金属的蓬勃发展又赋予多孔金属新的功能与应用。

仅从尺度上来看，有大量的方法可以用来制备纳米多孔金属，如模板法、化学与电化学沉积、定向刻蚀与组装等。而从材料体系与应用的完整性角度上来看，纳米多孔金属的发展则与脱合金现象密不可分。脱合金现象作为金属的腐蚀行为被研究已有上千年。在古代，金或银由于含有铜等杂质而纯度较低。在南美前哥伦比亚的纳扬格时期(Nahuange period in Colombia，约公元 100 年～1000 年)，为了获得更光亮耐久的表面，人类便已开始利用脱合金方法来去除合金中的铜等活泼组分，进行饰品的镀金或镀银。1927 年美国的 M. Raney 发明了以镍铝合金在氢氧化钠中腐蚀来制备多孔镍催化剂(雷尼镍)的方法，并用来进行植物油氢化[7]。至今，雷尼镍仍是工业加氢最主要的催化剂之一。1990 年，Sieradzki

与 Newman 申报了基于脱合金法制备纳米多孔金属的专利[8]。2001 年以来，Erlebacher、Weissmüller、Chen、Ding 等研究者广泛探索了纳米多孔金属的功能特性，如催化、电催化、传感、力学、能量存储与转化等，纳米多孔金属的研究得到了蓬勃发展[9,10]。

0.2 典型多孔金属

按照制备工艺进行分类，多孔金属可分为烧结多孔金属、泡沫金属、金属点阵及纳米多孔金属等材料体系。

0.2.1 烧结多孔金属

烧结多孔金属是以金属粉末、纤维或丝网等为原料，经成形和烧结工序制备而成的一类多孔金属材料，具有比表面积大、孔结构可控、透过性能好、耐高温和抗热震等特点。烧结多孔金属材料除用于固-液分离、液-液分离、空气过滤等领域外，还可用于消声、催化、储氢、阻燃防爆、电池电极等多个领域。

根据原料形态、制备工艺和结构特点的不同，可将烧结多孔金属分为烧结金属粉末、烧结金属丝网和烧结金属纤维三大类。目前已有金、银、铜、镍、铝、镁、钛、不锈钢等 20 多类共数百种的烧结多孔金属材料被成功制备。这些材料按孔径大小可分为毫米级、亚毫米级、微米级、亚微米级、纳米级等，孔径的调节对多孔金属的实际应用尤为重要。传统的烧结金属粉末多孔材料的制备工艺如图 0-3 所示。

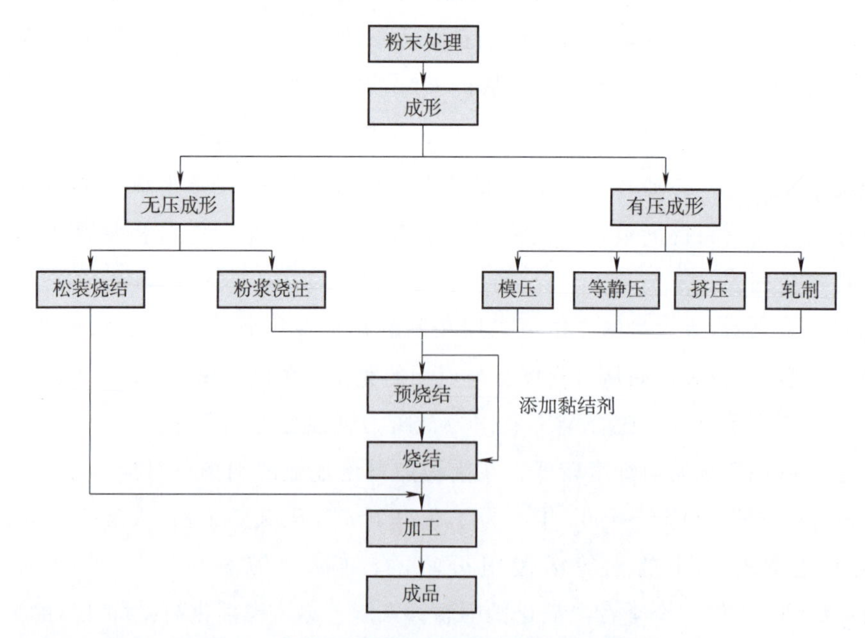

图 0-3 烧结金属粉末多孔材料的传统制备工艺

0.2.2　泡沫金属

泡沫金属，又称多胞金属(cellular metals)，是指含有泡沫气孔的金属材料，其孔隙率高达 90%以上，并且具有一定的强度和刚度。与一般烧结多孔金属相比，泡沫金属的气孔率更高、孔径更大，可达毫米尺度。泡沫金属的孔隙率一般用每英寸尺度孔个数(pores per inch，PPI)表示，PPI 数值越大，孔越小(图 0-4)。

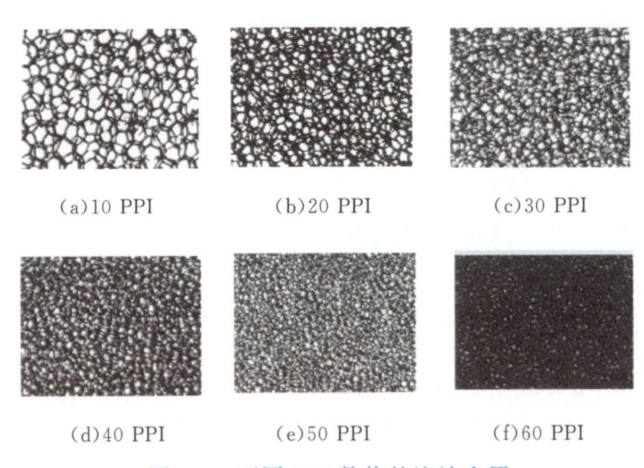

图 0-4　不同 PPI 数值的泡沫金属

泡沫金属的制备方法十分多样，主要包括基于液相金属的制备工艺、固相合成工艺和基于沉积技术的制备工艺，该部分内容将在第 2 章详细介绍。

泡沫金属由于具有一定的强度、刚度、延展性和可加工性，因此可用作轻质结构材料。例如，泡沫金属在汽车、动车组、飞机等交通工具中被大量使用，在保持高强度的同时，又能极大地减轻重量(图 0-5)。

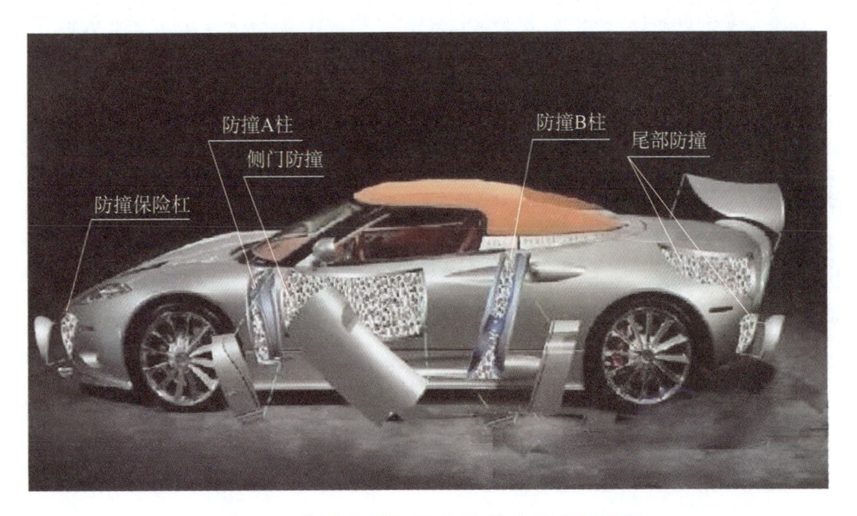

图 0-5　泡沫金属在汽车中的典型应用场景

泡沫金属因其优异的导热性能而被广泛应用于需要快速导热的领域,如导弹鼻锥的防外壳高温倒坍支持体及宇宙飞船的起落架等。在建筑领域,泡沫金属可用于制作轻且硬的耐火元件,如栏杆或相关支撑体等。此外,近年来对泡沫金属的功能开发也逐渐成为研究的热点,例如:利用其高比表面积及组分可调的特性,泡沫金属可用作电池的电极材料或催化材料。

0.2.3 金属点阵

金属点阵材料是应特殊应用场景及要求发展出来的一类新型周期性多孔金属,它与泡沫金属的主要区别是,其在比强度、比刚度及结构稳定性等方面有着更显著的优势。同等质量下,金属点阵材料的综合力学性能要优于无序的泡沫金属。例如,在相对密度为2%时,四面体金属点阵夹芯材料的抗压强度是闭孔泡沫金属夹芯材料的30倍[11]。虽然金属点阵材料的比强度、比刚度均高于泡沫金属,但其对自身内部缺陷的敏感度低于泡沫金属,且质量效率优势在超低密度时尤其突出。

作为周期性多孔材料,金属点阵按其微结构构造形式的不同,可分为二维金属点阵材料和三维金属点阵材料。二维金属点阵材料主要指由多边形作二维平面排列、在第三方向拉伸成棱柱而构成的格栅材料,通常由其代表性胞元在平面两个特征方向拓展而形成,因此一般只关注其结构在拓展面内的构型。常见的二维点阵构型如图0-6所示。

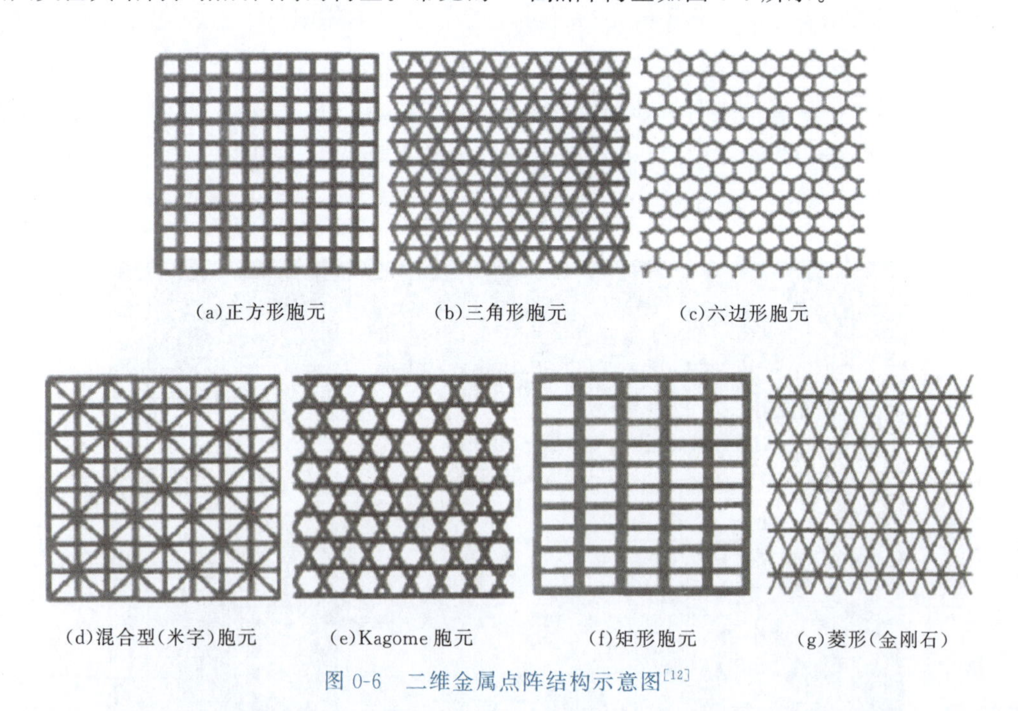

图0-6 二维金属点阵结构示意图[12]

三维金属点阵材料则是由结点和连接杆件单元按一定规则重复排列构成的空间桁架结

构,每个结点连接的杆单元数目决定了金属点阵材料的力学性能。三维金属点阵材料的代表性构型如图 0-7 所示。

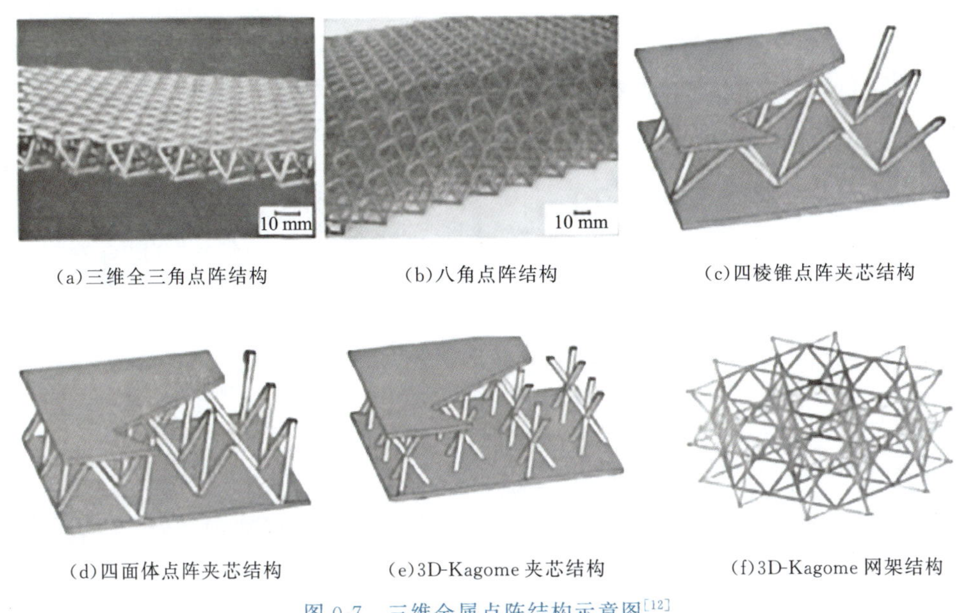

(a)三维全三角点阵结构　(b)八角点阵结构　(c)四棱锥点阵夹芯结构

(d)四面体点阵夹芯结构　(e)3D-Kagome 夹芯结构　(f)3D-Kagome 网架结构

图 0-7　三维金属点阵结构示意图[12]

金属点阵结构的设计既节省了材料用量,又提高了材料的比刚度和比强度。此外,它在热传导、电磁波吸收、吸声降噪等方面也拥有广阔的应用前景。金属点阵材料是一种兼具结构与功能特性的工程材料,由其作为芯体制备的蜂窝夹芯板和波纹夹芯板已在建筑、船舶、航空航天等领域得到推广应用。

0.3　纳米多孔金属

纳米多孔金属(nanoporous metals, NPMs)是一种在纳米尺度上具有相互连接韧带的多孔金属材料,在某些文献中也将纳米多孔金属称为纳米金属泡沫(nanoporous metallic foams,NMFs)。

如前所述,纳米多孔金属最主要的制备方法是脱合金法,已发展出化学脱合金、电化学脱合金、气相物理脱合金、液态金属脱合金、可控还原等制备技术。其中,化学(电化学)脱合金法是制备纳米多孔金属的主要方法。图 0-8 列出了从合金前驱体制备、脱合金化直至获得脱合金产物的整个工艺流程。目前已经开发出金属、合金、氧化物、硫化物及复合物等多个种类的纳米多孔金属基材料,元素涵盖了周期表中的贵金属(Au、Ag、Pt、Pd 等)、贱金属(Cu、Zn、Fe、Ni、Co 等)、轻金属(Al、Mg、Ti)及准金属(Si、Ge、Sb)和部分非金属元素。

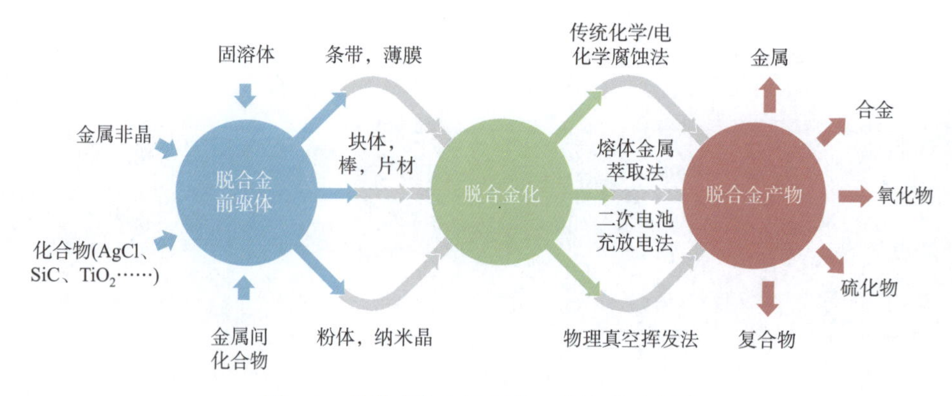

图 0-8 纳米多孔金属制备工艺流程示意图

纳米多孔金属特殊的孔结构是其具有独特性能的主要原因。随着材料表征技术的进步，人们对纳米多孔金属孔结构的认识也逐步加深，尺度也从微米细化到原子级别。Forty 等人最早通过透射电子显微镜（transmission electron microscope，TEM）观察到了基于金银合金薄膜在硝酸中的脱合金形成的纳米多孔金的双连续结构[13]。然而，普通的透射电子显微镜获得的图像是三维结构在二维平面的投影，无法真实反映多孔金属的结构。电子显微镜技术的发展尤其是透射电子显微镜三维重构技术，极大地促进了对纳米多孔金属结构的认识。图 0-9(a)所示为纳米多孔金的 3D 图像，可清楚地分辨结构中金韧带和纳米孔通道的相互连接情况并解析韧带和通道的尺寸分布。研究发现，金韧带和纳米孔通道在拓扑和形态上是等价的，并且这种双连续纳米多孔结构的表面曲率平均接近于零。近几年球差校正透射电子显微技术的发展，使得从原子尺度上探究纳米多孔金属表面原子的分布状态成为可能[图 0-9(b)]，观察发现纳米多孔金表面包含大量的低配位数和高配位数原子，这可能是纳米多孔金在催化、电催化和传感等多个领域体现一系列特殊性质的来源[14]。

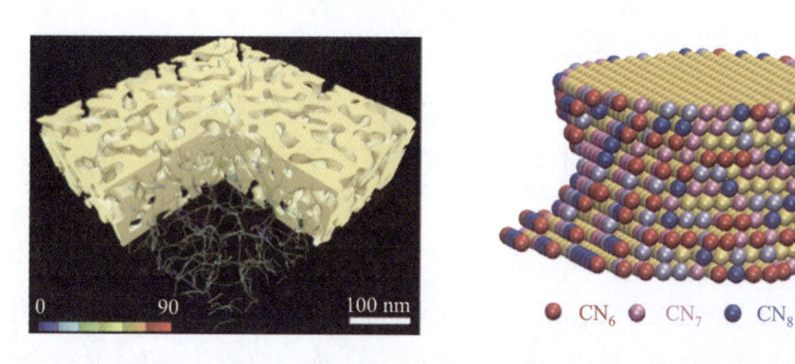

(a)纳米多孔金的 3D 图像　　(b)纳米多孔金表面原子配位数情况[14]

图 0-9 电子显微镜下的纳米多孔金属

0.4 多孔金属的发展前景

多孔金属材料的发展已历经百年，对其研究的尺度也从毫米和微米深入到纳米乃至埃级，衍生出烧结多孔金属、泡沫金属、金属点阵、纳米多孔金属等材料体系，几乎涵盖了元素周期表中所有性质稳定的金属元素甚至半金属元素。人们对多孔金属独特性能的理解也逐渐加深，认识到孔结构以及表面原子存在状态是多孔金属区别于其他材料的本质特征。多孔金属的应用场景也越来越多，不仅作为结构材料在交通、航天、建筑、电子等行业被广泛使用，而且作为功能材料在能源、催化、传感、环保等领域也展现出了越来越多的新奇特性。多孔金属领域百年来保持着持续发展，可以说多孔金属材料既是经典材料也是前沿新材料。

随着社会的进步和高技术发展的需求，各领域对金属材料的综合性能提出了越来越高的要求。近年来，针对高熵合金、金属非晶、金属间化合物等热点材料的研究也逐渐在多孔金属领域展开。从金属材料形态上来讲，制备超薄（<6 μm）、高强度、孔径精确可调的多孔金属仍然是多孔金属领域的难点，也是集流体、催化、电极等行业亟须攻克的工艺难关。从应用角度来看，多孔金属在功能应用领域仍有极大的发展空间，如电催化有机合成、传感器、催化等领域。此外，多孔金属的诸多基本物理性能，如力学、光学、磁学、电学、声学、热学等，与其自身结构的构效关系值得深入研究，这也是多孔金属能够持续快速发展的基础。

参考文献

[1] KUHL K P, CAVE E R, ABRAM D N, et al. Physisorption of gases, with special reference to the evaluation of surface area and pore size distribution (IUPAC Technical Report)[J]. Pure and Applied Chemistry, 2015, 87(9/10): 1051-1069.

[2] 徐如人，庞文琴，霍启升．分子筛与多孔材料化学[M]. 2 版．北京：科学出版社，2015.

[3] WATANABE T. Porous sintered bearings[J]. Powder Metallurgy Technology, 2002, 20(3): 121-128.

[4] BENJAMIN S. Process for making foamlike mass of metal: US2434775[P]. 1948-01-20.

[5] ELLIOTT J C. Method of producing metal foam: US2751289[P]. 1956-06-19.

[6] ALLEN B C, MOTE M W, SABROFF A M. Method of making foamed metal: US3087807[P]. 1963-04-30.

[7] RANEY M. Method of producing finely-divided nickel: US1628190A[P]. 1927-05-10.

[8] SIERADZKI K, NEWMAN R C. Micro- and nano-porous metallic structures, US4977038[P]. 1990-12-11.

[9] DING Y, CHEN M. Nanoporous metals for catalytic and optical applications[J]. MRS Bulletin, 2009, 34(08): 569-576.

[10] WEISSMÜLLER J, SIERADZKI K. Dealloyed nanoporous materials with interface-controlled behavior [J]. MRS Bulletin, 2018, 43(1): 14-19.

[11] 曾嵩．铝合金四棱锥点阵夹芯材料的制备及其力学性能研究[D]．南京:南京理工大学,2012.

[12] WADLEY H N. Multifunctional periodic cellular metals[J]. Philosophical Transactions of the Royal Society A: Mathematical, Physical and Engineering Sciences, 2006, 364(1838): 31-68.

[13] FORTY A J. Corrosion micromorphology of noble metal alloys and depletion gilding[J]. Nature, 1979, 282(5739): 597-598.

[14] ZHANG W, HE J, LIU S, et al. Atomic origins of high electrochemical CO_2 reduction efficiency on nanoporous gold [J]. Nanoscale, 2018, 10(18): 8372-8376.

第1章 烧结多孔金属

烧结多孔金属材料是以金属粉末、金属纤维或金属丝网等为原料，经成形、烧结制备而成的一类多孔金属材料，具有比表面积大、孔结构可控、透过性能好、耐高温、抗热震等特点，在国民经济多个领域得到应用。本章重点叙述烧结粉末多孔金属、烧结纤维多孔金属、丝网多孔金属和多孔金属膜的制备方法及其结构性能。

1.1 烧结粉末多孔金属

烧结粉末多孔金属是以金属或合金粉末为原料，通过成形和高温烧结制成，且具有刚性结构的多孔材料。烧结粉末多孔金属的内部通常含有大量连通或半连通的孔隙，孔隙的大小和分布及孔隙率取决于粉末颗粒形貌、粒度组成和制备工艺[1]。

目前，已开发的烧结粉末多孔金属的材质有铜、不锈钢、铁、镍、钛、钨、钼及其合金，以及金属间化合物等，其中获得大量生产与应用的主要是不锈钢、铜合金、镍及镍合金、钛及钛合金、FeAl 金属间化合物等。国内从事烧结粉末多孔金属的单位主要有西北有色金属研究院、安泰科技股份有限公司、成都易态科技有限公司等；国外主要有美国 Pall 公司和 Mott 公司、德国 GKN 公司、法国 Sintertech 公司、俄罗斯 Former 公司等[1]。其中，西北有色金属研究院开发的烧结 316L 粉末多孔管如图 1-1 所示。

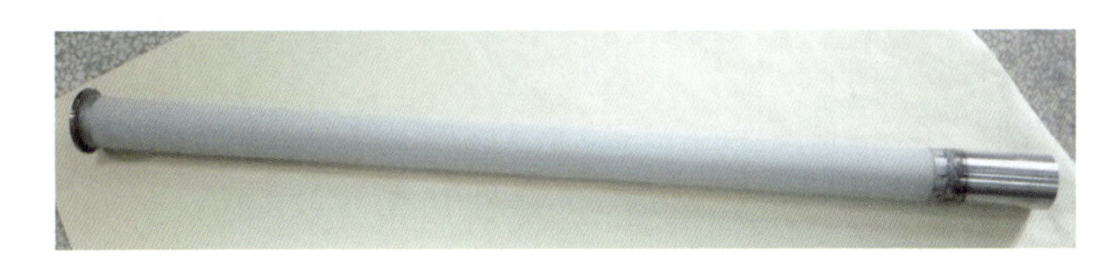

图 1-1 烧结 316L 粉末多孔管（ϕ50 mm×1 000 mm）

1.1.1 制备方法

烧结粉末多孔金属的制备方法主要有模压成形法、等静压成形法、松装烧结法、粉末轧制法、粉末增塑挤压法、粉浆浇注法、造孔剂法、放电等离子烧结法、冷冻干燥法等。

1. 模压成形法

模压成形法适于制作不锈钢、钛、镍和某些难熔金属化合物等小型片状和管状多孔元件，具有生产效率高、产品尺寸精度高等优点。英国诺丁汉大学 Siddiq 等人报道了一种独特的模压成形工艺[2]，通过在造孔剂表面涂覆一层粉末，烧结过程中利用熔融态聚合物帮助涂层粉末渗透到孔内表面，制备出具有孔内涂层的烧结粉末多孔金属。

2. 等静压成形技术

等静压成形技术适用于制备长/径比较大的多孔金属元件与异形件，具有制品孔隙率分布均匀、力学性能优良、节约材料等优点。西北有色金属研究院开发的烧结镍合金多孔管如图 1-2 所示。

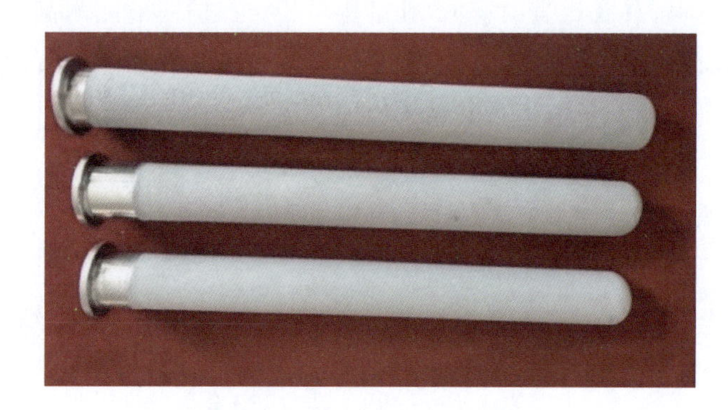

图 1-2　烧结镍合金多孔管(ϕ30 mm×500 mm)

3. 松装烧结法

松装烧结法又称重力烧结法，是将金属粉末松散地或经振实装入模具中进行高温烧结的方法。该方法主要用于生产透气性高，但净化要求不高的多孔材料，如用于过滤汽油、润滑油和化学溶液以捕集 10～20 μm 杂质粒子的过滤材料，用于隔音和绝热的泡沫材料及某些密封材料(如发动机的密封垫)等。成形压力、烧结温度、制品的强度与透气性能受粉末松装密度的影响显著。粉末粒度、制备工艺相同时，通过提高粉末的松装密度可以提高制品的强度。

松装烧结法生产工艺较简单，可生产复杂形状零件，但生产效率低。同时，该方法通常使用粒度分布较窄的球形粉末，以避免细颗粒进入粗颗粒构成的孔隙中，导致孔隙率降低和分布不均匀，影响制品的过滤效果和透气性能[1]。

4. 粉末轧制法

粉末轧制法是将金属粉末由供料装置不断送入转动方向相反且处在同一平面的两个轧辊之间的缝隙，通过轧辊的压力将粉料压成连续的坯材，制成具有一定厚度和孔隙度且有适当机械强度的板带坯料，高温烧结后即可获得长且孔隙率高的带材及孔隙度小、精度高、性能均匀的箔材，如铁、镍、钛、不锈钢等多孔带材。然而，粉末轧制法也存在制品形状简单、带材宽度受限制、粗粉或球形粉加工困难等问题。

西北有色金属研究院开发的多孔钛板如图 1-3 所示。广东省材料与加工研究所探讨了辊缝与轧制速度对钛铝多孔生坯板的密度和厚度的影响规律，结果表明，随着辊缝的增大，多孔生坯板的密度减小，厚度增加；随着轧制速度的增加，生坯板的密度降低，厚度变薄[3]。生坯板经1 200 ℃烧结后，反应更完全，所获得的孔隙呈现开孔结构。轧制速度为2 m/min、辊缝为3 mm时可获得孔隙率为38.0%、孔径分布均匀的钛铝多孔板。

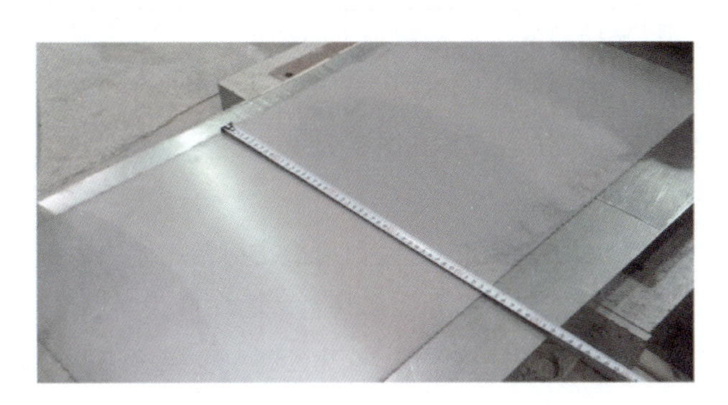

图1-3　粉末轧制多孔钛板（宽度430 mm）

5. 粉末增塑挤压法

在粉末中加入适量的增塑剂，使其成为塑性良好的混合料，然后挤压成形制造截面不变的长形元件，如管材、棒材及五星形、梅花形等复杂截面形状的长形元件。由于挤压成形压力低，物料中又含有大量可挥发增塑剂，故特别适于生产大量连通孔隙、透气性好的多孔材料，如钨、钼、镍及镍合金、不锈钢和钛等[1]。该方法生产效率高，制品的孔隙率沿长度方向均匀，但制品形状受限制，需加入较多的增塑剂，因而烧结工艺较复杂。

西北有色金属研究院研发的不锈钢粉末挤压管如图1-4所示。

图1-4　不锈钢粉末挤压管（ϕ6 mm×500 mm）

6. 粉浆浇注法

粉浆浇注法是将粉末与水（或其他液体如甘油、酒精等）制成一定浓度的悬浮粉浆，注入具有所需形状的石膏模具中。多孔的石膏模吸收粉浆中的液体从而使悬浮粉浆固化，制得具有一定形状的生坯，然后进行高温烧结。粉浆浇注法可以制得组织均匀、形状复杂的大型制品（如重达745 kg的钨喷管衬套），具有简单易行、成本低廉的特点，但生产周期长、生产效率低[4,5]。

粉浆浇注法在陶瓷工业中已被使用了200多年。1936年Siemens等人首先报道了对金属粉末及碳化物、氮化物和硼化物采用粉浆浇注工艺成形的方法。随后从1940年至1954年先后有采用粉浆浇注成形硬质合金、钨钼坩埚和 TiC、TiN、ZrN 等硬脆材料的报道。1956 年出现用粉浆浇注法成形不锈钢的报道[4]。21 世纪初，国内学者开始采用粉浆浇注法制备多孔金属材料。中国矿业大学将铁粉(还原铁粉和羰基铁粉)与树脂黏结剂混合而成的粉浆浇注入硅橡胶模具中制备坯体，经过高温烧结制得孔隙均匀的多孔铁[6]。四川大学以气雾化 316L 不锈钢粉末为原料，采用粉浆浇注法制备了不锈钢过滤管，其开孔隙率为 38.1%，平均孔径为 5.78 μm，抗压强度可达 86.35 MPa[7]。云南大学以平均粒度为 30～40 μm 的 Zr-V-Fe 合金粉末为原料，采用粉浆注浆法制备了孔隙率为 17.6%～20.1%多孔器件[8]。

7. 造孔剂法

造孔剂法通过在金属粉末中添加造孔剂，利用造孔剂在坯体中占据一定的空间，然后经过烧结消除造孔剂而形成孔隙来制备多孔金属材料。添加造孔剂后可通过多种工艺制备具有连通孔的多孔金属，如模压成形、冷冻干燥、自蔓延高温合成法等。目前，开发的多孔金属及其造孔剂见表 1-1[9]。

表 1-1　烧结粉末多孔金属及采用的造孔剂[9]

材料种类	适用的造孔剂
钛及钛合金(Ti、Ti-6Al-4V、Ti-7.5Mo)、TiNi 形状记忆合金	NaCl、尿素、Mg、食糖、阿克蜡、酸式碳酸铵、木薯淀粉、冰、莰烯、碳酸氢铵等
铝及铝合金[Al、Al-Mg($w_{Mg}=5\%$)、Al-Ni($w_{Ni}=6.4\%$)、AlSi10Mg]	NaCl、蔗糖、尿素等
铜及铜合金	NaCl、K_2CO_3 等
不锈钢	尿素等
镁(连通孔)	糖-面粉混合物、钛丝(电化学反应去除)等
Ag-Cu($w_{Cu}=28\%$)	$MgSO_4$ 等
FeAl 金属间化合物	NaCl 等
NiAl 金属间化合物	球形尿素颗粒、NaCl 等
TiAl 金属间化合物	NaCl 等

造孔剂法作为一种近净成形技术，可制备高孔隙率、小孔径的多孔金属元件，制品的孔径分布较窄，也可用来制备梯度多孔金属材料，广泛应用于生物医用植入体、汽车零件、过滤元件、缓冲垫、换热器、催化床等领域。各种造孔剂的灵活搭配可以制备出多种多样的多孔金属材料，并且可以灵活控制孔隙率、孔径和孔形貌，孔壁的厚度也可通过造孔剂的粒径进行调整[9,10]，如图 1-5 所示。

8. 放电等离子烧结法[11,12]

放电等离子烧结法(spark plasma sintering，SPS)通常用于制备致密的块体材料，但由于该方法在降低孔隙率的同时可以保持烧结材料较细的晶粒结构，因而逐渐用于制备多孔金属材料，并已被广泛地用于实验室和工业领域。SPS 利用脉冲直流电流和压力，通过控制

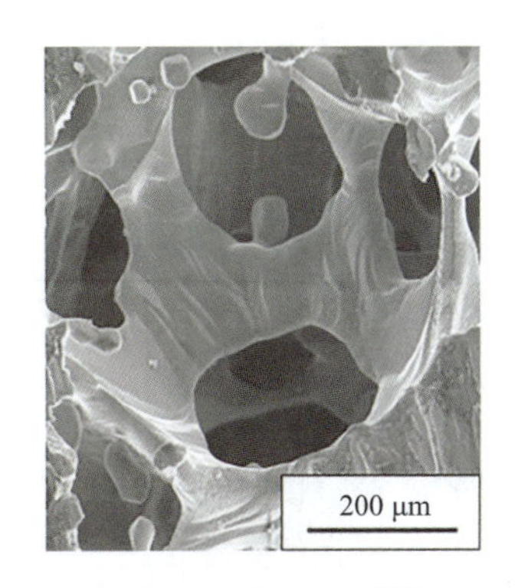

图 1-5　造孔剂法制备的多孔金属(左)及其微观形貌(右)[10]

加热速率和加热方式,可激发压实的颗粒之间发生缩颈现象。同时,施加的准静态压缩载荷使颗粒间充分接触,促进了现有的致密化机制(晶界扩散、晶格扩散和黏性流动),激发了新的致密化机制(塑性变形和晶界滑动)。

近年来,研究人员基于 SPS 法制备了多孔钛、铌、钽、铂、银、铜、钴、镍、不锈钢、FeAl 金属间化合物、钛合金(图 1-6)等[12]。

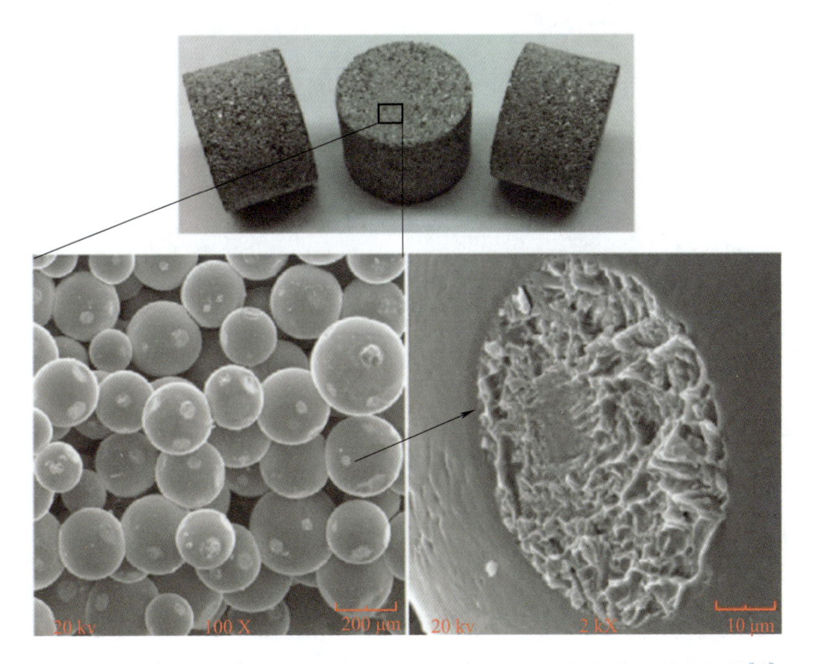

图 1-6　放电等离子烧结法制备的多孔 $Ti_5Al_{2.5}Fe$ 及其烧结颈微观形貌[11]

9. 冷冻干燥法

冷冻干燥法是制备多孔陶瓷的主要方法。近年来,因其工艺简单、环保等特点也被用于制备烧结粉末多孔金属。由于金属粉末难以形成均匀浆料,通常以金属氧化物粉末为原料,采用冷冻干燥法制备多孔坯体，经预烧结—脱溶技术得到具有宏观复杂形状的多孔金属材料。由于氧化铜具有较低的蒸气压，可通过真空烧结使氧化铜分解得到多孔铜，因此冷冻干燥法目前常用于多孔铜及其合金的制备[13]。Kang 等人采用冷冻干燥法制备了 Mo-Cu(w_{Cu}=5%)坯体，坯体在 750 ℃下被氢还原，然后经 1 000 ℃烧结 1 h 后完全转化为 Mo 相和 Cu 相，零件具有排列较为规则的大孔，在大孔壁上分布着大量小孔(图 1-7)[14]。通过调节粉末的比例、溶剂种类、烧结温度以及添加剂的加入量，可以控制孔径、孔隙率和孔形状等。

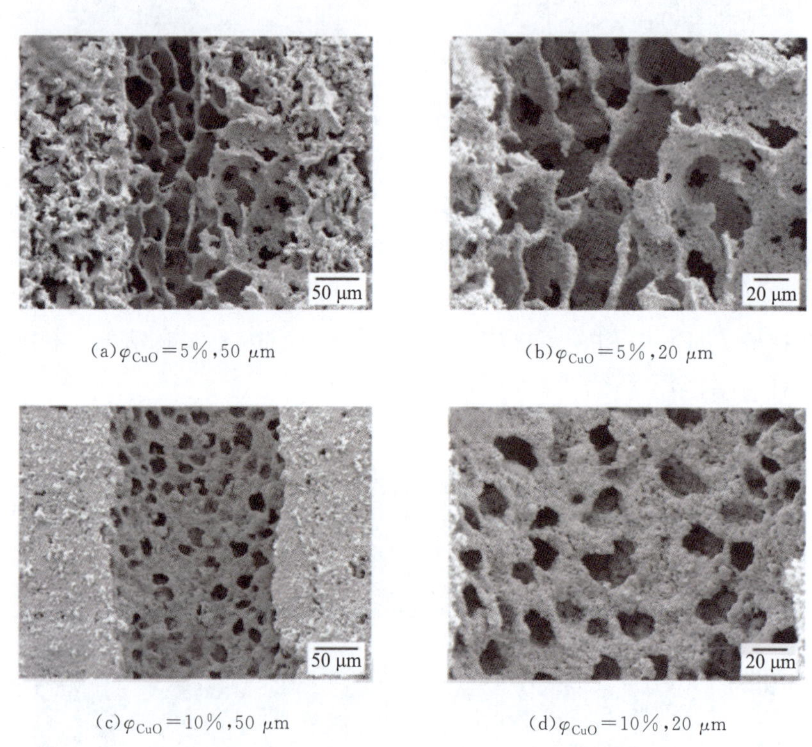

(a)φ_{CuO}=5%，50 μm　(b)φ_{CuO}=5%，20 μm

(c)φ_{CuO}=10%，50 μm　(d)φ_{CuO}=10%，20 μm

图 1-7　体积分数为 5%和 10%的 MoO_3-CuO 冷冻干燥坯体在 1 000 ℃氢气气氛中烧结 1 h 后制得的多孔 Mo-Cu(w_{Cu}=5%)的 SEM 照片[14]

1.1.2　结构性能

目前，烧结粉末多孔金属主要用于过滤领域，本节主要介绍多孔不锈钢、多孔钛、多孔镍及镍合金、多孔金属间化合物的过滤性能和力学性能。

西北有色金属研究院开发了连续梯度多孔不锈钢材料、突变梯度多孔不锈钢材料和传统多孔不锈钢材料，三者的透气度见表 1-2。可以看出，连续梯度多孔不锈钢材料的透气系数最高，是突变梯度结构的 3 倍以上，是传统结构的 10 倍以上；同时，连续梯度结构对平均粒度为 0.5 μm 粉尘的拦截效率达 99.6%[15]。

表 1-2 不同结构多孔不锈钢的透气度

孔径/μm	透气度/($m^3 \cdot h^{-1} \cdot kPa^{-1} \cdot m^{-2}$)		
	传统多孔结构	突变梯度结构	连续梯度结构
5	18	72	240
15	45	200	620
20	90	400	1 500

国内开发的多孔不锈钢滤芯的过滤性能和力学性能见表 1-3。德国 GKN 公司制备的多孔不锈钢滤芯的性能见表 1-4[1]。

表 1-3 多孔不锈钢滤芯的性能

牌号	液体中阻挡的颗粒尺寸值/μm ≤		最大孔径/μm ≤	透气度/($m^3 \cdot h^{-1} \cdot kPa^{-1} \cdot m^{-2}$) ≥	耐压强度/MPa ≥
	过滤效率(98%)	过滤效率(99.9%)			
SG001	1	5	5	8	3.0
SG005	5	7	10	18	3.0
SG007	7	10	15	45	3.0
SG010	10	15	30	90	3.0
SG015	15	20	45	180	3.0
SG022	22	30	55	380	3.0
SG030	30	45	65	580	2.5
SG045	45	65	80	750	2.5
SG065	65	85	120	1 200	2.5

注:管状元件耐压强度为外压试验值。

表 1-4 德国 GKN 公司压制成形多孔不锈钢滤芯的性能

规　格	孔隙率/%	透气系数		过滤效率(98%)/μm	气泡压强/Pa	环拉强度/MPa
		$\alpha/10^{-12}\ m^2$	$\beta/10^{-7}\ m$			
SIKA-R 0.5/AX	21	0.1	0.03	3.5	8 300	350
SIKA-R 1/AX	21	0.2	0.05	3.9	8 000	355
SIKA-R 3/AX	31	0.6	0.4	7.4	5 300	311
SIKA-R 5/AX	31	1.1	1.2	9.2	3 600	278
SIKA-R 8/AX	43	3.8	13	11	2 400	160
SIKA-R 10/AX	40	4.2	17	17	1 600	200
SIKA-R 15/AX	43	7.2	22	20	1 500	138
SIKA-R 20/AX	43	14	29	35	1 100	144
SIKA-R 30/AX	46	25	36	44	950	135
SIKA-R 50/AX	47	36	44	54	600	121

续上表

规　　格	孔隙率/%	透气系数		过滤效率(98%)/μm	气泡压强/Pa	环拉强度/MPa
		$\alpha/10^{-12}\ m^2$	$\beta/10^{-7}\ m$			
SIKA-R 80/AX	50	43	47	61	500	98
SIKA-R 100/AX	52	58	57	67	450	85
SIKA-R 150/AX	47	62	63	90	350	110
SIKA-R 200/AX	51	78	87	107	300	95

国内开发的多孔钛、多孔镍及镍合金过滤元件的性能见表 1-5、表 1-6。

表 1-5　烧结钛过滤元件的性能

牌号	液体中阻挡的颗粒尺寸值/μm		气泡试验孔径/μm ≤	透气度/($m^3 \cdot h^{-1} \cdot kPa^{-1} \cdot m^{-2}$) ≥	耐压破坏强度/MPa ≥
	过滤效率(98%)	过滤效率(99.9%)			
TG001	1	5	5	6	2.5
TG003	3	7	10	12	2.5
TG006	6	10	15	42	2.0
TG010	10	14	30	90	2.0
TG020	20	32	50	200	1.5
TG035	35	52	100	450	1.5
TG060	60	85	150	650	1.0

注：轧制成形的过滤元件，其耐压破坏强度不小于 0.3 MPa，管状元件需进行外压测试。

表 1-6　烧结镍及镍合金过滤元件的性能

牌号	液体中阻挡的颗粒尺寸值/μm		气泡试验孔径/μm ≤	透气度/($m^3 \cdot h^{-1} \cdot kPa^{-1} \cdot m^{-2}$) ≥	耐压破坏强度/MPa ≥
	过滤效率(98%)	过滤效率(99.9%)			
NG001	1	5	5	8	3.0
NG003	3	7	10	10	3.0
NG006	6	10	15	45	3.0
NG012	12	18	30	100	3.0
NG022	22	36	50	260	2.5
NG035	35	50	100	600	2.5

注：管状元件耐压破坏强度为外压试验值。

西部宝德科技股份有限公司开发了 TiAl、NiAl 和 Fe_3Al 烧结多孔金属间化合物滤材，其中 Fe_3Al 多孔金属滤材的性能见表 1-7[16]。

表 1-7　Fe_3Al 烧结多孔金属滤材的性能

牌号	流体中阻挡的颗粒尺寸值/μm		相对透气系数/($m^3 \cdot h^{-1} \cdot kPa^{-1} \cdot m^{-2}$) ≥	耐压破坏强度/MPa ≥
	过滤效率(98%)	过滤效率(99.9%)		
FA05	5	9	60	3.0
FA10	10	15	150	3.0
FA15	15	24	300	2.5
FA25	25	35	600	2.5

1.2　烧结纤维多孔金属

烧结纤维多孔金属是以金属纤维或金属纤维毛毡为原料，经成形、烧结工序制备成具有一定孔隙率的多孔金属材料(图 1-8)，其孔结构由孔隙、烧结结点和纤维骨架组成。烧结纤维多孔金属的孔隙由大量金属纤维随机叠制形成的不规则三维网状孔隙组成，且相互连通。

(a)烧结纤维多孔金属材料

(b)微观组织

图 1-8　烧结纤维多孔金属材料及其微观组织

目前，已经实现规模生产的金属纤维有不锈钢纤维、铁铬铝纤维、铝合金纤维、镍及镍合金纤维、哈氏合金纤维、钛纤维等，主要的生产厂家包括比利时 Bekaert 公司、美国 GAMMA 公司、3M 公司、日本 NIPPON SEISEN 公司、中国西北有色金属研究院、中国长沙矿冶研究院有限公司等，开发的烧结纤维多孔金属材料可用于过滤分离、吸声降噪、阻尼减振、高效换热、电磁屏蔽、表面燃烧等领域。

西北有色金属研究院开发的金属纤维及其性能见表 1-8[17]。

表 1-8　金属纤维种类及其性能参数

纤维材质	直径/μm	断裂强力/cN	延伸率/%	芯　数
316L 不锈钢	4	≥1	0.5	2 000
	6	≥2.5	0.8	2 000
	8	≥4.8	0.9	2 000
	12	≥12	1	2 000
	22	≥45	1.1	1 000
铁铬铝	6	≥2	0.4	1 000
	8	≥3	0.5	1 000
	12	≥8	0.8	1 000
	22	≥40	1	1 000
哈氏合金	12	≥20	1.1	200
	22	≥60	1.4	200
	25	≥70	1.5	200
镍	8	≥3.1	0.7	10 000

1.2.1　制备方法

烧结纤维多孔金属的制备由成形和烧结工序组成。其成形方法主要有湿法、梳理法和气流成网法[1]；烧结方法主要包括固相烧结法和液相烧结法，固相烧结法又包括松装烧结法、约束烧结法和快速烧结法。

1. 固相烧结法

(1)松装烧结法[18]

将一定量的金属纤维毛毡放入模具内，上表面不施加任何压力，置于高温烧结炉中进行烧结的方法，所制备材料的孔隙率一般超过 90%，其微观形貌如图 1-9(a)所示。

(2)约束烧结法

将一定量的金属纤维毛毡放入模具内，然后在其上表面施加一定的压力，并置于高温烧结炉中进行烧结的方法，所制备材料的孔隙率均低于 90%，其微观形貌如图 1-9(b)所示。

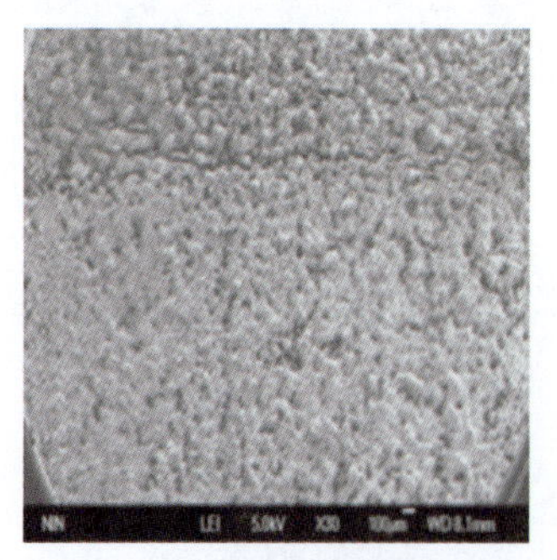

(a)松装烧结法

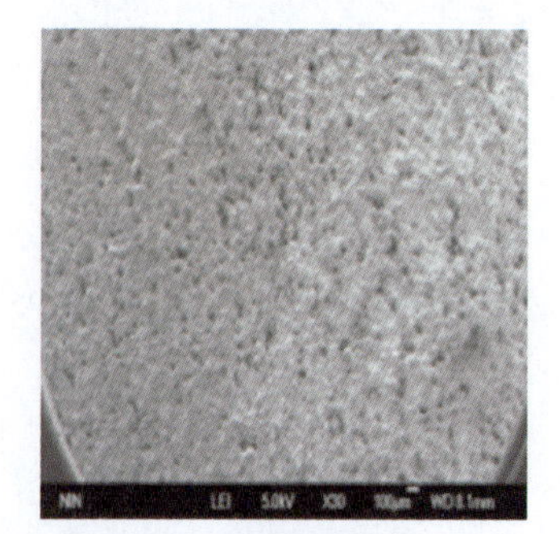

(b)约束烧结法

图 1-9　松装烧结法和约束烧结法制备的纤维多孔金属的微观形貌

由图 1-9 可以看出，松装烧结法制备的纤维多孔金属材料的孔结构在厚度方向呈梯度分布，即上层纤维分布较分散且孔径较大，而下层纤维分布较密实且孔径较小；约束烧结法制备的纤维多孔金属材料的孔结构整体分布较均匀，孔径较松装烧结法小。此外，松装烧结法形成的烧结结点数量较约束烧结法低。

(3)快速烧结法[19]

将一定量的金属纤维毛毡放入模具内，先在无微波条件下升温至 0.2～0.4 Tm(Tm 是金属纤维的熔点)，保温一定时间进行预烧结处理，随炉冷却得到预烧结毡；然后将预烧结毡在微波条件下升温至 0.5～0.7 Tm 保温 10～30 min 进行烧结处理，随炉冷却后得到烧结毡。该方法不仅能实现金属纤维骨架之间牢固的冶金结合，还能够有效避免纤维骨架晶粒粗化。

2. 液相烧结法

将低熔点金属电镀或涂覆到高熔点金属纤维表面，然后在略高于低熔点金属的熔点温度进行烧结。液相烧结法能使金属纤维骨架在较低温度或较短时间内形成冶金结合，特别适用于高熔点金属纤维多孔材料的制备，该方法既可以解决高温烧结使纤维骨架晶粒异常长大的问题，又可以解决高孔隙率(≥90%)多孔金属材料低温烧结强度较低的问题。

Clyne 和 Markaki 等人[20]在不锈钢纤维表面电镀一层铜后于 1 100～1 200 ℃进行烧结，液相铜依靠毛细管力和物质迁移的作用聚集于搭接点处形成纤维的钎焊结点，能够在数分钟内使纤维之间形成较强的冶金结合，有效降低了烧结温度并缩短了烧结时间。Tang 等人[21]采用同样的方法在切削不锈钢纤维表面镀铜后，通过低温烧结制备的烧结不锈钢纤维多孔材料具有复杂的表面形态和高的比表面积($>0.2\ m^2 \cdot g^{-1}$)。Markaki 和 Gergely 等人[22]利用电镀法将铜镀在不锈钢纤维表面，于 1 100 ℃下保温 5 min 即可制备出高孔隙率烧结铁素体不锈钢纤维多孔材料(图 1-10)，其断裂能达 1 kJ/m^2。

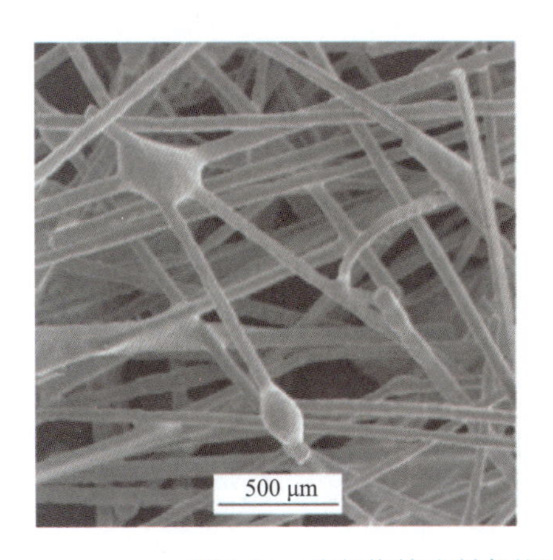

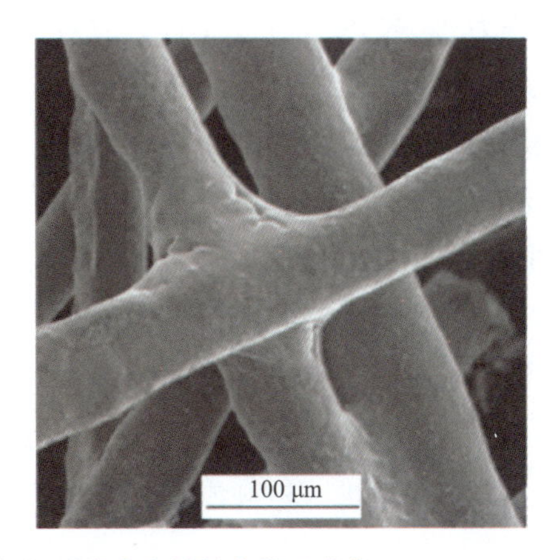

图 1-10 液相烧结法制备的不锈钢纤维多孔材料的微观形貌

1.2.2 结构性能

烧结纤维多孔金属材料主要应用于吸声降噪与过滤分离领域，本节主要介绍该材料的吸声性能、过滤性能与力学性能。

1. 吸声性能

烧结纤维多孔金属材料作为吸声材料于20世纪70年代后期出现于国外工业发达国家，其孔隙表面粗糙且全贯通，有利于将声能转化为热能，显示出优异的吸声性能，在高温、强振动、高声强、腐蚀等恶劣环境的噪声控制中具有不可替代的优势，因此被广泛应用于汽车、船舶、航空等领域的噪声控制。

当声波入射到烧结纤维多孔金属材料表面时，主要通过两种机理引起声波衰减：首先，由于声波产生的振动引起孔隙内的空气运动，造成声波与纤维骨架的摩擦，紧靠纤维骨架表面的空气因摩擦和黏滞力的作用使相当一部分声能转化为热能，使声波发生衰减；其次，孔隙内部的空气和纤维骨架之间的热交换引起热损失，也使声波发生衰减。通常，烧结纤维多孔金属材料具有良好的中高频吸声性能，而其低频吸声性能较差[23]，可通过优化结构给予改善。

影响烧结纤维多孔金属吸声性能的主要因素包括孔隙率、纤维直径、材料厚度及其结构等，下面分别介绍各因素的影响规律。

(1)材料孔隙率的影响

图1-11显示了孔隙率对烧结FeCrAl纤维多孔材料吸声系数的影响规律，材料厚度为10 mm。可以看出，孔隙率为97%时，材料的吸声系数最低；声波频率低于约3 500 Hz时，孔隙率为85%的吸声系数最高；当声波频率超过3 500 Hz时，孔隙率为91%和94%的吸声系数最高。由此说明，材料孔隙率过高或过低均不利于声波的吸收。这是由于孔隙率过高时，材料内部纤维分布松散，孔隙体积较大，单位体积内纤维数量少，不利于声波能量的耗散，很容易造成声波的透射；孔隙率过低时，材料内部纤维分布较密实，孔隙体积小，单位体积内纤维数量多，声波容易在纤维骨架表面发生反射，无法进入材料内部。因此，实际应用中，可根据声波频段来选择较为合适的孔隙率。

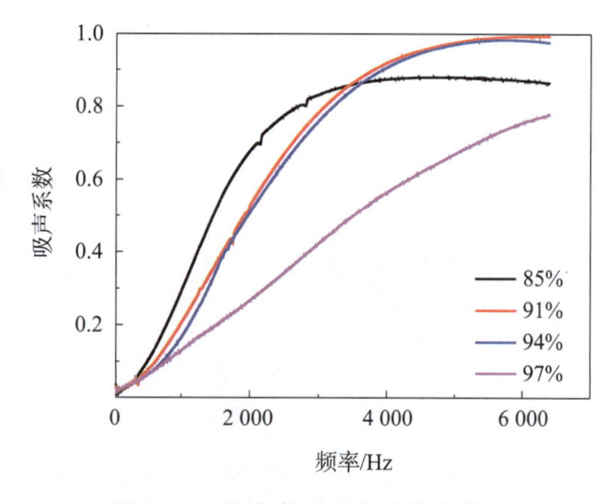

图1-11　孔隙率对吸声系数的影响

(2)纤维直径的影响

纤维直径即孔壁尺寸。以孔隙率为85%，纤维直径分别为8 μm、12 μm和20 μm的烧结不锈钢纤维多孔材料为例(微观形貌如图 1-12 所示),在声波频率为 50～6 400 Hz 范围内,针对不同的材料厚度,为了获得较高的吸声系数,纤维直径的选择建议根据表 1-9 来确定[18]。

(a)8 μm

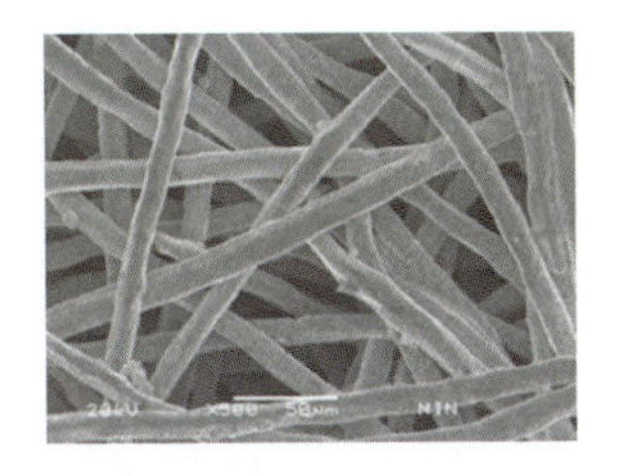

(b)12 μm

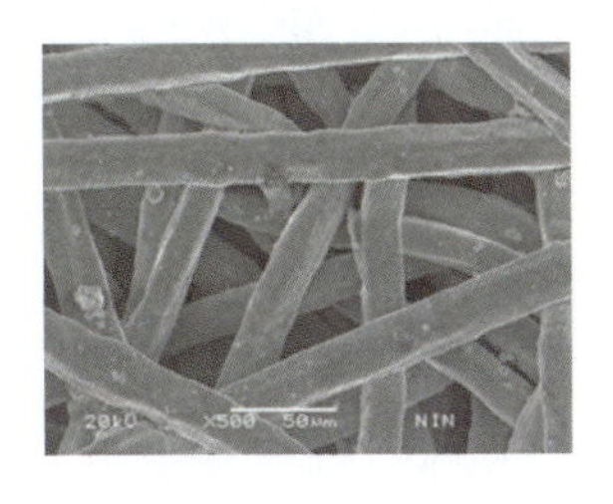

(c)20 μm

图 1-12　烧结不锈钢纤维多孔材料的微观形貌

表 1-9　不锈钢纤维直径的选择依据

材料厚度/mm	宜选取的纤维直径/μm	
	声波频率<2 000 Hz	声波频率≥2 000 Hz
≤3	8	8
5	20	20
10	8	20
≥20	20	20

(3)材料厚度的影响

以 FeCrAl 纤维多孔材料为例,其纤维直径为 20 μm、孔隙率为 90%,材料厚度对吸声系数的影响规律如图 1-13 所示[23]。

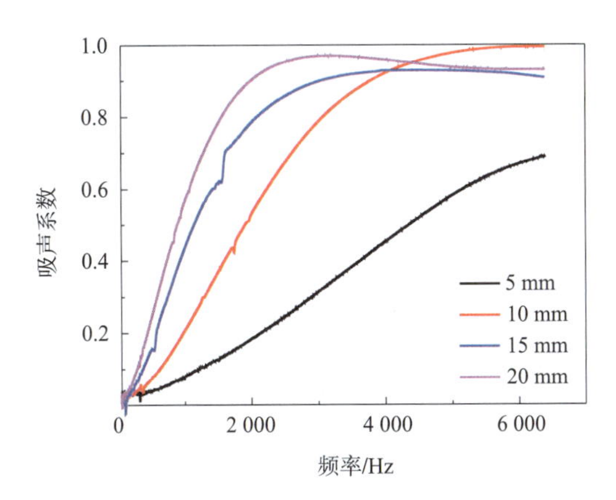

图 1-13　材料厚度对吸声系数的影响

可以看出,随着材料厚度的增加,吸声系数逐渐增大,且吸声峰值向低频方向移动。

当吸声材料背后为刚性壁,且材料厚度为声波波长的$(2n-1)/4$倍时,可发生共振吸

收，即出现吸声峰值。共振频率与材料厚度的关系可表示为[24]

$$f_n l = \frac{2n-1}{4} c \tag{1-1}$$

式中 f_n——第 n 阶共振吸收频率；

l——材料厚度；

c——声波在材料中的传播速度。

材料厚度越大，其平均吸声系数越高，吸声频带越宽，吸声能力越强。但是当材料厚度增大到一定值时，继续通过增加材料厚度来提高低频段吸声系数的效果愈发不明显。由式(1-1)可知，$f_n l$ 为一常数，材料厚度每增加一倍，共振吸声频率才会向低频段移动一个倍频程。

(4)梯度孔结构的影响

由于单层结构多孔材料的孔径分布范围较窄，其吸声系数曲线出现"峰-谷"现象，在共振频率处的吸声系数较大，其他频率处的吸声系数较小。将不同孔结构的单层多孔材料进行组合搭配，可制备出具有梯度孔结构的烧结纤维多孔材料，该材料较单层结构多孔材料有着更高的宽频吸声性能，在工程领域具有更多的应用。

图 1-14 为孔隙率梯度孔结构(88%+73%)和单层结构(孔隙率为 88%)切削不锈钢纤维多孔材料的吸声系数对比，其中，纤维直径为 50 μm，材料厚度为 20 mm。可以看出，梯度孔结构的吸声性系数明显高于单层结构的吸声系数，且 3 500 Hz 以下的吸声系数得到显著提升。

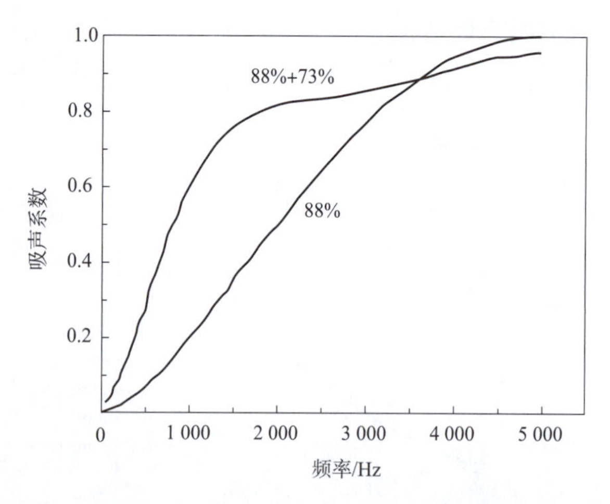

图 1-14 梯度孔结构与单层结构切削不锈钢纤维多孔材料的吸声系数对比

图 1-15 是丝径梯度孔结构(ϕ8 μm+ϕ12 μm+ϕ20 μm)与单层结构不锈钢纤维多孔材料的吸声系数对比，材料厚度均为 3 mm，平均孔径均为 80 μm。可以看出，梯度孔结构的吸声系数明显优于单层结构的吸声系数；声波频率为 50～6 400 Hz 时，梯度孔结构的平均吸

声系数达到 0.35，较纤维直径为 8 μm、12 μm 和 20 μm 单层结构的平均吸声系数分别提高 14%、32% 和 35%。

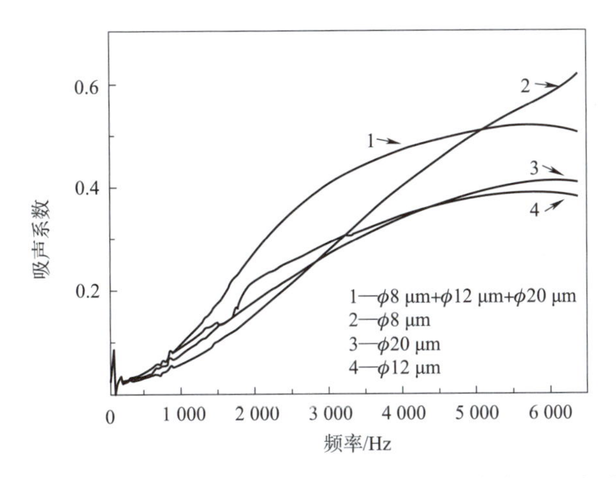

图 1-15　丝径梯度孔结构与单层结构不锈钢纤维多孔材料的吸声系数对比

图 1-16 显示了丝径/孔径梯度孔结构与单层结构多孔材料的吸声系数，材料厚度均为 2 mm。虽然材料的孔隙率和厚度相同，但通过孔隙结构的梯度化设置能够显著改善材料的吸声性能。与孔径梯度孔结构相比，丝径梯度孔结构对吸声系数的提升幅度更大，例如丝径梯度孔结构"ϕ8 μm＋ϕ12 μm"较孔径梯度孔结构"40 μm＋160 μm"的全频段平均吸声系数提高 26%，较单层结构的平均吸声系数提高 72%。

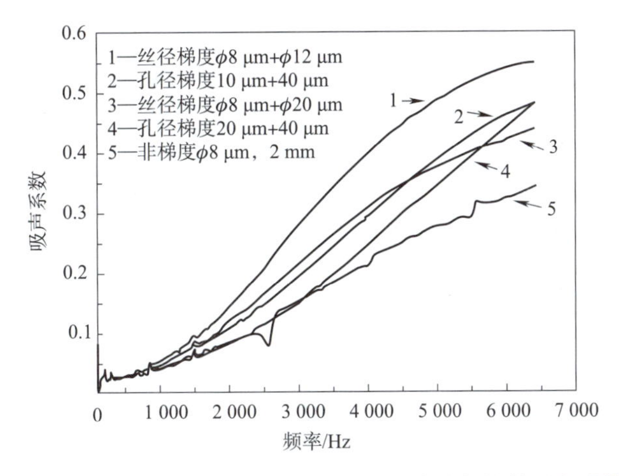

图 1-16　梯度孔结构和单层结构不锈钢纤维多孔材料的吸声系数对比

由声波的传播机理可知，声波在两种不同介质的界面处会发生反射、折射、透射等现象，且声波在界面处的反射波、折射波和透射波的比例由界面处介质的声阻抗率的相互关系决定。界面两侧介质的声阻抗率越接近，声波在界面处的透射比例越大；当两种介质的声阻抗率相同时，声波在界面发生全透射，反射为零。梯度孔结构多孔材料的吸声性能明显优于单层结构多孔材料的吸声性能，其主要原因是由于前者内部存在多种界面，使得声波在材料内部形成多次反射、折射从而强化了声波的吸收。

2. 过滤性能

烧结纤维多孔金属材料作为过滤材料被广泛应用于高分子聚合物过滤、化工与医药行业过滤、高温气体除尘、食品与饮料过滤、污水处理、油墨过滤等，其过滤性能是工程设计的关键指标。

工业应用中，烧结纤维多孔金属材料多采用丝径梯度孔结构，包括控制层（较细丝径）和辅助层（较粗丝径）。控制层对过滤精度起关键作用，辅助层起支撑和保护作用，可提高材料的容尘量和透过能力。

烧结纤维多孔金属材料对流体的过滤过程可分为两个阶段：

第一阶段（稳定阶段）：过滤初始阶段，当含尘流体通过过滤材料孔隙通道时，在各种过滤机制的共同作用下，夹杂着固体颗粒的流体会很快弥散，填满过滤材料的各个通道，积蓄于其内孔表面或过滤材料表面，随着渗流的持续进行，液流主要沿着法向的孔道运动，此时，过滤材料的阻力相对稳定。本阶段实际上很短暂，很快就会结束。

第二阶段（非稳定阶段）：随着过滤材料的孔隙变得越来越窄，甚至逐渐被堵塞，固体颗粒在过滤材料表面不断积累，形成滤饼，构成新的过滤层。在这种状态下，固体颗粒同时受到滤饼和过滤材料的双重过滤，这时系统阻力不断上升，过滤材料的过滤效率也随之上升，过滤作用处于非稳定状态，过滤效率要比表面滤饼未形成前高得多。

不同状态下，过滤效率之间的关系为：$\eta_{滤饼形成后}>\eta_{滤饼形成前}>\eta_{清洁过滤材料}$。

西北有色金属研究院开发的烧结纤维多孔金属过滤材料如图 1-17 所示[17]。

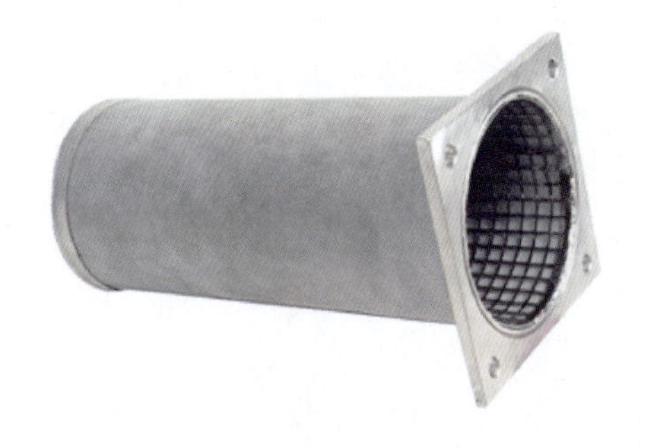

(a)圆管式滤材

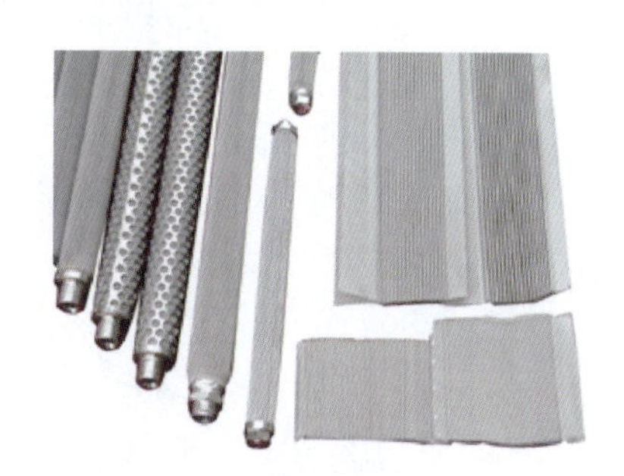

(b)波折滤材

图 1-17　金属纤维滤材

目前，开发的不同系列不锈钢纤维烧结滤毡的技术指标见表 1-10～表 1-12。

表 1-10　CY 系列滤毡(孔隙率为 75%±10%)的技术指标

产品型号	过滤精度/μm	气泡点压力/Pa		透气度/($L \cdot min^{-1} \cdot dm^{-2}$)		孔隙度/%		纳污容量/($mg \cdot cm^{-2}$)		厚度/mm	
		基本值	偏差	基本值	偏差	基本值	偏差	基本值	偏差	基本值	偏差
CY5	5	7 000		30		75		2		0.3	
CY10	10	3 500		100		75		4		0.3	
CY15	15	2 300		150		75		6		0.35	
CY20	20	1 700		250		75		10		0.45	
CY25	25	1 400	±10%	300	±20%	75	±10%	15	±20%	0.6	±10%
CY30	30	1 100		400		75		15		0.6	
CY40	40	900		600		75		20		0.6	
CY60	60	800		1 000		75		30		0.6	
C80	80	700		1 300		75		40		0.6	

表 1-11　DY 系列滤毡(孔隙率为 80%±10%)的技术指标

产品型号	过滤精度/μm	气泡点压力/Pa		透气度/($L \cdot min^{-1} \cdot dm^{-2}$)		孔隙度/%		纳污容量/($mg \cdot cm^{-2}$)		厚度/mm	
		基本值	偏差	基本值	偏差	基本值	偏差	基本值	偏差	基本值	偏差
DY15	15	2 300		180		80		10		0.65	
DY20	20	1 700		300		80		15		0.65	
DY25	25	1 400	±10%	350	±20%	80	±10%	15	±20%	0.65	±10%
DY30	30	1 100		600		80		18		0.65	
DY40	40	900		650		80		25		0.65	

表 1-12　GY 系列滤毡(孔隙率为 65%±10%)的技术指标

产品型号	过滤精度/μm	气泡点压力/Pa		透气度/($L \cdot min^{-1} \cdot dm^{-2}$)		孔隙度/%		纳污容量/($mg \cdot cm^{-2}$)		厚度/mm	
		基本值	偏差	基本值	偏差	基本值	偏差	基本值	偏差	基本值	偏差
GY5	5	7 000		30		65		2		0.4	
GY7	7	4 500		50		65		3		0.4	
GY10	10	3 500		60		65		4		0.4	
GY15	15	2 300	±10%	150	±20%	65	±10%	6	±20%	0.4	±10%
GY20	20	1 700		200		65		8		0.4	
GY25	25	1 400		250		65		10		0.4	
GY30	30	1 100		400		65		20		0.4	

3. 力学性能

烧结纤维多孔金属材料的力学性能是其应用过程中的又一关键指标，本节主要介绍拉伸性能、压缩性能和剪切性能。

(1)拉伸性能

烧结不锈钢纤维多孔金属材料典型的拉伸应力-应变曲线如图 1-18 所示。可以看出,应力-应变曲线大致划分为三个阶段:弹性变形阶段、塑性变形阶段和断裂阶段。

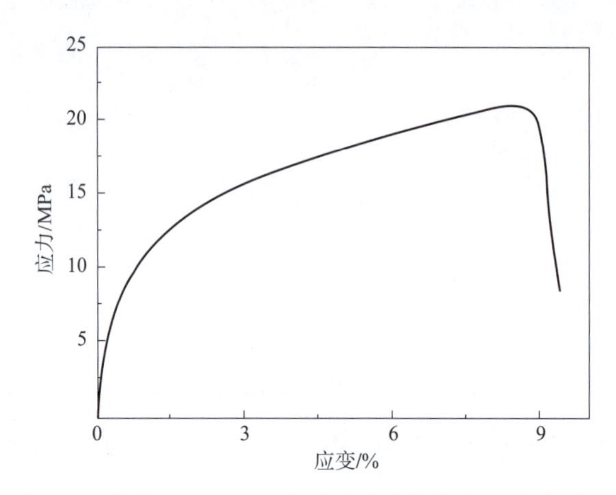

图 1-18 烧结不锈钢纤维多孔金属的拉伸应力-应变曲线
(纤维直径为 12 μm,孔隙率为 80%)

此外,烧结纤维多孔金属材料不像致密材料发生瞬间断裂,而是先发生局部断裂,然后裂纹扩展,最后发生断裂,其主要原因在于孔隙的影响,如孔隙率、孔形状、孔径及其分布等。由于纤维多孔材料内部的孔呈不规则形状,在载荷作用下,其尖端处易产生应力集中而萌生裂纹;另外,由于孔隙的存在,显著降低了载荷作用面积。因此,与致密金属材料相比,烧结纤维多孔金属材料的抗拉强度显著降低[23,25]。

研究表明,当烧结纤维多孔金属材料的孔隙率相同时,纤维直径越小,材料的抗拉强度越高。随着纤维直径的增加,材料的抗拉强度近乎呈线性降低(图 1-19)。这是由于纤维直径越小,单位体积内的纤维数量越多,纤维骨架之间形成的烧结结点数量越多;同时,纤维直径越小,材料的孔径越小,承载面积越大,抗拉强度越高。

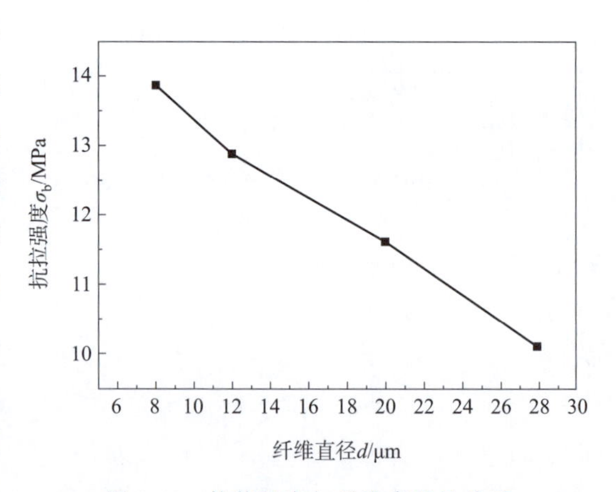

图 1-19 抗拉强度与纤维直径的关系

图 1-20 显示了烧结纤维多孔金属材料的抗拉强度随孔隙率的变化关系。可以看出,随着孔隙率的增大,材料的抗拉强度呈线性降低。孔隙率为 70%时,材料的抗拉强度约为 29.4 MPa;孔隙率增加到 95%时,材

料的抗拉强度下降至 3.0 MPa[25]。

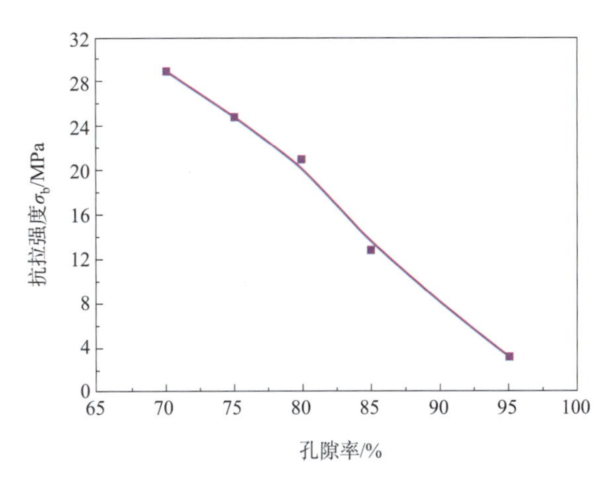

图 1-20　抗拉强度与孔隙率的关系

图 1-21 显示了烧结纤维多孔金属材料的抗拉强度与烧结温度的关系。总体而言，提高烧结温度，抗拉强度增大。烧结温度的提高将有助于增大纤维骨架之间物质的迁移速度和纤维表面原子的扩散速度，在表面张力作用下，相互接触面上的活性原子增加，促使更多的物质向接触点流动，烧结颈发育更好，结点强度增大，使得材料的抗拉强度提高[25]。

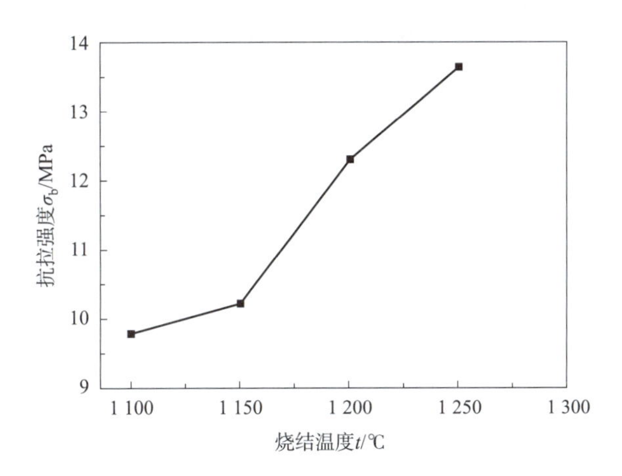

图 1-21　抗拉强度与烧结温度的关系

(2)压缩性能[26-28]

烧结纤维多孔金属材料在较低的载荷作用下可吸收大量的变形能，用作缓冲器可对机构部件起保护作用。不同构形的孔结构对多孔材料的压缩性能及能量吸收产生显著影响。烧结纤维多孔金属材料的压缩应力-应变曲线较为光滑(图 1-22)，其面内压缩行为可分为弹性变形阶段、塑性屈服平台阶段和致密化阶段，而厚度方向(面外方向)压缩变形的三个阶段不明显。

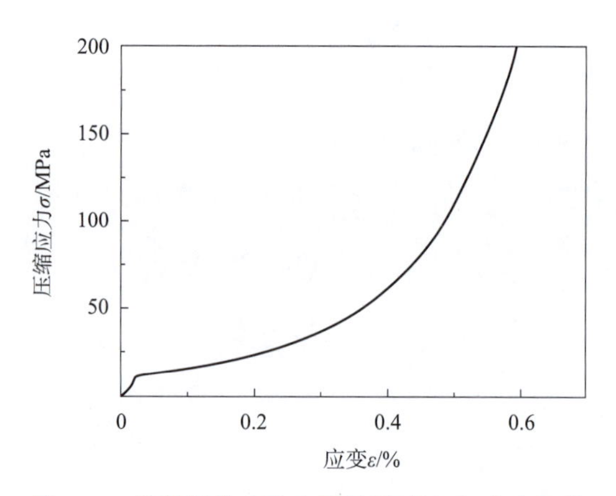

图 1-22 烧结纤维多孔金属的压缩应力-应变曲线

在弹性变形阶段，应力迅速增加，应变增加不明显。当外力去除后，多孔材料将恢复原有形状和尺寸。继续增大应力直至达到多孔材料的屈服强度时，应力-应变曲线进入较长的平台屈服阶段，表现为应力增加很少而应变却迅速增大，多孔材料的孔结构被压缩变形直至破坏，长而平的塑性变形段使得多孔金属材料具有高的能量吸收性能。当压缩应力突然迅速增大，表明多孔材料进入致密化阶段，纤维骨架大量接触，孔洞被压实。致密化阶段的发生表明多孔材料基本失去了能量吸收特性。

研究表明，材料孔隙率降低，其弹性模量逐渐增大。纤维直径为 8 μm 的烧结不锈钢纤维多孔材料，当孔隙率由 64.3%增加到 82.2%时，其弹性模量由 542.0 MPa 降低到 54.9 MPa，降幅近 90%(图 1-23)。

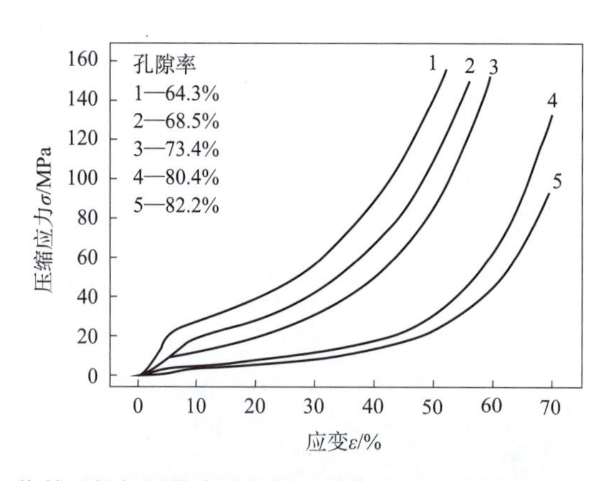

图 1-23 烧结不锈钢纤维多孔材料压缩应力-应变曲线(纤维直径 8 μm)

不论采用何种直径纤维制备多孔材料，孔隙率对材料能量吸收值的影响规律均类似，即随着孔隙率的增加，材料的能量吸收值呈线性降低(图 1-24)。当孔隙率由 64.3%提高到 82.2%时，多孔材料的能量吸收值由 27.7 MJ/m^3 降低到 4.0 MJ/m^3。当材料的孔隙率超过 80%时，其能量吸收值已经低于 5 MJ/m^3，基本丧失了能量吸收效果。因此在实际应用中，多孔材料的孔隙率应低于 80%。

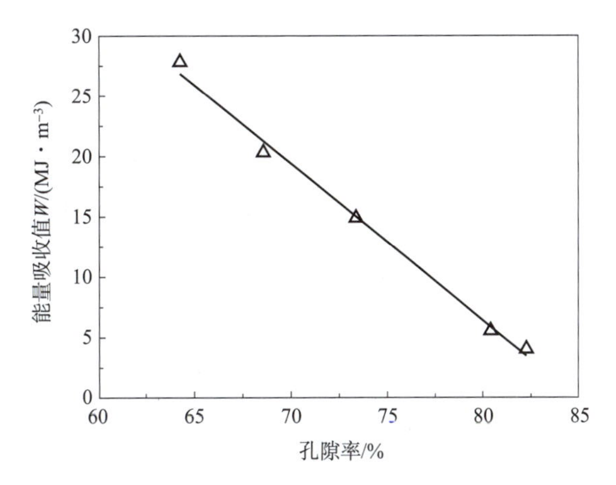

图 1-24　孔隙率对多孔材料能量吸收值的影响(纤维直径为 8 μm)

由图 1-24 还可以看出，烧结不锈钢纤维多孔材料的能量吸收值 W 与孔隙率之间的关系可由式(1-2)确定：

$$W = k\theta + C \tag{1-2}$$

式中，θ 为材料孔隙率，%；k 和 C 是常数。

(3)剪切性能

烧结纤维多孔金属材料典型的剪切应力-应变曲线如图 1-25 所示，曲线大致分为 3 个阶段：应变很低情况下的弹性阶段、塑性变形阶段和应力破坏阶段[28,29]。

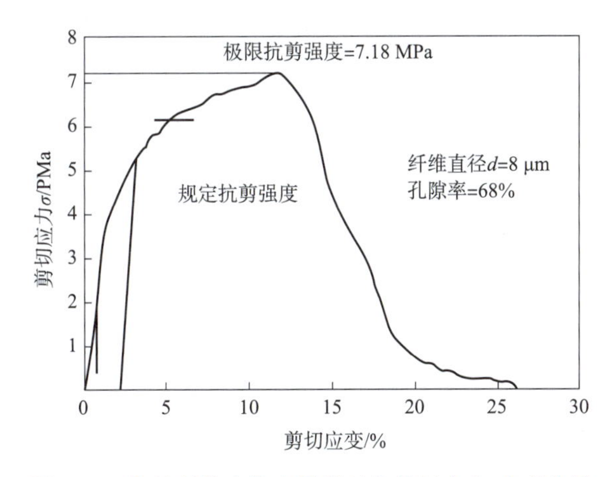

图 1-25　烧结纤维多孔金属材料的剪切应力-应变曲线

①弹性阶段：在应力较小的情况下，烧结纤维多孔金属材料整体呈刚性，纤维骨架发生微小变形。若去除外力，材料将恢复到其原始状态。

②塑性变形阶段：继续加载时，烧结纤维多孔金属上下表面发生相对位移，二者之间没有明显的分界线，孔隙在受力方向上被拉长变形。由于纤维呈三维交织状态，阻碍外力传递，应力值迅速增大。

③应力破坏阶段：随着载荷的继续增大，烧结结点出现剥离，金属纤维断裂或者被拉出，材料出现裂纹，其破坏程度进一步加剧，最终发生断裂。

研究表明，随着孔隙率的增加，烧结铜纤维多孔金属的剪切强度近似呈线性降低（图 1-26）。纤维直径相同时，随着孔隙率的增加，单位体积内的金属纤维数量减少，纤维之间搭接的几率下降，烧结结点数量减少，承载面积降低，剪切强度下降[30]。

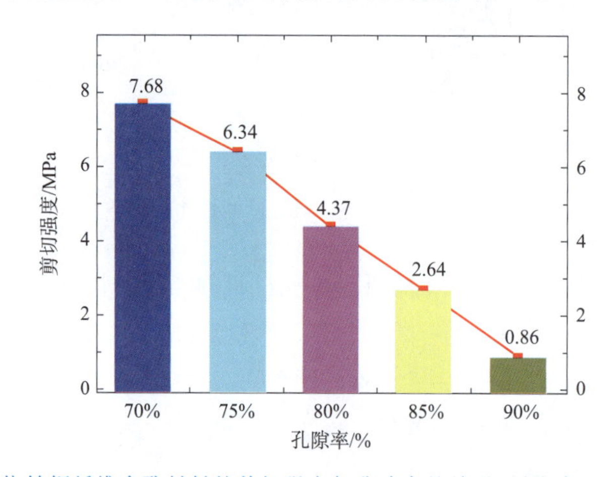

图 1-26 烧结铜纤维多孔材料的剪切强度与孔隙率的关系（纤维直径为 100 μm）

孔隙率相同时，纤维丝径越粗，烧结纤维多孔金属的弹性模量越低，剪切强度越低（图 1-27）。纤维丝径越粗，单位面积内的结点数量越少，且结点强度越低，烧结工艺相同时，结点的发育程度较差，导致剪切强度降低[31]。此外，烧结温度越高，多孔材料的剪切强度越大（图 1-28），这是由于提高烧结温度，加速了物质的扩散，纤维之间黏结面积增大所致[30]。

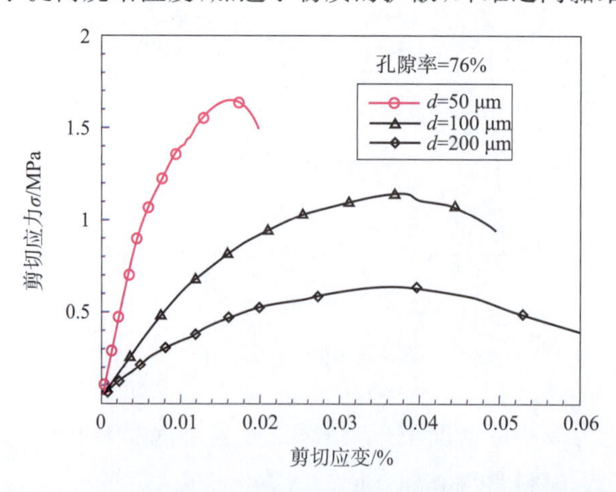

图 1-27 烧结不锈钢纤维多孔材料的剪切应力应变曲线

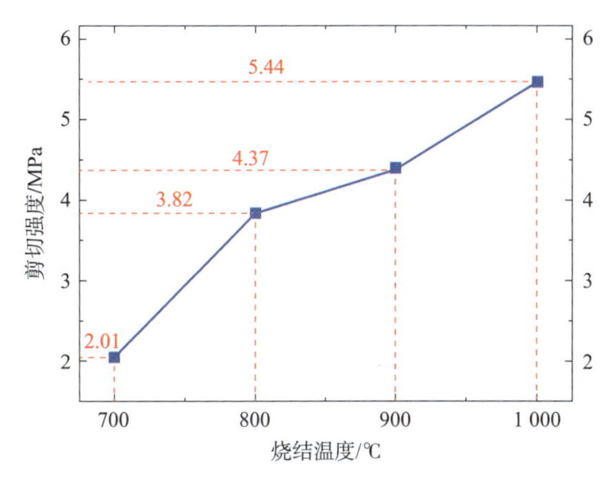

图 1-28　烧结铜纤维多孔材料的剪切强度与烧结温度的关系
（孔隙率为 80%，纤维直径为 100 μm）

复烧工艺可显著提高烧结纤维多孔金属的弹性模量和剪切强度(图 1-29)。纤维直径为 8 μm，材料孔隙率为 86.5%，烧结工艺为 1 050 ℃保温 2 h，复烧工艺为 1 210 ℃保温 1.5 h。复烧后，材料的剪切强度由原来的 0.16 MPa 提高到 1.5 MPa，剪切模量由 0.08 GPa 提高到 1.38 GPa。这主要与烧结结点的发育程度和结点强度有关[31]。

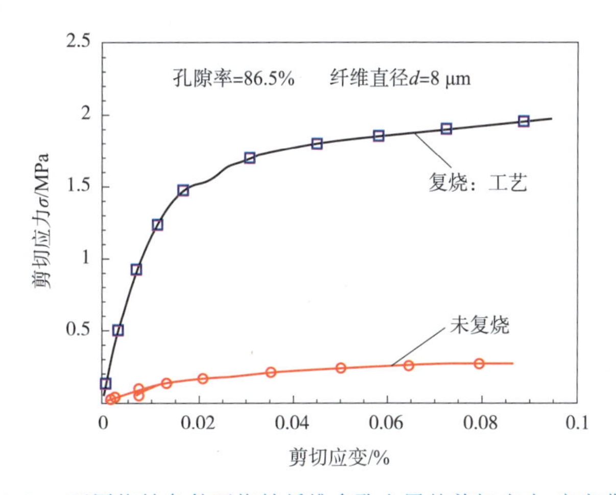

图 1-29　不同烧结条件下烧结纤维多孔金属的剪切应力-应变曲线

1.3　烧结丝网多孔金属

1.3.1　制备方法

丝网多孔金属材料是以金属丝编织网为原料，通过复合或将多层金属丝编织网按一定次序排列，然后经过烧结工序而成的一种多孔材料，其制备工艺流程如图 1-30 所示[32]。

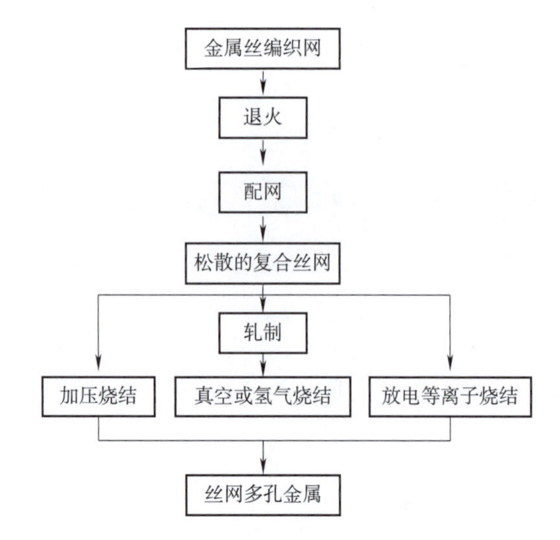

图 1-30 丝网多孔金属材料的生产工艺流程

目前，市售金属丝网存在较大的加工硬化现象，不能直接进行复合加工，必须进行退火处理。不锈钢丝网一般在真空炉中退火，退火温度为 1 000～1 200 ℃，保温时间为 1～2 h。

配网工序：配网是生产烧结丝网多孔金属材料的关键工序，其控制层决定了材料的过滤精度[32,33]。根据过滤精度和其他使用要求，选择合适的金属材质、丝网型号与规格，并确定叠放次序、层数和厚度。通常情况下，丝网多孔金属包括保护层、控制层（过滤层）、流体分布层和支撑层[33]，如图 1-31 所示[32]。保护层一般是方孔网，对下部过滤控制网起保护作用，避免外物划伤。支撑层为荷兰网，复合时两层呈正向和反向放置。保护层、分布层和支撑层的选择一般由过滤控制网的孔径确定，要求粗细搭配平稳过渡，避免出现孔径跳跃过大现象。控制层可以采用平纹网和斜纹网。平纹网开孔率高，易于按照筛网目数计算过滤精度；斜纹网的开孔率低，过滤精度较高。不同的丝网编织形式对丝网多孔金属材料的孔隙率、流体阻力、过滤精度有一定影响。例如，要达到 3～5 μm 的过滤精度，控制层只能采用斜纹编织网。

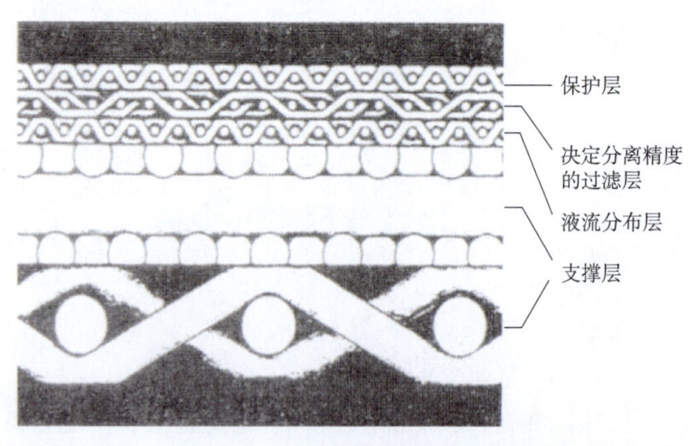

图 1-31 丝网多孔金属的结构

轧制工序:按照一定次序放置的松散多层丝网在双辊轧机上轧制复合,通过调节轧辊棍缝和轧制压力获得理想的复合效果和网板厚度。轧制后,各层编织网表面产生塑性变形,层与层之间产生物理啮合,这种结合会因各层网的内应力产生开裂。当轧制压力较大时,复合网的表面变形严重,原来凹凸的表面变得平滑,复合效果很好,但有可能造成控制层中的金属丝断裂,网孔严重变形,过滤性能改变。因此,轧制压力应通过具体实验进行选择。

烧结工序:烧结也是制备丝网多孔金属的关键工序,包括加压烧结、轧制和烧结或放电等离子烧结等方法。复合丝网经过烧结后,可获得具有较高强度和刚度的丝网多孔金属,同时也为后续车加工、剪切、卷管和焊接提供必要的强度。烧结中,多层复合金属丝网在厚度方向上几乎不发生收缩。

丝网多孔金属材料具有孔径分布均匀、耐高温、可焊接、可再生、寿命长等特点,易于加工成圆形、筒形、锥形等多种形式的过滤元件,可广泛应用于高压流体过滤、油田油砂分离、燃料和液压启动油的过滤、高温气体除尘、食品过滤、医用过滤等行业。西北有色金属研究院开发的丝网多孔金属滤盘和滤芯如图 1-32 所示[17]。

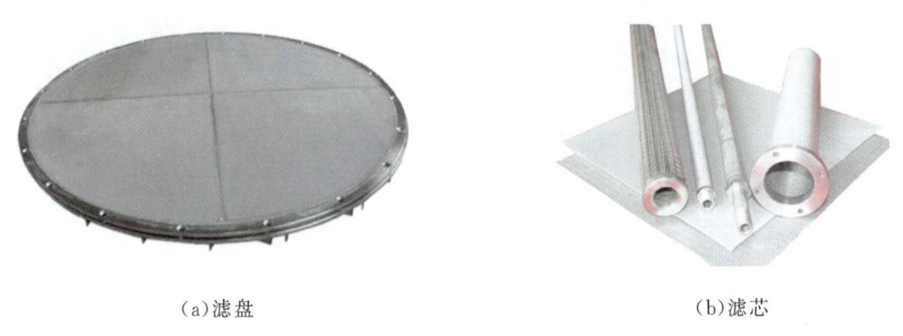

(a)滤盘　　(b)滤芯

图 1-32　丝网多孔金属滤盘和滤芯

近年来,由于金属丝网可控的多孔特性及低廉的价格,作为催化剂载体和油水分离材料受到广泛关注。为此,需要对金属丝网进行表面修饰。Milt 等人将 304 不锈钢金属丝网于 900 ℃氧化处理 1 h 后,丝网表面生成了一层均匀的铁锰铬尖晶石颗粒层,颗粒尺寸约为 0.6 μm(图 1-33)[34]。在此基础上,浸渍附着 Co、Ba、K/CeO_2 催化剂,可实现催化剂和基体之间的良好结合,其对柴油机尾气的催化性能优于其他蜂窝基体催化器。

张宏杰等人[35]采用层层接枝法制备了超疏水金属丝网,通过羟基化、硅烷化、界面聚合化以及接枝长碳链等四个步骤在金属丝网表面形成了微纳米复合粗糙结构(图 1-34),其对水滴的接触角为 159°,滚动角约为 4°,能够实现自清洁作用。

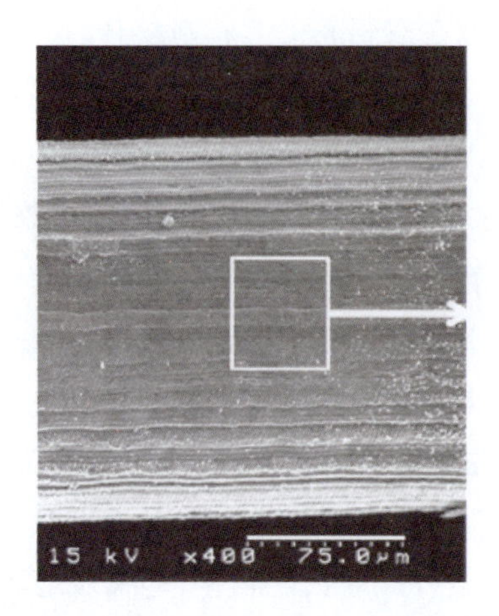

图 1-33　304 不锈钢丝网经氧化处理后的表面形貌

(a)改性后的金属丝网表面微观结构

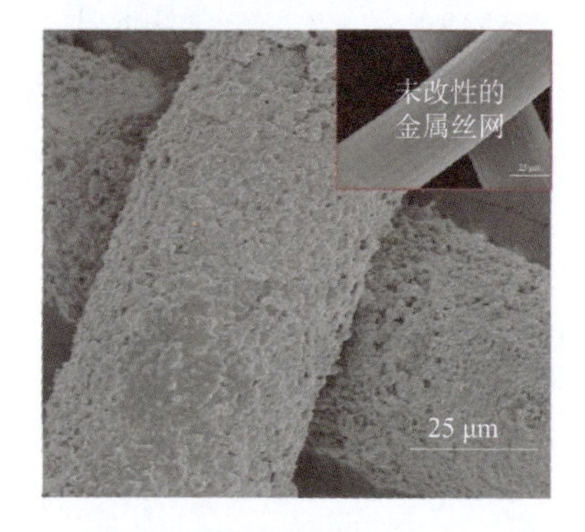

(b)局部放大图,25 μm

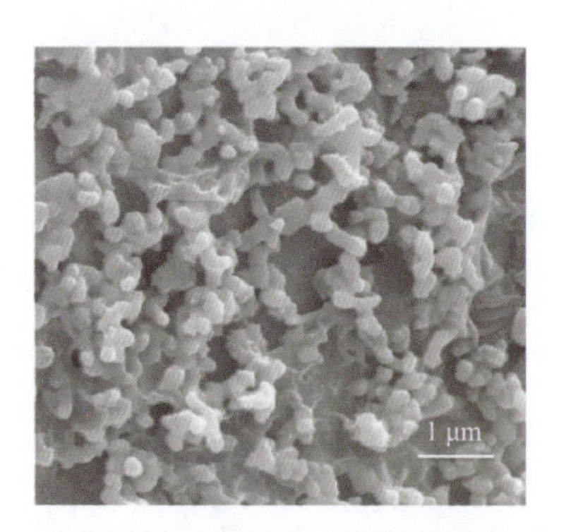

(c)局部放大图,1 μm

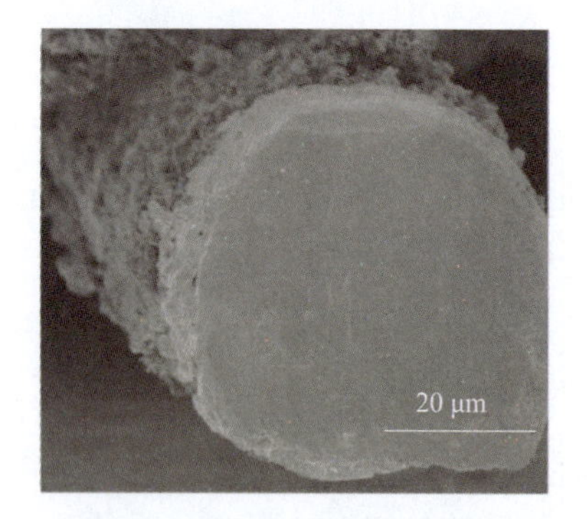

(d)改性后的金属丝网截面形貌

图 1-34　超疏水金属丝网微观形貌

1.3.2　过滤性能

烧结丝网多孔金属材料在过滤方面具有以下特性[34]:(1)利用叠层丝网复合技术,可通过低强度、高精度编织丝网与高强度、低精度编织丝网的有机组合较好地解决滤材强度、透过量和过滤精度三者之间的矛盾，实现了以上三种特性的综合提高。(2)采用扩散烧结技术使金属丝的相对位置得到固定，不仅具有优异的流体渗透性能，而且孔隙分布均匀、孔隙结构简单，孔隙尺寸和过滤精度稳定可靠，是理想的过滤与分离材料。(3)材料整体结构性强，既具有其他类型多孔材料不易满足的较高强度和刚度，又具有良好的耐高温性能和抗腐蚀性能，以及较好的成形加工特性。(4)具有优异的清洗特性。

西北有色金属研究院对五层烧结不锈钢丝网的透液性能进行了研究，试样尺寸为 ϕ80 mm 圆片，控制层的过滤精度分别为 y165(20 μm)、y200(15 μm)、y630(10 μm)、y1400(5 μm)，测试液体的黏度分别为 1.0×10^{-3} Pa·s(水)、54×10^{-3} Pa·s(油)，环境温度为 21 ℃，水的密度为 1 194 kg/m^3。由图 1-35 所示的测试结果可知[1]，烧结丝网多孔金属材料的透水量与透油量均随压差的增加而增大；压差相同时，过滤精度越高，透水量或透油量越小。

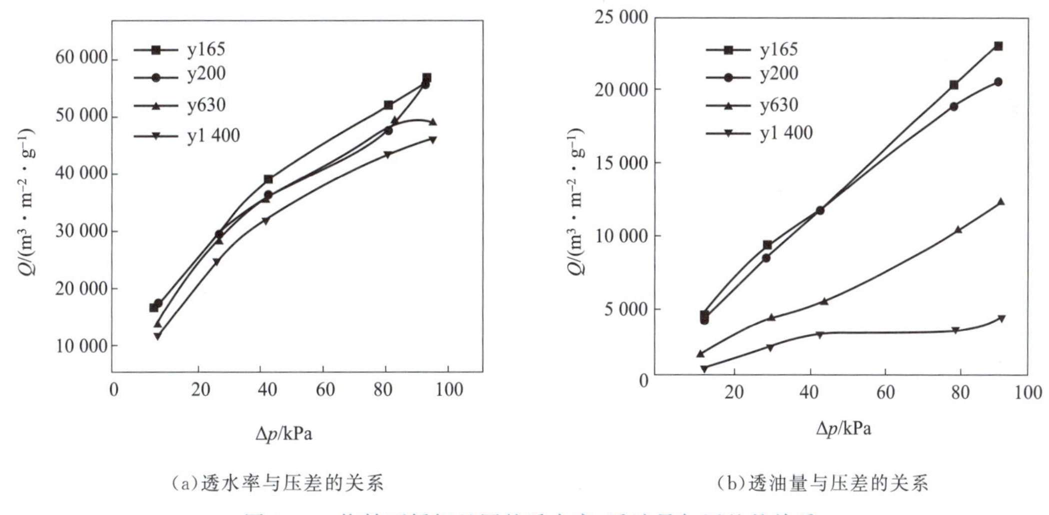

(a)透水率与压差的关系　　(b)透油量与压差的关系

图 1-35 烧结不锈钢丝网的透水率、透油量与压差的关系

国内开发的烧结不锈钢丝网多孔金属的性能见表 1-13。

表 1-13 烧结不锈钢丝网多孔金属滤材的性能

型 号	平均孔径/μm	初始冒泡压力/Pa ≥	渗透性：相对渗透系数/(L·min^{-1}·cm^{-2}·Pa^{-1}) ≥	渗透性：渗透系数/m^2 ≥	拉伸强度/MPa ≥
SSW005	4～6	5 450	1.1×10^{-4}	8.0×10^{-13}	100
SSW010	9～12	2 700	5.2×10^{-4}	4.8×10^{-12}	100
SSW020	18～23	1 360	1.5×10^{-3}	1.5×10^{-11}	100
SSW030	28～35	910	2.6×10^{-3}	2.0×10^{-11}	100

续上表

型　号	平均孔径/μm	初始冒泡压力/Pa ≥	渗透性		拉伸强度/MPa ≥
			相对渗透系数/(L·min^{-1}·cm^{-2}·Pa^{-1}) ≥	渗透系数/m^2 ≥	
SSW050	48～55	540	5.6×10^{-3}	5.2×10^{-11}	110
SSW080	75～85	340	7.9×10^{-3}	9.1×10^{-11}	110
SSW100	93～108	270	9.2×10^{-3}	1.1×10^{-10}	110
SSW150	140～160	180	2.9×10^{-2}	3.6×10^{-10}	110
SSW200	187～213	140	5.0×10^{-2}	5.8×10^{-10}	110

注 1. 本表数据针对典型五层网结构的烧结金属丝网多孔材料。
2. 本表中的相对渗透系数在 $\Delta p=1\ 000$ Pa 下测定，如遇特殊样品时应标明其测试时的压差。

美国 Pall 公司开发的烧结金属丝网滤材的性能见表 1-14[1]。

表 1-14　Pall 公司开发的烧结金属丝网的性能

级　别	过滤精度/μm				厚度/mm
	液体介质		气体介质		
	98%	100%	98%	100%	
K	5	18	3.5	13	0.152 4
J	10	25	6	18	0.152 4
M	17	45	11	25	0.152 4
R	40	70	30	55	0.279 4
S	70	105	50	85	0.254 0
T	145	225	120	175	0.355 6
A	300	450	250	350	0.482 6

1.4　多孔金属膜

多孔金属膜最早出现于 20 世纪 40 年代，其生产源于粉末冶金技术。传统意义上的烧结金属多孔膜材料是指多孔金属分离膜，它是一种具有选择性透过性能的多孔金属薄膜，在外力推动下可对混合物进行分离、提纯、浓缩等操作过程。根据横截面的结构，多孔金属膜可分为对称多孔金属膜和非对称多孔金属膜。随着膜层厚度的增加，非对称多孔金属膜层的孔径或增大或减小，如图 1-36 所示[35]。对称多孔金属膜的孔径在整个膜层厚度方向上呈均匀分布，如用于核燃料分离的多孔镍膜。这里主要介绍非对称多孔金属膜。

非对称多孔金属膜的结构分为支撑体和膜层。支撑体是多孔金属，材质包括钛、镍、不

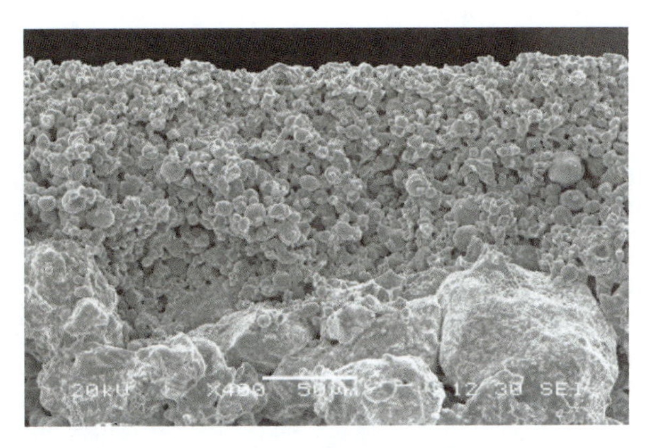

图 1-36　非对称多孔金属膜的横截面微观形貌
（上部为多孔膜层，下部为多孔支撑体）

锈钢、金属间化合物等，主要用于增强膜层的耐压能力；其孔径显著大于膜层孔径，厚度不超过 1 mm。膜层通常为纯金属、合金或金属氧化物等，其孔径小(0.03～50 μm)、厚度薄(1～200 μm)，其中孔径决定了非对称多孔金属膜的过滤精度。非对称多孔金属膜的分离效率较对称多孔金属膜提高 50～100 倍。

非对称多孔金属膜最早由美国于 20 世纪 90 年代以多孔不锈钢为支撑体，在其表面烧结一层多孔 TiO_2 膜所制成，膜层孔径为 0.1 μm。此多孔金属膜不仅具有陶瓷膜在强度和耐蚀性方面的优点，而且还兼具金属材料良好的强度、塑性、韧性和可焊接性，在食品、制药、化工等领域具有广阔的应用前景[1]。

1.4.1　制备方法

多孔金属膜的制备方法主要借鉴致密膜和陶瓷膜的方法，包括悬浮粒子烧结法、化学气相沉积法、化学镀膜法、阳极氧化法、反应合成法、溶胶-凝胶法等。

1. 悬浮粒子烧结法

悬浮粒子烧结法[1,38,39]是将粉末颗粒与适当介质、添加剂混合形成分散性好、稳定的悬浮液，然后将悬浮液涂覆在骨架层上，经干燥后在一定温度下烧结制备多孔金属膜。影响膜层孔径及其分布的因素有粉末粒度及其分布、形貌、添加剂及烧结温度等。为了制备理想的多孔金属膜，需要细粒径且粒度分布较窄的球形粉末。

西北有色金属研究院采用该方法制备了高精度、大流量非对称多孔金属膜管(图 1-37)，其过滤精度达到 0.3 μm(过滤效率 99%)，透气系数大于 200 $m^3/(h \cdot m^2 \cdot kPa)$，已在核工业、多晶硅、污水处理等行业得到了应用。GKN 公司生产的不锈钢膜是以多孔不锈钢为支撑体，在其内表面烧结一层 TiO_2 膜，膜层孔径可达 0.1 μm，构成了结合力高、孔壁光滑、抗污染能力强的非对称微孔膜[40]。中南大学以大通量、大孔径的 FeAl 金属间化合物多孔材料作支撑体，在其表面制备了单层小孔径的同材质多孔膜[41]。

图 1-37　西北有色金属研究院研制的多孔金属膜管

目前，悬浮粒子烧结法制备多孔金属膜需要解决的问题有：(1)粉末的制备与分散，粉末越细，制备难度越大，而且表面能也越大，分散难度越大；(2)细粒径金属或合金粉末制备的膜层在烧结时收缩剧烈，易产生裂纹。

2. 化学气相沉积法

化学气相沉积法(CVD)将含有构成薄膜元素的气态反应剂或液态反应剂的蒸气及反应所需其他气体引入反应室，在衬底表面发生化学反应生成薄膜的过程。CVD 法一般均在高温下进行，它既可以制得致密膜，也可以减小多孔支撑体的孔径制得微孔膜[38,39]。

目前，CVD 法主要用于无机膜的表面改性，而用于制备多孔金属膜还存在一些问题。首先，该方法对支撑体要求很高，平均孔径不超过 1 μm，且孔径分布窄；其次，该方法易于在片状试样表面制备多孔金属膜，而对于管状样品比较困难，尤其是管状样品的内膜很难实现。

3. 化学镀膜法[38]

化学镀膜法将载体作为阴极，通过还原剂的作用使金属盐中的金属离子还原成原子状态，在载体固液界面析出或沉积得到金属膜层。化学镀的速率受载体表面活性、镀液温度、金属盐和还原剂的浓度、pH 值及时间等因素的影响。化学镀膜法可制备厚度较薄、膜层均匀、机械强度高的金属膜，且可在任何载体上成膜。

4. 阳极氧化法[38,39]

阳极氧化法是将多孔金属或合金作为阳极，采用电解的方法使其表面形成氧化物薄膜，膜层中含有大量微孔，同时利用强酸除去未被氧化的部分，膜层孔径为 0.02～2.0 μm，孔径分布均匀且为直孔。

西北有色金属研究院采用阳极氧化法在轧制多孔钛板上制备了 TiO_2 纳米管阵列膜(图 1-38)[42]。

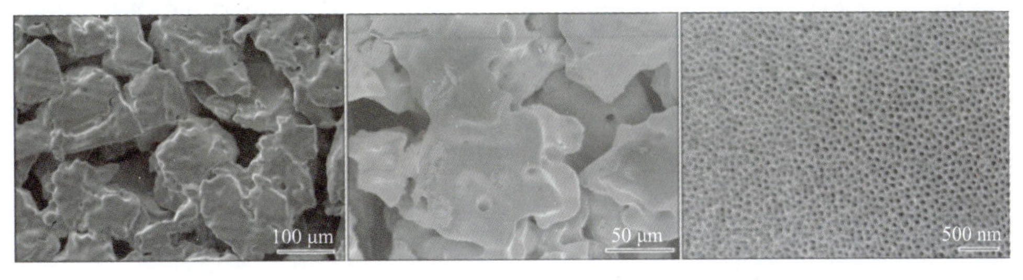

(a)处理前　　(b)处理后　　(c)局部放大后的 TiO_2 纳米管阵列膜

图 1-38　阳极氧化法制备的 TiO_2 多孔膜的微观结构

5. 反应合成法

金属粉末/薄膜偏扩散反应合成法是元素混合粉末反应合成制备多孔材料的延伸和应用，其核心技术及孔隙形成机理与元素混合粉末反应合成法相同。该方法可制得孔径细小且分布均匀的多孔金属膜，由于溅射薄膜的沉积颗粒细小、尺寸均匀，并且膜层薄，制备过程可控性好。TiAl 金属间化合物多孔膜中大量孔隙在生成物颗粒之间形成(620 ℃时已产生)，且倾向于在富 Al 区域首先成形；一小部分更为细小的等轴状孔隙在颗粒内部形成，此类孔隙与颗粒间孔隙均为固相扩散产生的 Kirkendall 孔隙。中南大学利用致密 Al 薄膜经反应合成法制备出 γ-TiAl 相的金属间化合物多孔纸型膜，其生成物呈不规则的多边颗粒状形貌，大量孔隙在生成物的颗粒之间形成，孔径为 2～5 μm，孔径分布均匀且贯通。该多孔纸型膜无支撑体，如果能与其他多孔体连接则可进一步减小其孔径，提高过滤精度[43,44]。此外，中南大学还采用反应合成法制备了厚度约为 50 μm 的 Ni-Cu 多孔膜(图 1-39)，其平均孔径约 10 μm，透气系数为 380 $m^3/(m^2 \cdot h \cdot kPa)$[45]。

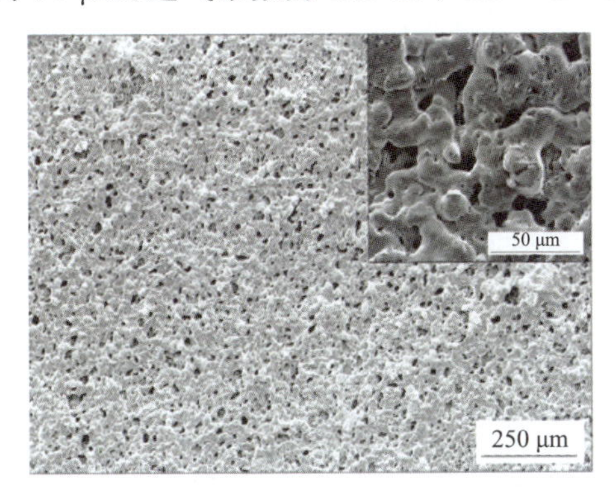

(a)烧结后的涂层形貌

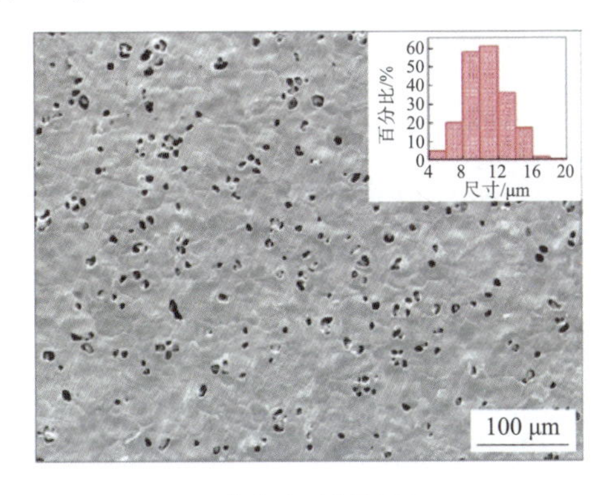

(b)箔片表面的孔形貌

图　1-39

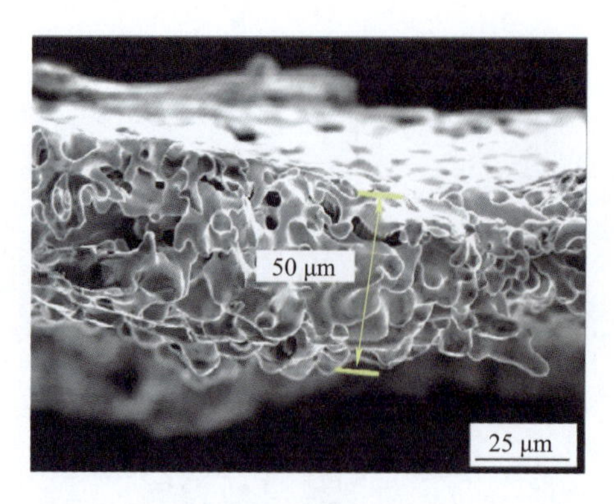

(c)膜层截面形貌

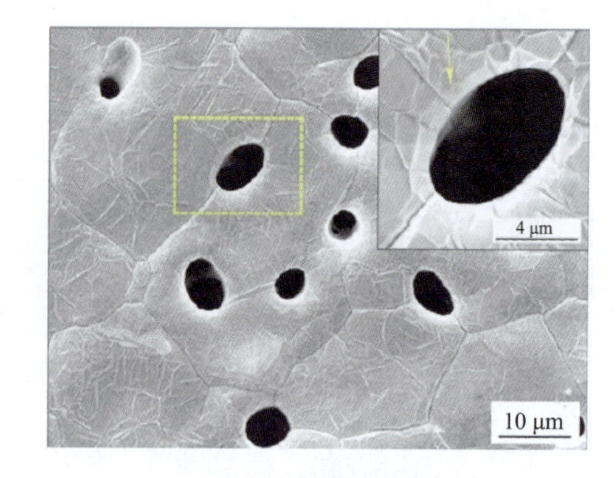

(d)孔局部放大图

图 1-39　Ni-Cu 多孔膜的微观组织

6. 溶胶-凝胶法

溶胶-凝胶法是采用具有高化学活性组分的化合物作为前驱体，在液相下均匀混合原料，并通过水解、缩合反应在溶液中形成稳定的透明溶胶体系，溶胶经陈化胶粒间缓慢聚合，形成三维空间网络结构的凝胶，经过干燥、烧结制备出分子乃至纳米亚结构的材料[38]。北京化工大学采用溶胶-凝胶法在不锈钢丝网表面制备了金属基负载 TiO_2 多孔膜。研究表明，镀膜所用溶胶黏度应控制在 10～20 mPa・s 之间，450 ℃热处理、镀膜 4 次制备的多孔膜具有较高的活性和稳定性；多孔膜对气相甲醛降解率比普通 TiO_2 薄膜高 28.8%，经连续使用 4 次后，甲醛降解率仍维持在 80%以上[46]。

1.4.2　结构性能

1. 过滤性能

多孔金属膜的过滤机理属于表面过滤，因此可显著提高对称结构多孔金属过滤元件的过滤精度、透气系数，并改善其反吹性能。

多孔金属膜的孔径分布对其过滤精度具有重要影响。西北有色金属研究院[47]采用 D50 分别为 24.6 μm、16.8 μm 和 4.2 μm 粉末制备了多孔金属膜，其表面形貌如图 1-40 所示。

(a)D50 为 24.6 μm　　(b)D50 为 16.8 μm　　(c)D50 为 4.2 μm

图 1-40　不同粒度粉末制备的多孔不锈钢膜的表面形貌

从图 1-40(a)可以看出，多孔膜的表面孔径较大，且大颗粒附着多孔膜，说明大颗粒粉末制备的多孔膜对其孔径分布的影响较小。从图 1-40(b)可以看出，膜层结构完整，膜层已经将支撑体的孔完全覆盖，说明这种粉末有利于提高多孔金属的过滤精度。从图 1-40(c)可以看出，虽然基体表面完全被膜层覆盖，但是出现的细微裂纹会影响多孔金属膜与基体的结合力，从而影响多孔金属膜的使用寿命。

图 1-41 为不同粒度粉末制备的多孔膜层与支撑体的孔径分布情况。可以看出，粉末粒度较粗(D50 为 24.6 μm)时，多孔膜与支撑体的孔径分布基本相同，仅多孔膜的大孔径占比有所减少，说明此种粉末对孔径分布影响较小，即对过滤精度的影响不显著[图 1-41(a)]。D50 为 16.8 μm 的粉末制备的多孔膜的孔径分布相对于支撑体发生了较大的变化，多孔膜的最大孔径及其占比同时减小，这对于提高多孔材料的过滤精度具有重要意义[图 1-41(b)]。多孔膜的孔径分布继续变窄，且小孔径的占比显著增加，最大孔径由 20 μm 减小到 10 μm [图 1-41(c)]。

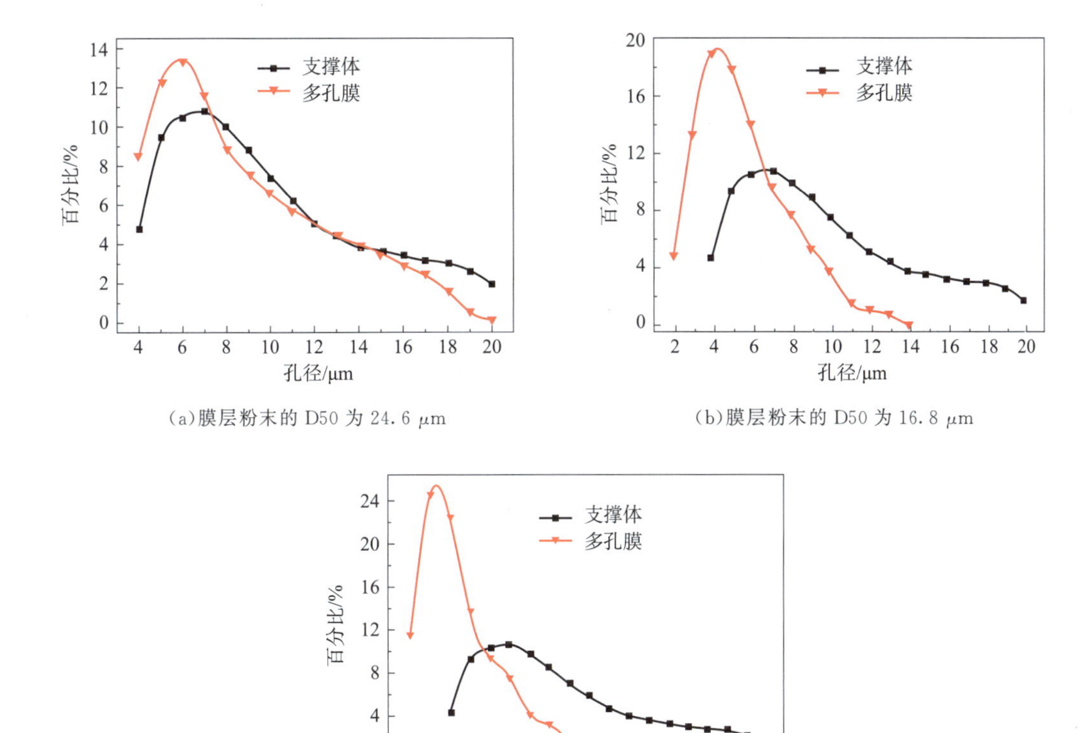

(a)膜层粉末的 D50 为 24.6 μm

(b)膜层粉末的 D50 为 16.8 μm

(c)膜层粉末的 D50 为 4.2 μm

图 1-41　多孔膜(红色线)与支撑体(黑色线)的孔径分布

多孔金属膜应用于多晶硅行业的粉尘过滤时，其过滤前后的粉尘浓度如图 1-42 所示，收集的粉尘粒度分布和过滤后的粉尘粒度分布分别如图 1-43、图 1-44 所示。可以看出，过滤前，合成气的粉尘质量浓度约 14 000 mg/cm^3，过滤后的粉尘质量浓度将为约 42 mg/cm^3，说明多孔金属膜能够将大部分粉尘拦截，从而净化合成气体(图 1-42)。过滤后收集的粉尘粒度分布较宽，主要集中于 0.5～100 μm(图 1-43)，而过滤后的粉尘粒度分布较窄，集中于 1 μm 以下(图 1-44)[48]。

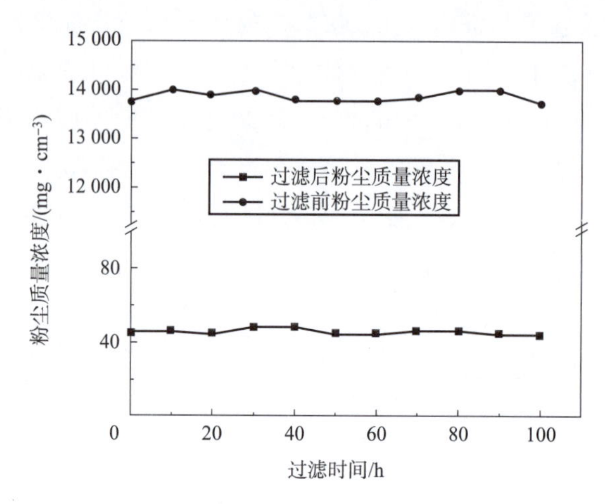

图 1-42 过滤前后的粉尘浓度

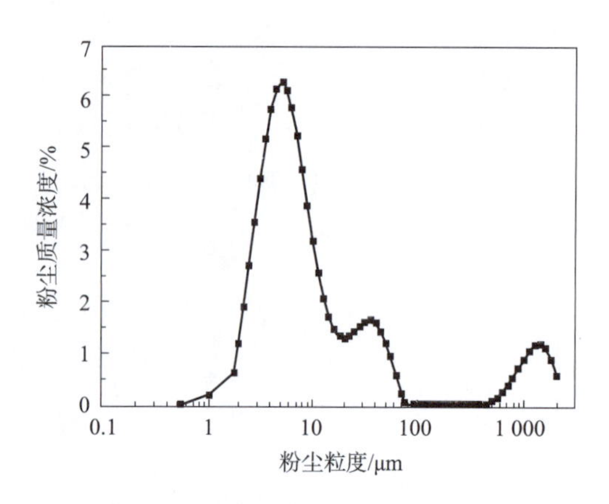

图 1-43 过滤后收集的粉尘粒度分布

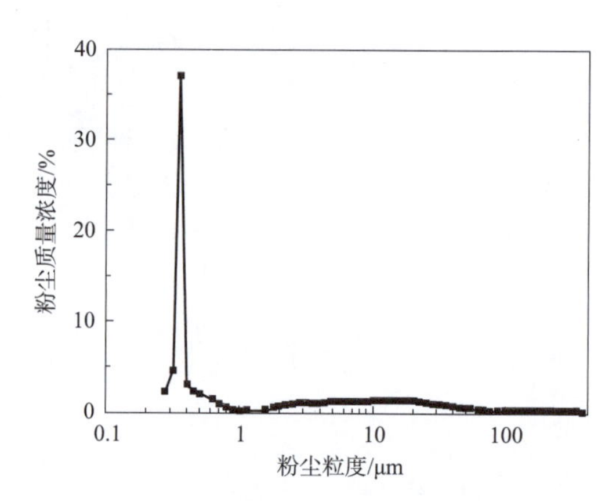

图 1-44 过滤后的粉尘粒度分布

多孔金属膜应用于甲醇制烯烃(MTO)急冷水、羰基镍生产过程中的粉尘过滤时，其过滤前后的粉尘质量浓度分别如图 1-45[49] 和图 1-46[50] 所示。

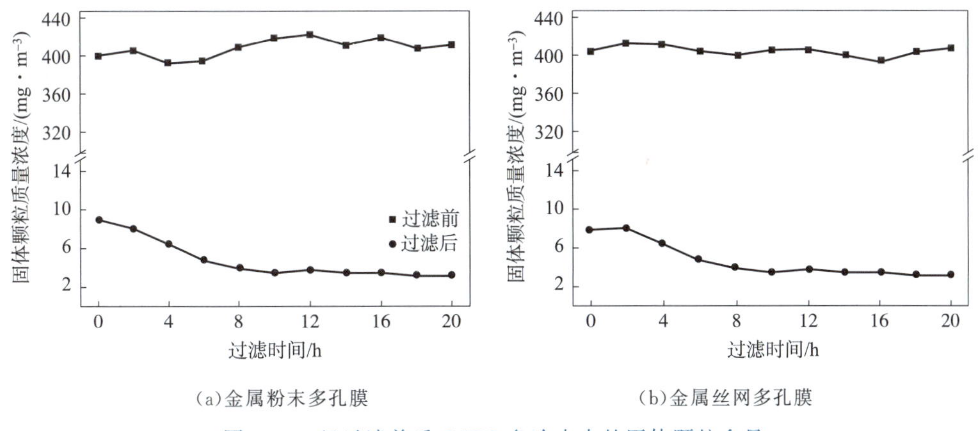

(a)金属粉末多孔膜

(b)金属丝网多孔膜

图 1-45 经过滤前后，MTO 急冷水中的固体颗粒含量

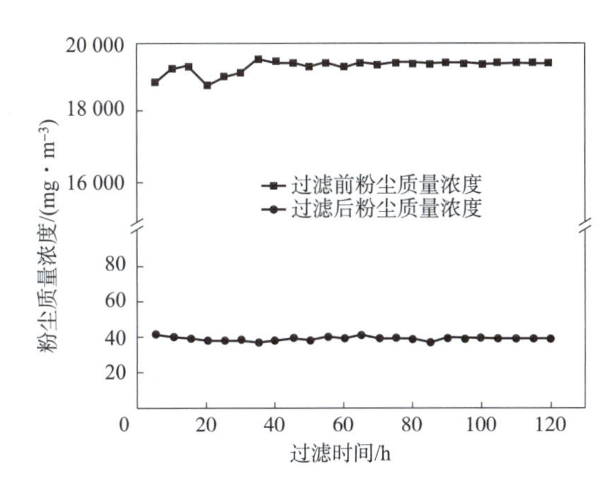

图 1-46 羰基镍生产过程中合成气过滤前后的粉尘质量浓度

表 1-15 列出了 GKN 公司生产的 SIKA-R…AS 不对称金属膜的性能参数，最高过滤精度可达 0.5 μm[1]。

表 1-15 GKN 公司生产的不对称金属膜材料的性能参数

元件型号	孔隙度/%	透气系数 α/m^2	透气系数 β/m	分离效率 (98%)	剪切强度/MPa	环拉强度/MPa
SIKA-R0.5AS	36	0.2×10^{-12}	0.18×10^{-7}	2.0	138	60
SIKA-R1AS	36	0.6×10^{-12}	0.42×10^{-7}	3.2	138	60
SIKA-R3AS	36	1.1×10^{-12}	1.12×10^{-7}	8.3	138	60
测试标准	DIN-ISO 30911-3	DIN-ISO 4022	ASTMF795	DIN-ISO 30911-6	DIN-ISO 30911-3	—

国内开发的多孔金属膜的性能见表 1-16。

表 1-16　烧结多孔金属膜的性能

级　别	最大孔径/μm	透气度/($m^2 \cdot h^{-1} \cdot kPa^{-1} \cdot m^{-2}$) ≥
MG0005	1	5
MG001	2	9
MG005	4	15
MG01	6	20
MG03	10	30
MG05	15	40
MG10	25	50
MG15	35	100
MG20	50	200
MG30	60	400

注：M 代表膜材料；G 代表过滤；数字代表级别。

国内开发的多孔金属间化合物膜滤芯的性能见表 1-17。

表 1-17　多孔金属间化合物膜滤芯的性能

型号	最大孔径/μm	平均孔径/μm ≤	透气度/($m^2 \cdot h^{-1} \cdot kPa^{-1} \cdot m^{-2}$) ≥	径向压溃强度/MPa ≥	抗拉强度/MPa ≥
FAG01	4	1	5	100	70
FAG05	8	5	35	90	60
FAG10	20	10	60	90	50
FAG20	30	20	120	70	50
FAG30	50	30	160	60	50
FAG50	60	50	200	60	45

2. 抗氧化性能

FeAl 多孔膜材料在 550 ℃循环氧化时，其质量变化与氧化时间的关系如图 1-47 所示。结果表明，不同厚度膜材料的质量变化均不明显，氧化初期质量增加较快，氧化一段时间后，质量增加缓慢甚至不再变化；膜越厚，抗氧化性越强。高温氧化环境中，FeAl 多孔膜中的 Al 会发生选择性氧化，当材料中 Al 的质量分数高于 10% 时，即可形成保护性 Al_2O_3 膜。对于多孔 FeAl 材料而言，连通的开孔为空气向内扩散提供通道，与 Al 发生选

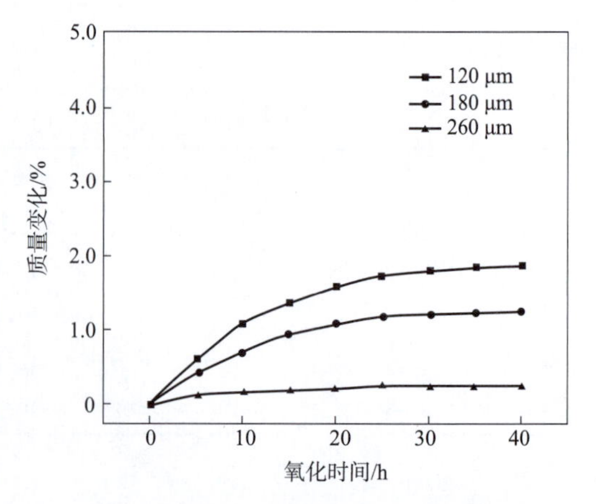

图 1-47　FeAl 多孔膜材料的质量变化与氧化时间的关系(温度为 550 ℃)

择性氧化，形成生长速度慢且具有保护性的 Al_2O_3 膜。Al_2O_3 膜在氧化初期迅速形成，阻碍了 Al 元素与 O 元素的接触，使其抗氧化能力增强[41]。

参考文献

[1] 奚正平，汤慧萍. 烧结金属多孔材料[M]. 北京：冶金工业出版社，2009.

[2] SIDDIQ A R, KENNEDY A R. A novel method for the manufacture of porous structures with multi-component, coated pores[J]. Materials Letters, 2017, 196: 324-327.

[3] 崔利群，李达人，韩胜利. 辊缝与轧制速度对粉末轧制钛铝多孔板性能的影响[J]. 材料导报：纳米与新材料专辑，2016, 30(S2): 568-570.

[4] 阮建明，黄培云. 粉末冶金原理[M]. 北京：机械工业出版社，2012.

[5] 邹仕民，曹顺华，李春香，等. 粉浆浇注成形的现状与展望[J]. 粉末冶金材料科学与工程，2008, 13(1): 8-12.

[6] 王延庆，吉喆，崔永莉，等. 基于快速原型的金属粉浆无压浇注成型与烧结[J]. 机械工程材料，2007, 31(12): 51-53+65.

[7] 张斌，杨屹，冯可芹，等. 不锈钢过滤管多孔材料的制备及其性能[J]. 机械工程材料，2008, 32(1): 31-33+36.

[8] 张亚楠. Zr-V-Fe 多孔材料注浆成型制备工艺及组织结构表征[D]. 昆明：云南大学，2017.

[9] STANEV L, KOLEV M, DRENCHEV B, et al. Open-cell metallic porous materials obtained through space holders-part I: production methods. a review[J]. Journal of Manufacturing Science and Engineering, 2017, 139(5): 050801.

[10] STANEV L, KOLEV M, DRENCHEV B, et al. Open-cell metallic porous materials obtained through space holders—part II: structure and properties. a review[J]. Journal of Manufacturing Science and Engineering, 2017, 139(5): 050802.

[11] AZARNIYA A, AZARNIYA A, SAFAVI M S, et al. Physicomechanical properties of porous materials by spark plasma sintering[J]. Critical Reviews in Solid State and Material Sciences, 2019: 1-44.

[12] DUDINA D, BOKHONOV B, OLEVSKY E. Fabrication of porous materials by spark plasma sintering: a review[J]. Materials, 2019, 12(3), 541-568.

[13] 冉铧深. 冷冻干燥氧化铜制备多孔铜及微观结构研究[D]. 徐州：中国矿业大学，2016.

[14] KANG H J, HAN J Y, OH S T. Fabrication of Porous Mo-Cu by Freeze Drying and Hydrogen Reduction of Metal Oxide Powders[J]. Journal of Korean Powder Metallurgy Institute, 2019, 26(1): 1-5.

[15] 汪强兵，汤慧萍，杨保军. 连续梯度金属多孔材料的研究[J]. 中国材料进展，2016, 35(2): 136-140.

[16] 西部宝德科技股份有限公司. 金属间化合物多孔材料[EB/OL]. http://www.ti-pm.com/cpfw/jshh.asp.

[17] 西安菲尔特金属过滤材料股份有限公司. 不锈钢纤维[EB/OL]. https://www.c-frt.com/products_details/12.html.

[18] 敖庆波，王建忠，李爱君，等. 金属纤维多孔材料的吸声性能[J]. 稀有金属材料与工程，2017, 46

(2)：387-391.

[19] 马军，汤慧萍，李爱君，等.一种不锈钢纤维毡的烧结方法，CN105057668[P]. 2015-11-18.

[20] CLYNE T W, MARKAKI A E, TAN J C. Mechanical and magnetic properties of metal fibre networks, with and without a polymeric matrix[J]. Composites Science and Technology, 2005, 65 (15/16)：2492-2499.

[21] TANG B, TANG Y, ZHOU R, et al. Low temperature solid-phase sintering of sintered metal fibrous media with high specific surface area [J]. Transactions of Nonferrous Metals Society of China, 2011, 21(8)：1755-1760.

[22] MARKAKI A E, GERGELY V, COCKBURN A, et al. Production of a highly porous material by liquid phase sintering of short ferritic stainless steel fibres and a preliminary study of its mechanical behaviour[J]. Composites Science and Technology, 2003, 63(16)：2345-2351.

[23] 汤慧萍，王建忠. 金属纤维多孔材料孔结构及性能[M]. 北京：冶金工业出版社，2016.

[24] 潘仲麟，翟国庆 . 噪声控制技术[M]. 北京：化学工业出版社，2006.

[25] 刘怀礼，王建忠，汤慧萍. 不锈钢纤维多孔材料拉伸性能研究[J]. 稀有金属材料与工程，2014, 43 (8)：2023-2026.

[26] 王建忠，敖庆波，马军，等. 不锈钢纤维多孔材料的准静态压缩性能[J]. 功能材料，2018, 49(9)：107-112.

[27] 敖庆波，王建忠，马军，等. 不锈钢纤维多孔材料的能量吸收性能[J]. 功能材料，2019，50(1)：1155-1157+1163.

[28] 王建忠，许忠国，敖庆波，等. 金属纤维多孔材料力学性能研究现状[J]. 稀有金属材料与工程，2016，45(6)：1636-1640.

[29] 王建永，汤慧萍，朱纪磊，等. 孔隙度对烧结不锈钢纤维多孔材料剪切性能的影响[J]. 功能材料，2010, 41(3)：565-568.

[30] WAN Z P, LIU B, ZHOU W, et al. Experimental study on shear properties of porous metal fiber sintered sheet[J]. Materials Science and Engineering A, 2012, 544(15)：33-37.

[31] 王建永. 烧结金属纤维多孔材料力学性能研究[D]. 西安：西北工业大学，2008.

[32] 方玉诚，王燚，詹冬巧，等. 丝网微型过滤元件的制造方法及用途，CN1143534A[P]，1997-02-26.

[33] 伊法杰，方玉诚，陈欣，等. 刚性复合烧结金属丝网微孔材料与气固过滤分离技术[J]. 石油化工设备技术，1998, 19(4)：25-28.

[34] BANúS E D, SANZ O, MILT V G, et al. Development of a stacked wire-mesh structure for diesel soot combustion[J]. Chemical Engineering Journal, 2014, 246：353-365.

[35] 张宏杰. 超疏水金属丝网的制备及其油水分离性能研究[D]. 天津：天津大学. 2018.

[36] 何盛宝，李文库，王勇，等. 烧结金属丝网用于石蜡过滤净化[J]. 石油炼制与化工，1999，30(2)：29-32.

[37] WANG Q B, TANG H P, XI Z P, et al. Study on asymmetry stainless steel filtration membrane used in juice industry[J]. Rare Metal Materials and Engineering, 2015, 44(3)：544-547.

[38] 李进宝. Fe-Al 金属间化合物多孔膜制备技术及机理的研究[D]. 沈阳：东北大学，2013.

[39] 汪强兵. 多孔金属膜制备工艺的研究[D]. 西安：西安建筑科技大学，2004.

[40] 喻林萍，刘新利，张惠斌，等. 金属及金属合金微滤膜的研究进展[J]. 粉末冶金材料科学与工程，2015, 20(5)：670-674.

[41] 周志华,高海燕,贺跃辉.FeAl多孔膜材料的制备及高温抗氧化性能[J]. 粉末冶金材料科学与工程,2013,18(1):144-148.

[42] 沈垒,李广忠,陈刚,等. 多孔钛板表面 TiO_2 纳米管阵列膜的制备及表征[J]. 钛工业进展,2017,34(1):37-41.

[43] 江垚,贺跃辉,黄伯云,等. Ti-Al金属间化合物多孔材料的研究进展[J]. 中国材料进展,2010,29(3):18-22+5.

[44] 喻林萍,刘新利,张惠斌,等. 金属及金属合金微滤膜的研究进展[J]. 粉末冶金材料科学与工程,2015,20(5):670-674.

[45] 喻博闻,江垚,周邦鸿,等. Ni-Cu多孔薄膜的制备及造孔机理[J]. 粉末冶金材料科学与工程,2015,20(5):760-764.

[46] 杨庆. 金属基负载 TiO_2 多孔性薄膜光催化剂的制备及应用研究[D]. 北京:北京化工大学,2005.

[47] 杨保军,汤慧萍,汪强兵,等. 金属多孔膜孔径分布特征的研究[J]. 中国材料科技与设备,2015,11(4):21-23.

[48] 杨保军,汪强兵,汤慧萍,等. 金属微孔膜在多晶硅生产中的应用研究[J]. 过滤与分离,2015,25(3):6-9.

[49] 郭瑜,汪强兵,李烨,等. 金属微孔膜在甲醇制烯烃(MTO)急冷水过滤中的试验研究[J]. 粉末冶金工业,2018,28(1):45-49.

[50] 郭瑜,汪强兵,杨保军,等. 金属微孔膜在羰基镍生产中的应用研究[J]. 热加工工艺,2018,47(2):90-92+96.

第2章 泡沫金属

2.1 泡沫金属的概念与分类

1943年,美国工程师Sosnick利用汞在熔融铝中气化制得多孔泡沫铝,使人们认识到金属也可以通过类似面粉发酵的方法使之膨胀,从而打破了金属只有致密结构的传统观念。泡沫金属是指内部含有泡沫气孔的一类多孔金属材料,其孔隙度高(常常达到90%以上)、孔径可达毫米级。受益于独特的结构特点,泡沫金属具有密度小、隔热与隔声性能好及能够吸收电磁波等一系列优点,已广泛应用于航空航天、石油化工等行业。

根据孔隙结构特点,泡沫金属通常可分为闭孔(closed pore)和开孔(open pore)两类。孔隙相互独立且呈封闭称为闭孔型泡沫材料,孔隙互相连通称为开孔型泡沫材料,既有连通又有封闭的为半开孔型泡沫材料,如图2-1所示[1]。

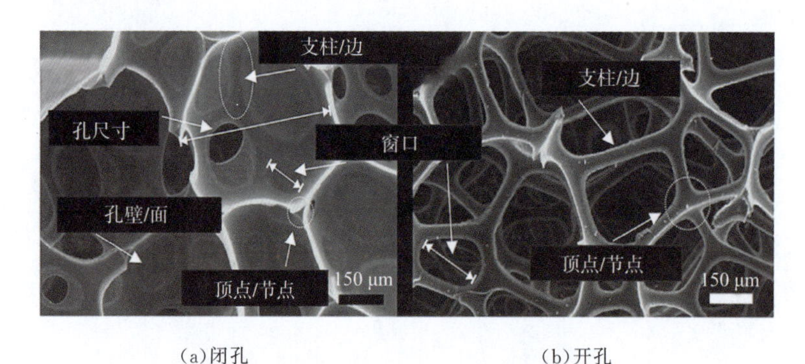

(a)闭孔　　(b)开孔

图2-1　泡沫金属的结构特征

2.2 泡沫金属的制备方法

泡沫金属的制备方法较多(表2-1),根据其成形时的状态主要可分为以下三种:(1)基于液态金属的制备方法,如发泡法、共晶凝固法和铸造法等;(2)基于固态金属的制备方法,如压制烧结法和填充烧结法等;(3)基于沉积技术的制备方法,如电沉积法、气相沉积法等。根据应用场合及需求的差异,泡沫金属可以被设计成不同的形状,如棒状或板状,也可以与其他材料或结构相结合形成复合体，如泡沫铝夹芯板等[2]。

表 2-1　泡沫金属的制备方法及其特点[1]

制备方法	工艺特点	孔结构特点	生产成本	适用金属
铸造法	简单	覆盖范围宽，形状种类多，结构均匀	较低	低熔点金属，如：铜、铝、铅、锌及合金
发泡法	简单	孔结构不均匀	粉体发泡法较高，其他方法低	铝、铜、镍、铅、钢及合金等
烧结法	比较复杂	覆盖范围宽孔隙相互连通，孔尺寸较小	较低	不锈钢，镍及镍基合金等
沉积法	复杂	孔隙连通，孔隙率高	高	镍、铜等

2.2.1　基于液态金属的制备方法

最初，在进行泡沫金属的制备工艺探索时，皆与“泡”字相关。基于液态金属的制备方法主要有发泡法、共晶凝固法和铸造法。

2.2.1.1　发泡法

目前，直接发泡金属熔体的方法有两种：一种是从外部向液态金属中注入气体，即直接吹气法；另一种是在液态金属中加入气体释放剂，原位生成气体，即熔体发泡法。

1. 直接吹气法

直接吹气法可以连续生产大量的气泡而获得较低密度的泡沫金属，具有简便、快速、低能耗等特点，主要用于生产泡沫铝。其原理是首先将铝或铝合金熔化，然后在铝液中加入增稠剂颗粒，提高熔液黏度。随后，向金属熔液中通入空气、氮气、氩气或这些气体的混合气体，并不停地搅拌，在金属熔液冷却后即得到泡沫金属，孔隙度为 80%～97.5%[3]，其制备工艺示意图如图 2-2 所示[4]。常用的增稠剂包括碳化硅、氧化铝以及氧化镁等。

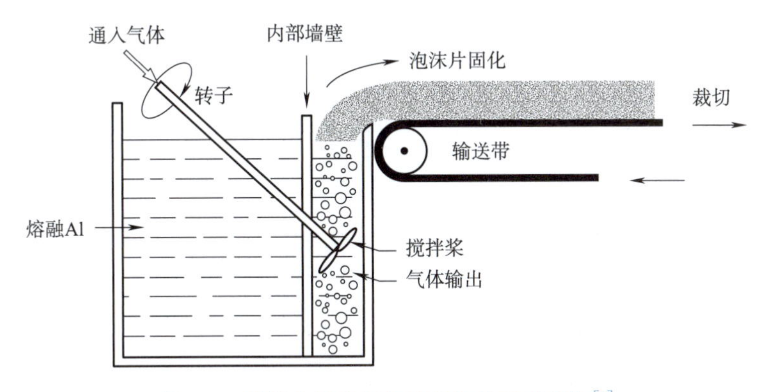

图 2-2　直接吹气法制备泡沫铝的工艺流程[4]

2. 熔体发泡法

熔体发泡法最早由 Sosnick 发明，随后在 1965 年由美国几家公司共同开发，至今仍被广泛使用[5]。它是向熔融的铝或低熔点金属（如锡、铅、锌等）熔液中加入发泡剂，发泡剂分解产生气体，气体膨胀使金属熔液成泡沫状，冷却后得到泡沫金属（图 2-3），其孔隙度为 91%～93%。用于生产泡沫铝的发泡剂早期有液态金属汞，后来因为汞的毒性问题逐渐转用 TiH_2、ZrH_2 和 CaH_2 等，而 MgH_2 和 ErH_2 则常用来制备泡沫锌和泡沫铅。

熔体发泡法工艺相对简单，成本较低，能够获得较大尺寸以及较大范围孔隙率的异型泡沫金属部件，且适合规模生产。熔体发泡法的孔洞以闭孔为主，但其孔洞分布不均匀，难以精确控制。

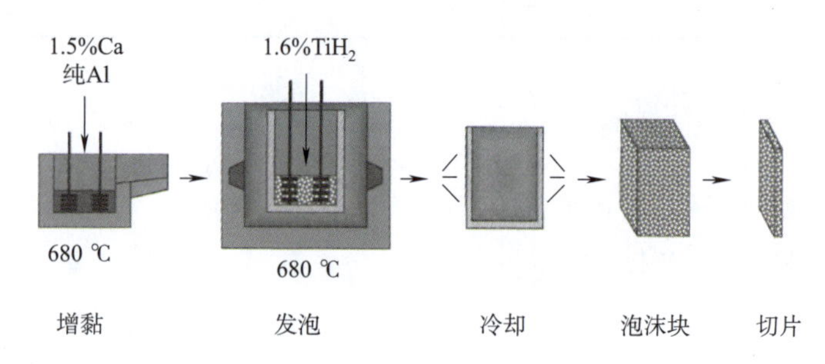

图 2-3　熔体发泡法制备泡沫铝的工艺示意图

3. 粉末冶金法

在第 1 章中已介绍过，粉末冶金法通常可用于制备烧结多孔金属。通过与发泡剂共混，该方法也可以用于制备泡沫铝，其典型工艺流程如图 2-4 所示。该工艺相对简单，无须后续的加工黏结工序，可直接制成复杂形状的零件。同时，泡沫铝呈闭孔结构，且分布较均匀，适于制备大尺寸产品。然而，粉末冶金法因使用铝粉作原料，发泡前必须对铝粉末先进行轧制或是模压，这需要先进的压制设备。另外，轧制和模压会影响模具的使用寿命，导致比较高的生产成本，目前尚处于小规模的商业应用阶段。

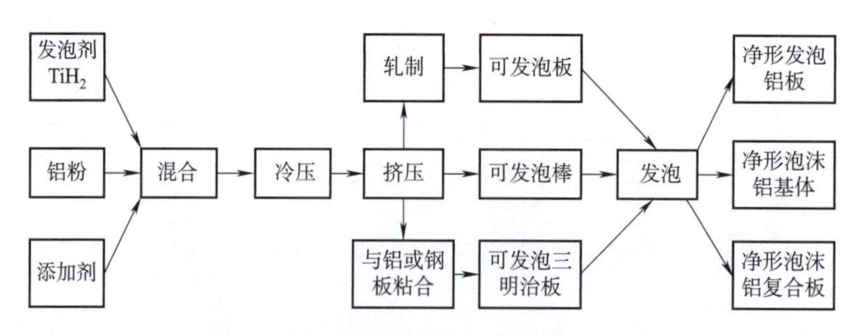

图 2-4　粉末冶金法制备泡沫铝的工艺流程

2.2.1.2 共晶凝固法

共晶凝固法是将氢气、氩气或氧气通入低熔点液态金属中，高温下气体溶解于液态金属中，随后定向凝固过程中由于溶解度降低而析出，且沿着凝固方向形成长条形气孔，即形成藕状孔结构的泡沫金属（图 2-5），也常称为 Gasar 法。

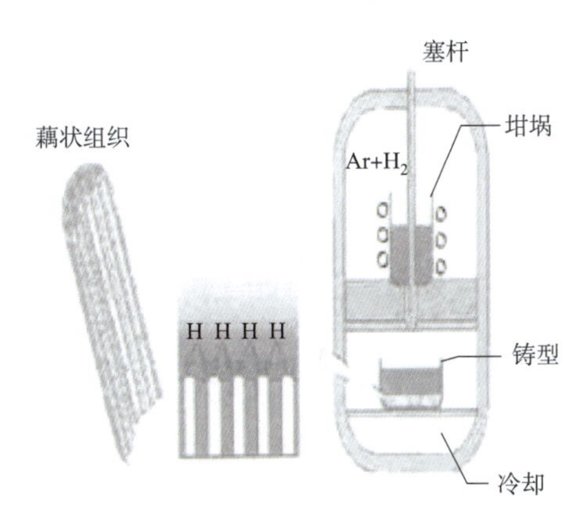

图 2-5　共晶凝固法制备泡沫金属示意图

2.2.1.3 铸造法

铸造法主要包括渗流铸造法和熔模铸造法。

1. 渗流铸造法

渗流铸造法是使用较多的一种制作泡沫金属的方法[6,7]，其基本原理是将熔融的金属液体倒入由可去除颗粒物制作成的预制体内，通过压力差使金属液渗流进预制体的间隙中而得到金属与颗粒物的复合体，最后去掉预制体颗粒得到所需的泡沫材料（图 2-6）。

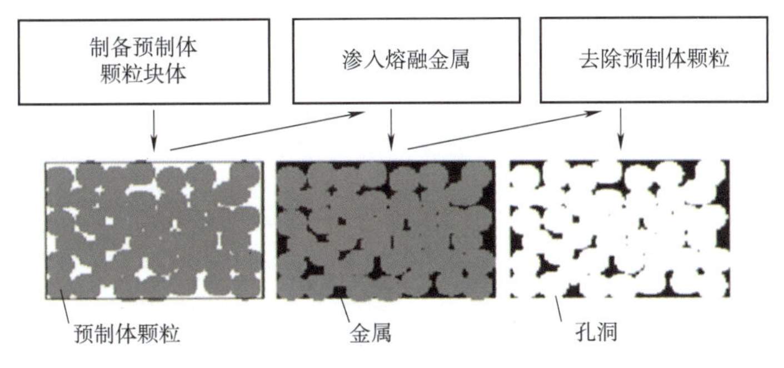

图 2-6　渗流铸造法制备泡沫金属示意图

渗流铸造法中预制体颗粒物的选择十分重要，要求颗粒物具有较高的耐热性、良好的成形性、足够的强度、易去除性、化学稳定性等特点。一些常用的预制体颗粒有可溶性的食盐类、硫酸镁等，不可溶性的黏土颗粒、砂粒、氧化铝空心球和石墨球等。此外，填充粒子要具有较高的堆积密度以促进其互相接触；浇铸时，这些颗粒需要预热以避免铸液过早凝固。由于金属液具有大的表面张力，很难顺利铸入颗粒间隙中，因此必须采用高压渗透的方法，如固体加压法、气体加压法、真空吸铸法等[8]。基于这一方法，可制得海绵状的钒、镁、锌、铅等多种泡沫金属[2]。渗流铸造法的制造成本低、通孔率高、比表面积大，且可根据预制体颗粒的大小来控制泡沫材料的孔洞尺寸，但其最大孔隙率往往不超过80%，且铸液很难完全填充颗粒间隙，容易形成较多缺陷[9,10]。

规模化生产中，成本是首选因素。渗流铸造法和熔体发泡法的生产成本较低，而且对设备的要求不高，工艺流程简单。相比较而言，渗流铸造法由于工艺限制，只能制备投影面积及厚度较小的简单件，而熔体发泡法则能够制备体型较大的工件[11,12]。

2. 熔模铸造法

熔模铸造法最初用于制备致密金属，它是先用易熔材料制作出所需样件的形状，然后涂敷耐火材料做成型壳，最后浇注液态金属并进行冷却，从而获得所需形状铸件的方法。后来用于制备泡沫金属，其工艺流程如图2-7所示，主要包括三个步骤：(1)在一定形状的铸型中添入塑料填充物，并将其浸入到液态的耐火材料中(如莫来石、酚醛树脂和碳酸钙的混合物)；(2)待耐火材料风干硬化后，通过加热使得塑料填充物分解而被去除，得到一个三维网状结构；(3)向网状结构中浇入熔融的金属液体，待金属液体完全冷却后利用加压等方式去除耐火材料，即可得到形状与原来塑料填充物相一致的泡沫金属[13]，其孔隙率为80%～97%。熔模铸造法可以制备一些熔点较低的泡沫金属，如锌、铝、镁、铅、铜、锡及其合金等，但无法实现定向凝固，同时去除耐火材料时往往对内部细微结构产生损伤[14]。

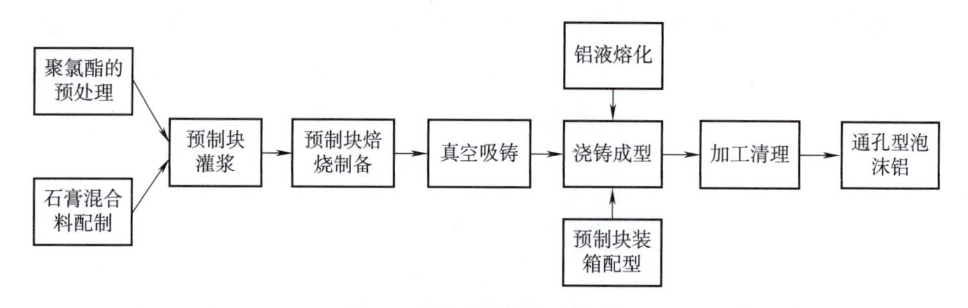

图2-7 熔模铸造法工艺流程图

熔模铸造法制备的泡沫金属成本高，价格昂贵，不宜批量生产[15]，但其优势在于可完全复制出预制体聚氨酯海绵的孔隙结构，形貌可控性较强。

2.2.2 基于固态金属的制备方法

基于固态金属的制备方法主要包括压制烧结法和填充烧结法。

2.2.2.1 压制烧结法

压制烧结法通常是指将一种或多种金属粉末与发泡剂均匀混合，然后通过成形设备(等静压成形、模压成形、挤压成形或轧制成形)压制成致密的半固态预制块,最后将预制块放入特定形状的模具内,加热到母体金属熔点附近,使发泡剂在金属内部分解产生气体进行发泡,得到均匀分布的多孔结构[16,17]。通过调节发泡剂用量以及温度和加热速率等相关工艺参数,可有效控制泡沫金属的密度和孔结构。这种方法工艺简单、成品率高,适于制备具有复杂形状的泡沫金属,如锡、锌、铝、钛、铜、钼、铅等金属及其合金[18, 19]。

2.2.2.2 填充烧结法

填充烧结法是将金属粉末与造孔剂均匀混合压制成预制体,再经过溶解或高温烧结工序除去造孔剂从而获得孔隙的工艺方法,其工艺流程如图 2-8 所示。该方法操作简单,可以很好地控制孔隙分布和孔径大小,制备的泡沫金属具有孔洞细小、连通性好等特点。在选择造孔剂时应考虑金属的特性,比如金属的熔点以及金属是否与造孔剂发生反应等[20]。

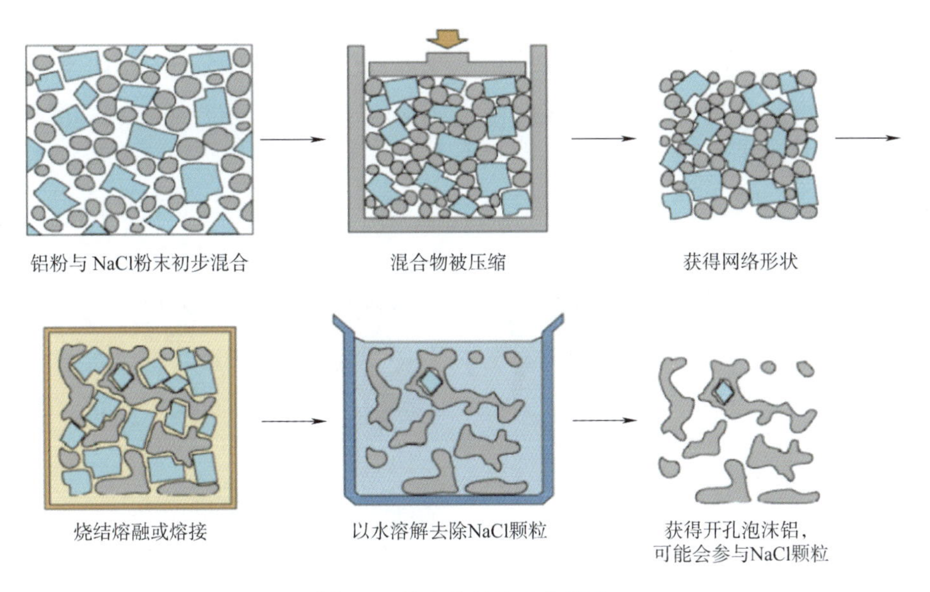

图 2-8 填充烧结法工艺流程

2.2.3 基于沉积技术的制备方法

沉积技术需要一种可使金属沉积的基底材料,最常见的是聚合物(聚氨酯)泡沫。沉积以后,用热方法或化学方法除去基底材料,获得泡沫金属。基于沉积技术制备泡沫金属的方法主要有电沉积法、气相沉积法、原子溅射沉积法和反应沉积法等。

2.2.3.1 电沉积法

电沉积法是以易分解的多孔有机泡沫为基底,采用电化学的方法将金属沉积在其表面,再通过高温煅烧除去内部的有机物,制得泡沫金属[21](图 2-9)。由于有机物基底的绝缘特性,需在电沉积之前进行一系列的预处理(粗化、敏化、活化等),然后在多孔基体骨架表面镀上一层高导电性的金属，以满足随后的沉积要求。目前，电沉积法主要用于制备镍、铜、铝、金、银、钴等泡沫金属，且所制备的泡沫金属具有孔隙率高、孔结构均匀、比表面积大等优点，是其他制备工艺无法比拟的[2]。但是，预处理工序烦琐且活化过程使用贵金属钯增加了制造成本。因此，相关工艺在未来的研究中仍需进一步完善[22]。

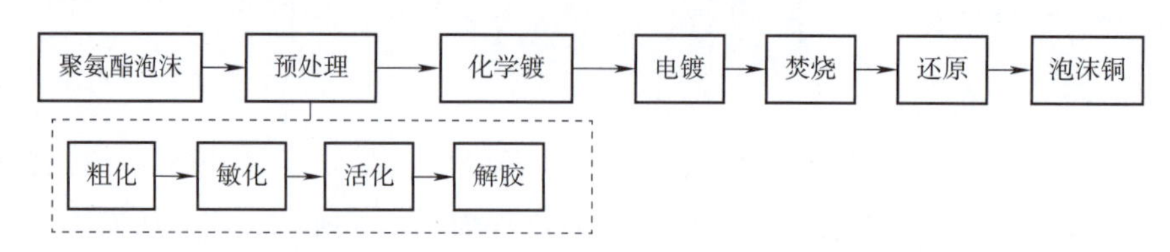

图 2-9 电沉积法制备泡沫铜的工艺流程（聚氨酯泡沫为基底）

2.2.3.2 气相沉积法

气相沉积法是在真空室中加热金属（如镍、铜等）或多种金属的混合物（如镍和铬）成气体状态，然后沉积在聚合体填料（如聚氨酯）表面形成一定厚度（由气体密度和沉积时间确定）的薄膜。因为填料温度较低，金属原子扩散有限，金属微粒只是松散地堆积起来，形成多孔结构（图 2-10）。气相沉积法制备的泡沫金属纯度虽然较高，但成本也较高。

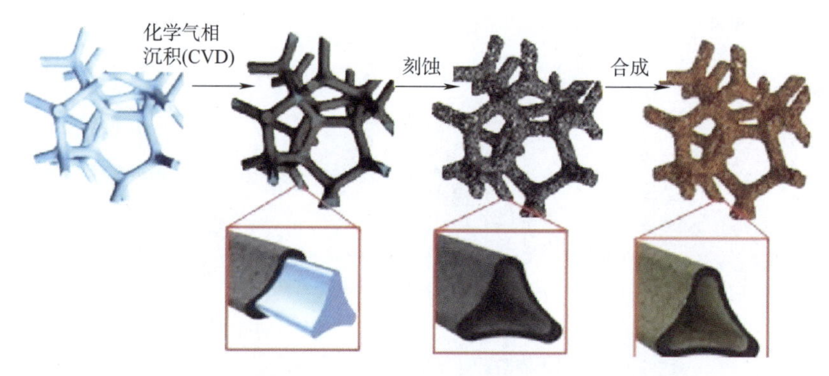

图 2-10 气相沉积法制备泡沫金属的工艺流程示意

2.2.3.3 原子溅射沉积法

原子溅射沉积法是在高压惰性气体环境下，金属元素喷溅至衬底过程中与高压惰性气体原子相结合，惰性气体原子包裹在金属原子周围，并一起沉积至衬底，最终加热至金属熔点，惰性气体发生膨胀而形成孔洞，制得泡沫金属（图 2-11）。该方法的孔结构可控，但不适于制备大型件，并且成本较高。

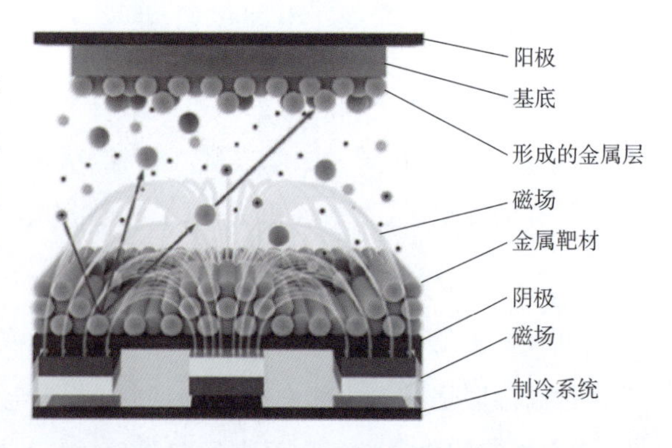

图 2-11 原子溅射沉积法工艺示意

2.2.3.4　反应沉积法

反应沉积法是将泡沫结构框架放置于金属化合物环境中，通过加热使环境中的金属元素从金属化合物气体中分离出来并沉积到泡沫框架上，最后经过烧结制得开孔泡沫金属。

2.3　代表性泡沫金属

已实用化的泡沫金属有铝、镍及其合金、铜、钛、钽等。泡沫铝及其合金密度低，具有吸声、隔热、减振、吸收电磁波等特性，适用于导弹、飞行器和其回收部件的冲击保护层、汽车缓冲器、电子机械减振装置、脉冲电源电磁波屏蔽罩等。泡沫镍用于制作流体过滤器、雾化器、催化器、电池电极板和热交换器等。泡沫铜的导电性和延展性好，且制备成本比泡沫镍低，可用于制备电池负极（载体）材料、催化剂载体和电磁屏蔽材料。泡沫钛及泡沫钽则在人体植入物方面受到了广泛关注。围绕各类多孔金属的工程以及功能应用在后续章节会分别进行叙述，这里则简单介绍几类典型泡沫金属的结构特点及相关应用。

2.3.1　泡沫铝

泡沫铝是研究最早的泡沫金属，至今已成功商业化 70 余年。由于金属铝的密度较低，经过进一步填充孔隙，可获得具有超低密度的功能型结构材料（图 2-12）。

图 2-12　泡沫铝的宏观形貌

根据气孔连通性的差异，泡沫铝存在两种典型结构：(1)气孔相互独立、封闭地存在于基体中的闭孔泡沫铝[图 2-13(b)]，主要由熔体发泡法和粉末冶金法等手段制得；(2)气孔相互贯通形成空间网状结构的开孔泡沫铝[图 2-13(a)][23]，可由渗流铸造法、电沉积法和熔模铸造法等制得。

泡沫铝的典型性能特点有：(1)力学性能：高的比强度和比刚度，呈各向同性；(2)阻尼性能：良好的阻尼减振和冲击能量吸收性能，是一种比高分子泡沫材料更加优异的冲击防护材料；(3)声学性能：开孔泡沫铝具有优异的吸声性能，闭孔泡沫铝具有优异的隔声性能；(4)热

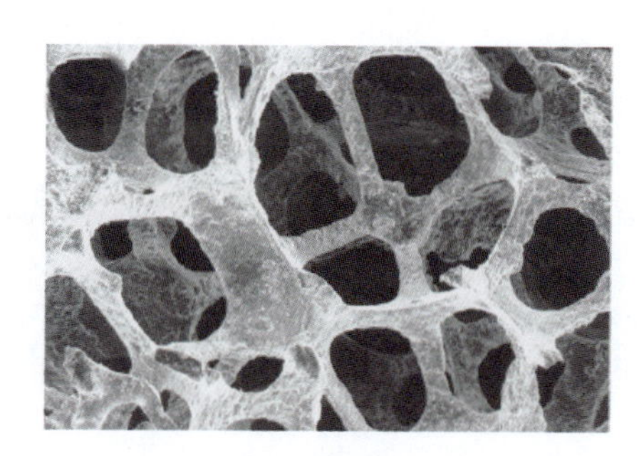

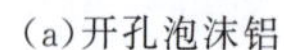

(a)开孔泡沫铝

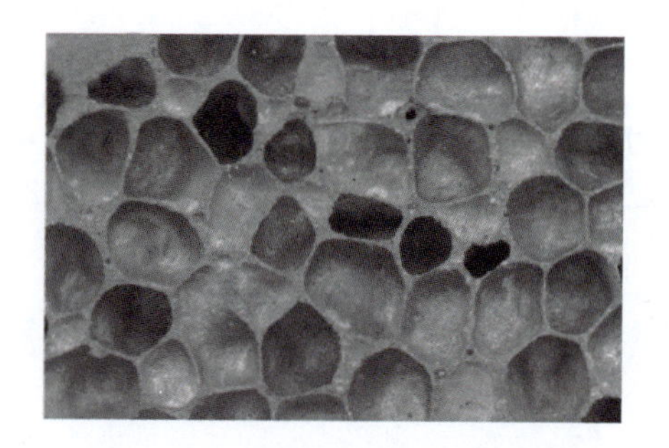

(b)闭孔泡沫铝

图 2-13　泡沫铝的微观形貌

学性能:闭孔泡沫铝的孔隙率越高,隔热性能越好;开孔泡沫铝由于其孔隙的相互连通性,在强制对流条件下具有良好的散热性能,可用于制备散热片[24,25];(5)电磁屏蔽性能:交变磁场在互相连接的金属骨架中产生足够大的涡流电流,涡流电流产生的交变磁场正好相反可屏蔽电磁波[26]。

泡沫铝及其复合材料在汽车、航空航天、国防军工、电子工程、建筑、石油化工等国民经济的重要领域都有着广泛应用[27]。汽车工业作为新技术、新材料高度集成的行业,在节能减排、舒适性和安全性的发展潮流引领下,近年来加快了泡沫铝及其复合材料的转化和应用。泡沫铝在汽车工业中主要用于:(1)轻质结构件,如底板、备胎罩、滑动盖板、座椅骨架等;(2)吸能缓冲部件,如保险杠、吸能盒、侧门防撞梁等;(3)隔声隔热部件,如发动机罩、进气歧管、前围板等。在航空航天领域,泡沫铝常被用于制作缓冲防护面板、减振保护底座、轻质隔热支撑体、空间热交换器、过滤及流量控制装置等结构和器件。泡沫铝应用最广泛的领域仍是民用建筑领域,如商场、宾馆、体育馆等的建筑装潢。另外,泡沫铝可做间隔墙、地板、天花板、吸声板等。除此之外,泡沫铝还可用于小型手提电钻或磨削器具的外罩。

2.3.2　泡沫镍

泡沫镍(图 2-14)具有三维网状结构、孔隙率高、比表面积大、质量均匀等特点,使其在新能源材料、存储材料、热交换材料、催化剂载体及隔焰、防爆、阻燃、废水处理、分离工程、消声减振等领域得到广泛应用。

图 2-14　不同孔径的泡沫镍

2.3.2.1 电池电极材料

泡沫镍主要用于镍系电池(如 NiMH 电池,图 2-15)的正极集流体和活性物质的载体[28,29],这种可充二次电池曾广泛应用于手提电脑、手机、电动踏板车、电动自行车、混合动力汽车等。

作为电极材料,泡沫镍通常与其他金属形成合金(镍基合金)以提高电池性能。相关研究表明,电化学沉积法制备开孔率为 80%～90%的泡沫 Ni-Mo-Co 合金,与泡沫 Ni 相比,在 100 mA・cm^{-2} 电流密度下,析氢过电位降低了 407 mV[30]。此外,泡沫镍基合金导电性良好,具有一定自支撑能力和大的比表面积,能够提供丰富的界面化学电荷传递空间,因而成为一种优良的电极载体材料,适用于燃料电池[31]。如可使用孔隙率为 95%、平均孔径 0.4 mm 的 Ni-Cr 合金泡沫代替双极板和气体扩散层,在此基础上在合金表面溅射 200 nm 厚的金可提高泡沫和催化剂界面的导电性,构建直接甲醇燃料电池。双极板和气体扩散层的组合明显改善了质量传输,能更好地控制交换作用[32]。

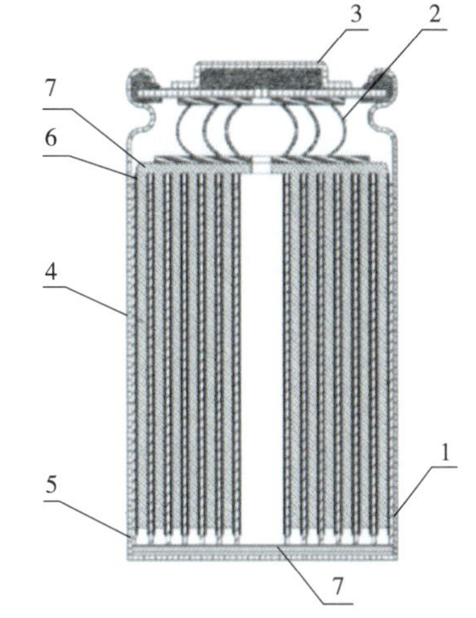

1—电池壳;2—集流体;3—安全阀;4—正极;
5—负极;6—隔膜;7—泡沫镍。

图 2-15 镍氢电池的结构图

2.3.2.2 催化剂及其载体

泡沫镍及镍合金除了可作为电极催化剂外,还可作为光热催化剂或催化剂载体。由于泡沫金属具有开孔结构,将其应用于气体和液体的催化反应中具有非常显著的优势。泡沫镍及其合金直接作为催化剂的应用相对较少,而作为催化剂载体的应用十分广泛,如在泡沫镍基体上均匀负载一定量的纳米 TiO_2 而获得的一种负载型光催化材料,它可广泛应用于汽车尾气的三元催化、医用化学反应、降解废水中有机污染物、去除有害无机气体和空气净化等领域。

2.3.2.3 过滤材料

泡沫镍基合金具有优良的渗透性,是一种很好的过滤材料,同时它因具有优良的力学性能和抗氧化性能成为高温过滤领域的优选材料,例如 Retimet 的泡沫 Ni-Cr 合金可在航空发动机的油气分离器中实现滑油和空气的分离,也适于煤气化过程中流态化的飞灰颗粒过滤和柴油车尾气净化[33, 34]。

2.3.2.4 电磁屏蔽材料

泡沫金属不仅具有良好的导电性或磁性,而且由于其内部存在多孔结构使得电磁波发生多次反射损耗,从而使其相比于二维金属网具有更高的电磁波屏蔽能力,甚至可以达到波导窗的屏蔽效果[35]。例如,黄晓莉等人利用电沉积方法制备的骨架中空且孔洞大小均匀的泡沫铁-镍合金，在 30 kHz～1.5 GHz 内的电磁屏蔽效能高于 60 dB[36]。

2.3.2.5 阻燃材料

泡沫镍基合金具有良好的抗高温氧化和蠕变性能，同时由于大量孔隙的存在，有利于火焰与泡沫合金产生热交换，燃烧物的热量通过孔壁而消失，从而使火焰熄灭[37]。Steimes 等人对孔隙率为 95%的 45 PPI 和 80 PPI 的泡沫 Ni-Cr 合金的阻燃性能进行了评价，结果表明泡沫 Ni-Cr 合金无外部点火发生。甲烷浓度在 6.0%～10.5%之间变化（甲烷和空气的混合气体）时，两种泡沫金属均捕集了火焰前沿，没有出现任何点火。然而，与 45 PPI 的泡沫 Ni-Cr 合金相比，80 PPI 的泡沫 Ni-Cr 合金产生了更高的压差和更大的热损伤[38]。

2.3.2.6 吸声材料

具有多孔结构的泡沫镍也被认为是一种优良的吸声材料[39]。当声波入射到泡沫镍表面时，声波能顺着微孔进入材料内部，引起孔隙中空气的振动。由于空气的黏滞阻力、空气与孔壁的摩擦和热传导作用等，使相当一部分声能转化为热能而被耗散，从而达到吸声的目的。

2.3.3 泡沫铜

泡沫铜（图 2-16）既具有良好的力学性能，又具有优异的导电、散热等性能[40]。迄今为止，泡沫铜的制备工艺主要有电沉积法、定向凝固法、渗流铸造法和粉末冶金法等，其中最成熟的是电沉积法[41]。

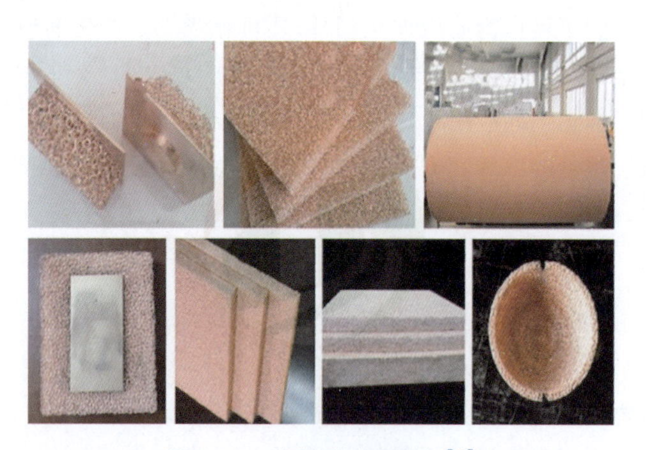

图 2-16 不同规格的泡沫铜[40]

随着现代电子和光学等技术的进步和航空航天飞行任务要求的提高，迫切需要一系列具有超高热流密度、短时和间歇工作的大功率组件，由于泡沫铜的制造成本低，导电性优异，已用于制备电池负极材料、相变储能装置填充材料、催化剂载体和电磁屏蔽材料[42]。泡沫铜用作相变储能装置的填充材料[43]，大大增强了储能装置的传热性能，提高了装置内的温度均匀性，使得热量能迅速被相变材料所吸收，与风扇或制冷工质回路等主动冷却系统相结合，可以很好地解决航天器和航空器上大功率组件的温控问题。

为了进一步提升储热装置的性能，近年来开发了梯度泡沫铜[44]。与以往众多相变材料中嵌入均匀泡沫金属相比，梯度泡沫金属可以显著提高相变储能单元的热能储存和释放性能，总熔化时间可降低37.6%。梯度泡沫金属可使温度分布更快地达到均匀状态，同时显著降低复合相变材料的温度梯度。梯度泡沫金属可以改善潜热储能系统的热性能，为其在壳管潜热储能系统中的应用提供有力证据。

与泡沫镍相比，泡沫铜的制备成本更低，导电性更好，并且铜的功函数低于镍，以此作为基底构筑分级结构更有利于降低电极材料的整体等效串联内阻，提升电化学性能[45]。利用泡沫铜大的比表面积以及原位生长产物接触电阻较低的优势，可原位生长金属氧化物、氢氧化物或其他金属材料，从而制备出电化学性能优良的电极材料。比如，通过电化学沉积法在泡沫铜基底上原位制备出三维多孔锡，泡沫铜能够容纳锡电极的体积膨胀，从而抑制了活性物质的粉碎或剥离[46]。此外，泡沫铜还可以作为载体材料用以负载铂、钯等其他活性材料，从而设计出成本较低的高效电极材料，用于各类能量存储及转化反应[47]。

2.3.4 泡沫钛

泡沫钛一般是指通过发泡工艺制备的多孔钛，根据气孔的存在方式可以分为开孔泡沫钛和闭孔泡沫钛[1]。泡沫钛融合了多孔材料和金属钛的双重属性，具有出色的力学性能、优良的耐腐蚀性能和良好的生物相容性等优点，在医疗领域具有广阔的应用价值，如图2-17所示。

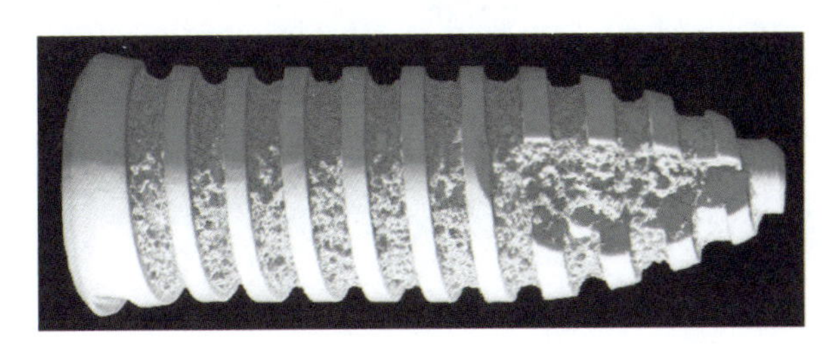

(a)泡沫钛牙科植入物

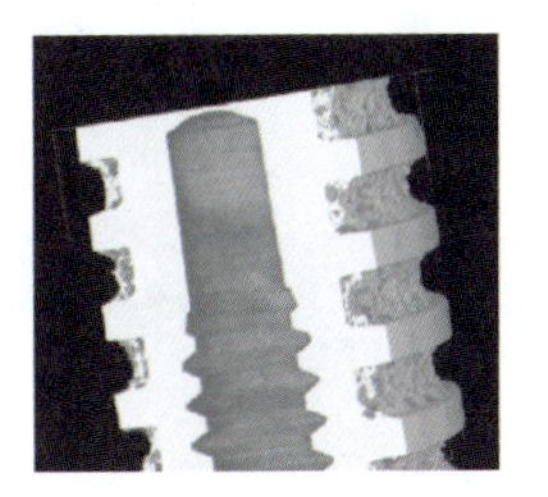

(b)断层扫描图

图2-17 泡沫钛在医疗领域的应用

2.3.5 泡沫钽

钽是一种灰色、光亮、坚硬的金属，熔点(2 995 ℃)仅次于钨和铼，其化学性质十分稳定，耐腐蚀性极强，除氢氟酸、三氧化硫、热浓硫酸和碱外，能抵抗所有无机和有机酸的腐蚀[7]。由于良好的物理和化学性能，钽被广泛地应用于真空炉、化学反应装置、核反应堆、航空航天器和导弹中。此外，钽具有“亲生物”金属之称，具有极佳的生物惰性和生物相容性。因此，多孔钽被认为是目前最为理想的骨科植入材料。

尽管金属钽具有上述诸多优势，但由于其熔点近 3 000 ℃，且钽与氧有较高的亲和力，对多孔钽的制备提出了挑战。目前，关于多孔钽的制备工艺主要包含气相沉积法、有机泡沫浸渍法、增材制造等。如：以宏观多孔结构的网状玻璃碳为支架，以纯钽作为原料，使用化学气相沉积法（CVD），Ta 与 Cl_2 发生反应，生成气态 $TaCl_5$，再使用 H_2 将 $TaCl_5$ 中的 Ta 还原出来并沉积到碳骨架上，形成类似松质骨的独特多孔结构。CVD 法制备的多孔钽具有海绵状的多孔结构、纵横交错的网格以及分布连通的孔道，孔径为 400～600 μm，孔隙率为 75%～85%，钽层厚度为 40～60 μm。

多孔钽虽为理想的骨植入材料，但由于人体的差异性、骨缺损部位形态的随机性，标准化多孔钽已不能满足患者个性化治疗的需求，且 CVD 法工艺复杂、产品价格较高。近年来，3D 打印已用于制备多孔钽（图 2-18），并成功应用于临床。

图 2-18　多孔钽的微结构及医疗植入体

参考文献

[1] 杨成博. 喷射电沉积法直接制备多孔泡沫镍的工艺技术和性能研究[D]. 南京：南京航空航天大学，2009，35(9)：35-41.

[2] BANHART J. Manufacture，characterisation and application of cellular metals and metal foams[J]. Progress in Materials Science，2001，46(6)：559-632.

[3] 程涛，向宇，马小强. 泡沫金属的制备、分类及展望[J]. 粉末冶金工业，2007,17(5):50-55.

[4] BANHART J，ASHBY M F，FLECK N A. Proceedings of the 1st international conference on metal

foams and porous metal structures (MetFoam'99)[J]. MIT-Verlag, 1999.
[5] KENNEDY A R. The effect of TiH_2 heat treatment on gas release and foaming in Al-TiH_2 preforms [J]. Scripta Materialia, 2002,47(11): 763-767.
[6] BERCHEM K, MOHR U, BLECK W. Controlling the degree of pore opening of metal sponges, prepared by the infiltration preparation method[J]. Materials Science & Engineering A, 2002, 323(1/2): 52-57.
[7] CONDE Y, DESPOIS J F, GOODALL R, et al. Replication Processing of Highly Porous Materials [J]. Advanced Engineering Materials, 2006, 8(9): 795-803.
[8] 黄国涛，王应武. 泡沫金属电极材料研究现状[J]. 有色金属加工，2011，40(1)：3-6.
[9] SIMONE A E, GIBSON L J. Aluminum foams produced by liquid-state processes[J]. Acta Materialia, 1998, 46(9): 3109-3123.
[10] 王辉，周向阳，龙波，等. 渗流铸造法制备的开孔泡沫铝的声学性能[J]. 中国有色金属学报，2013，23(4):1034-1039.
[11] 吕咏梅. 发泡剂的研究现状与发展趋势[J]. 橡胶科技市场，2005(3)：5-8.
[12] 王录才，于利民，王芳. 熔体发泡法制备泡沫金属的发展与展望[J]. 热加工工艺，2004，(12)：59-62.
[13] YAMADA Y, SHIMOJIMA K, SAKAGUCHI Y, et al. Processing of an open-cellular AZ91 magnesium alloy with a low density of 0.05 g/cm^3 [J]. Journal of Materials Science Letters, 1999, 18(18): 1477-1480.
[14] YAMADA Y, SHIMOJIMA K, SAKAGUCHI Y, et al. Processing of Cellular Magnesium Materials[J]. Advanced Engineering Materials, 2000, 2(4): 184-187.
[15] 侯佳倩. 泡沫锌铝及泡沫铝用发泡剂的制备与性能[D]. 长沙:中南大学，2013.
[16] 汤慧萍，谈萍，奚正平，等. 烧结金属多孔材料研究进展[J]. 稀有金属材料与工程，2006(S2)：428-432.
[17] THOMAS A, REBBECCHI. Template-based fabrication of nanoporous metals[J]. Journal of Materials Research, 2018, 33(1): 2-15.
[18] 李芬芬，沈以赴. 烧结法制备金属多孔材料[J]. 金属功能材料，2008，15(5)：33-36.
[19] NEVILLE B P, RABIEI A. Composite metal foams processed through powder metallurgy[J]. Materials & Design, 2008, 29(2): 388-396.
[20] 黄本生，彭昊，陈权，等. 多孔金属的固相制备方法及应用[J]. 材料科学与工艺，2017，25(5)：32-40.
[21] 张秋利，杨志懋，丁秉钧. 电沉积法制备泡沫金属铜[J]. 有色金属，2009，61(1)：30-32.
[22] 乔瑞华，赵鹏，朱黎冉，等. 电沉积泡沫铜孔径与渗透性能的关系研究[J]. 材料工程，2010,(6)：30-35.
[23] ATAL A, WANG Y, HARSHA M, et al. Effect of porosity of conducting matrix on a phase change energy storage device[J]. International Journal of Heat & Mass Transfer, 2016, 93: 9-16.
[24] TAUSEEF-UR-REHMAN, ALI H M, JANJUA M M, et al. A critical review on heat transfer augmentation of phase change materials embedded with porous materials/foams[J]. International Journal of Heat and Mass Transfer, 2019, 135(6): 649-673.
[25] XU F, ZHANG X, ZHANG H. A review on functionally graded structures and materials for energy

absorption[J]. Engineering Structures, 2018, 171: 309-325.

[26] 魏鹏. 泡沫铝材料的制备与有限元模拟[D]. 武汉:华中科技大学, 2006.

[27] 朱梦蛟. 泡沫铝的制备、结构表征及其压缩性能研究[D]. 上海:上海交通大学, 2017.

[28] ZHANG J, BARO M D, PELLICER E, et al. Electrodeposition of magnetic, superhydrophobic, non-stick, two-phase Cu-Ni foam films and their enhanced performance for hydrogen evolution reaction in alkaline water media[J]. Nanoscale, 2014, 6(21): 12490-12499.

[29] FAN Y, CHENG K, KE Y, et al. Au- and Pd-modified porous Co film supported on Ni foam substrate as the high performance catalysts for H_2O_2 electroreduction[J]. Journal of Power Sources, 2014, 257: 156-162.

[30] JIA L, FENG Y, WANG X, et al. The effect of water proofing on the performance of nickel foam cathode in microbial fuel cells[J]. Journal of Power Sources, 2012, 198: 100-104.

[31] 李亚宁, 汪强兵, 汤慧萍,等. 泡沫镍基合金材料制备及应用研究进展[J]. 稀有金属材料与工程, 2015, 44(11): 2932-2936.

[32] CHEN R, ZHAO T S. A novel electrode architecture for passive direct methanol fuel cells[J]. Electrochemistry Communications, 2007, 9(4): 718-724.

[33] SPADACCINI C M, PECK J, WAITZ I A. Catalytic Combustion Systems for Microscale Gas Turbine Engines[J]. American Society of Mechanical Engineers, 2005, 129(1): 49-60.

[34] WILLENBORG K, KLINGSPORN M, TEBBY S, et al. Experimental Analysis of Air/Oil Separator Performance[J]. ASME Turbo Expo 2006: Power for Land, Sea, and Air, Volume 3: Heat Transfer, Parts A and B. 2006, 3:1495-1505.

[35] 赵慧慧. 泡沫型电磁屏蔽复合材料的制备及性能研究[D]. 南京:南京航空航天大学, 2014.

[36] 黄晓莉. 泡沫 Fe-Ni 电磁屏蔽材料的设计与屏蔽机理研究[D]. 哈尔滨:哈尔滨工业大学, 2009.

[37] AVENALL R J, INGLEY S, SANKAR B. Use of metallic foams for heat-transfer enhancement in the cooling jacket of a rocket propulsion element[D]. Florida: University of Florida, 2004.

[38] JOHAN S F G, PATRIC H. Proceedings of GT2013 ASME Turbo Expo: Power for Land, Sea and Air[C]. Proceedings of the San Antonio. Texas: International Gas Turbine Institute, F, 2013.

[39] CHENG W, DUAN C Y, LIU P S, et al. Sound absorption performance of various nickel foam-base multi-layer structures in range of low frequency[J]. Transactions of Nonferrous Metals Society of China, 2017, 27(9): 1989-1995.

[40] 卢军, 杨东辉, 陈伟萍, 等. 泡沫铜的制备方法及其发展现状[J]. 热加工工艺, 2017, 46(6): 9-11+15.

[41] 张士卫. 泡沫金属的研究与应用进展[J]. 粉末冶金技术, 2016, 34(3): 222-227.

[42] BAZBAN-SHOTORBANI, DASHTIMOGHADAM E, KARKHANEH A, et al. Microfluidic directed synthesis of alginate nanogels with tunable pore size for efficient protein delivery[J]. Langmuir, 2016, 32(19): 4996-5003.

[43] 张涛, 余建祖. 泡沫铜作为填充材料的相变储热实验[J]. 北京航空航天大学学报, 2007, 33(9): 1021-1024.

[44] WANG Z, WU J, LEI D, et al. Experimental study on latent thermal energy storage system with gradient porosity copper foam for mid-temperature solar energy application[J]. Applied Energy, 2020: 261.

[45] 刘国龙. 泡沫铜基分等级结构超级电容器电极材料的制备及性能研究[D]. 长春:吉林大学,2019.

[46] NAM D H, KIM R H, DONG W H, et al. Electrochemical performances of Sn anode electrodeposited on porous Cu foam for Li-ion batteries[J]. Electrochimica Acta, 2012, 66:126-132.

[47] RAOOF J B, OJANI R, KIANIi A, et al. Fabrication of highly porous Pt coated nanostructured Cu-foam modified copper electrode and its enhanced catalytic ability for hydrogen evolution reaction[J]. International Journal of Hydrogen Energy, 2010, 35(2):452-458.

第3章 金属点阵材料

3.1 概　　述

点阵结构广泛存在于自然界，如陆地鹤望兰和深海硅藻（图 3-1）[1]。由于其具有轻质高强的优点，也已在多个工业领域得到应用，如蜂窝孔离心通风器（图 3-2）等[2]。

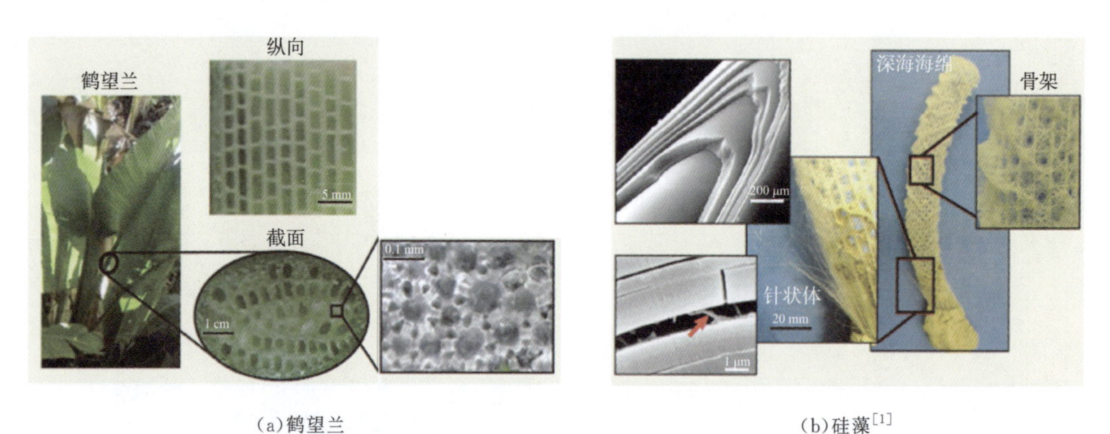

（a）鹤望兰　　（b）硅藻[1]

图 3-1　自然界中具有点阵结构的植物

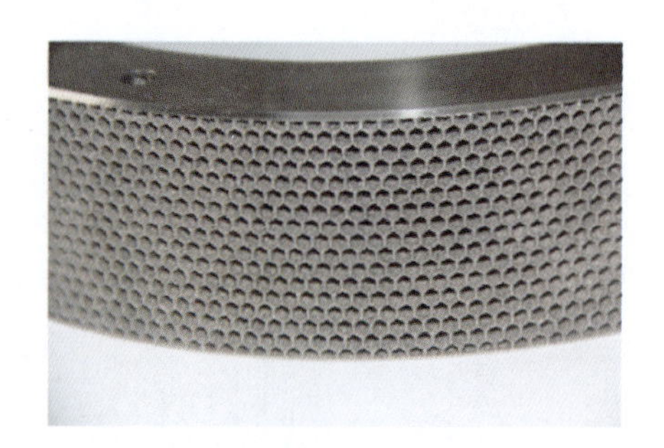

（a）整体结构图　　（b）局部放大图[2]

图 3-2　蜂窝孔结构离心通风器

点阵材料属于多孔材料的范畴，其定义最早于 1989 年由剑桥大学的 Gibson 教授提出，其英文名称为“cellular materials”，明确限定是由互相连接的杆或板组成的材料。剑桥大学的 Ashby 教授基于对点阵材料十多年的研究后，于 2006 年进一步扩充了其定义，把孔结构单元尺度限于微米或毫米级，即小于 1 cm[3]。正因如此，Ashby 教授认为点阵材料既可被看作“材料”，又可被看作“结构”。

与泡沫金属相比，金属点阵材料因其结构的可设计性可具有更高的比强度、比刚度，特别适用于对结构稳定性等有更高要求的场合[4]。同等密度下，点阵材料的综合力学性能优于泡沫金属(图 3-3)[3,5]，如相对密度为 2%时，三明治点阵夹芯结构的抗压强度是泡沫金属夹芯结构的 30 倍[6]。与致密材料相比，点阵材料的密度更低，同时也具有致密材料不具有的特性，如负泊松比等。此外，材料内部均含有缺陷且缺陷尺寸超过临界尺寸后，点阵材料的拉伸强度可高于致密材料[7]。

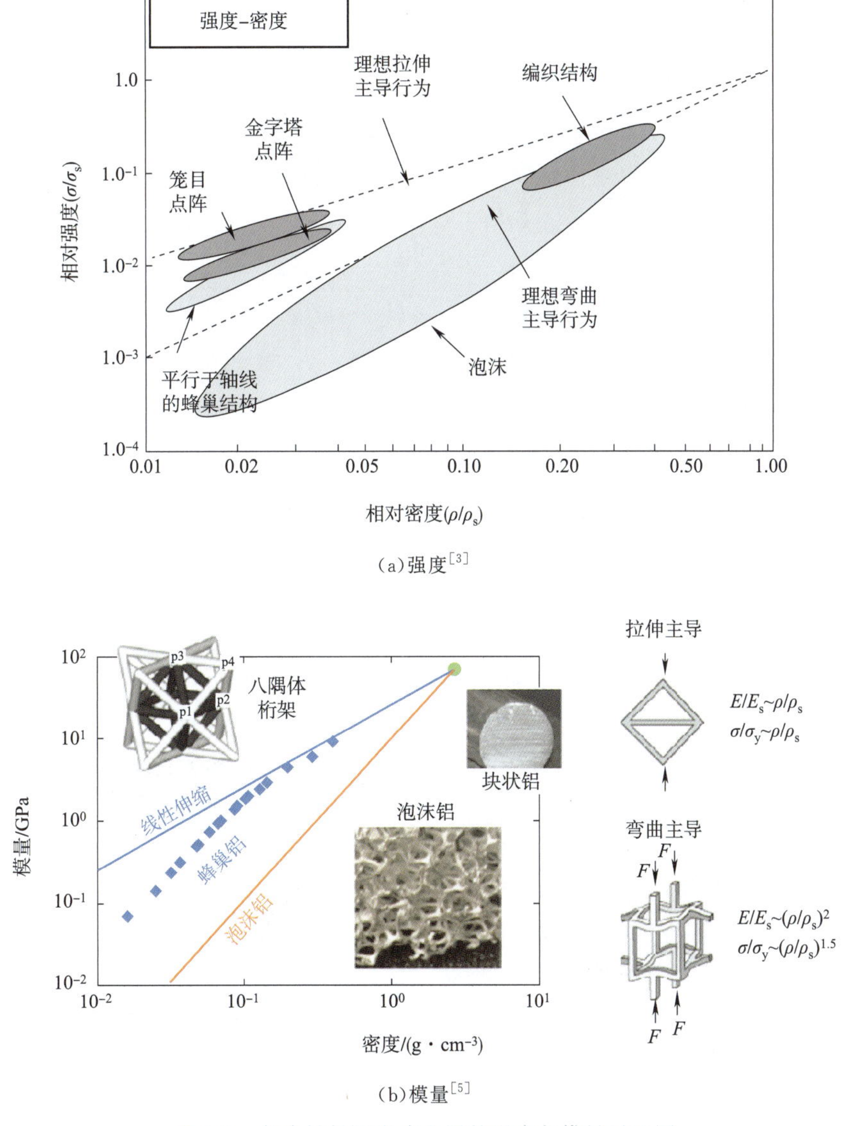

(a)强度[3]

(b)模量[5]

图 3-3　点阵材料和泡沫金属的强度与模量对比图

金属点阵材料是当前国际上认为最有前景的先进轻质、高强多孔材料。它不仅具有传统泡沫金属的低密度、换热、通液、通气、吸能、减振等多功能属性，同时其孔结构单元可自由调节，具有较强的设计性。

3.2 金属点阵材料的设计

点阵材料由一个或多个单胞阵列构成，其单胞由孔筋和孔组成(图 3-4)。点阵材料的设计包括单胞设计和阵列设计。

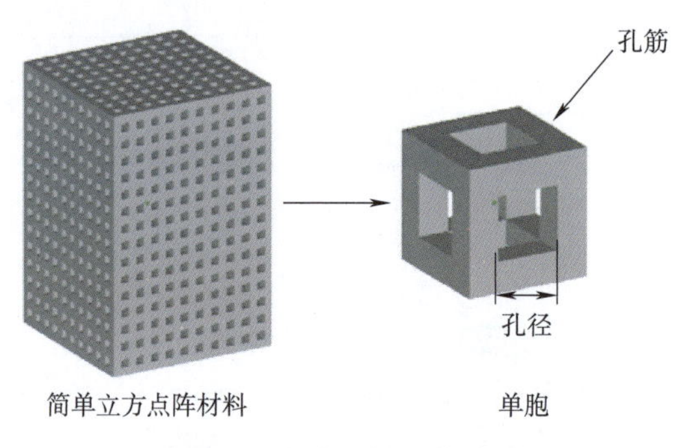

图 3-4 点阵材料及其单胞

3.2.1 单胞设计

单胞是构成点阵材料的最小单元并代表了点阵材料的构型，可通过简单几何设计、数学公式设计和拓扑优化设计来实现[8]。

简单几何设计法是单胞最直接的设计方法。图 3-5(a)的球切立方单胞是以立方体和球体为设计基元，图 3-5(b)的体心立方点阵材料的单胞是以布尔模型中四个不同方向的圆柱和立方体为设计基元，这两个单胞均运用了布尔数学理论的减法原则[8]。

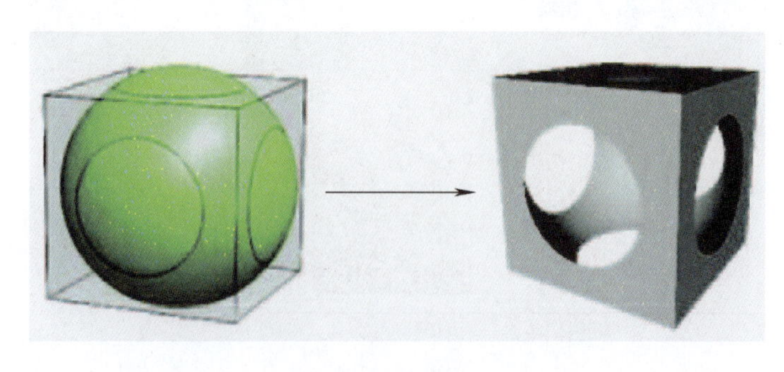

(a)球切立方

图 3-5

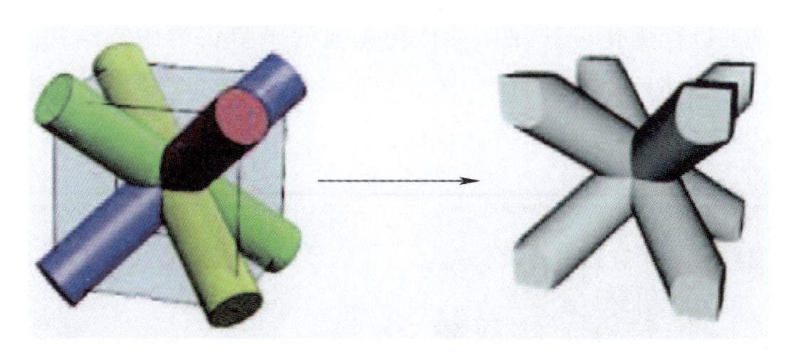

(b)体心立方

图 3-5　运用简单几何设计法设计的点阵材料[8]

数学公式设计法也是设计单胞的有效方法。以近几年研究较多的极小曲面点阵材料为例，该曲面上每一点的曲率都为零，即 $F(x,\ y,\ z)=0$，其单胞和相对应的数学公式如图 3-6 所示[8]。

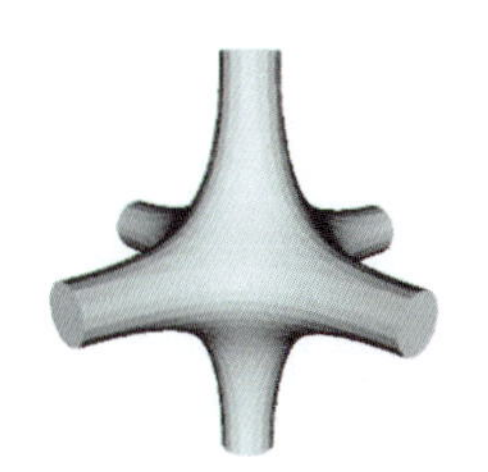

$$
\begin{aligned}
&F(x, y, z)\\
&=\cos(2\pi x)+\cos(2\pi y)+\cos(2\pi z)+\\
&a[\cos(2\pi x)\cos(2\pi y)+\\
&\cos(2\pi y)\cos(2\pi z)+\\
&\cos(2\pi z)\cos(2\pi x)]+b=0
\end{aligned}
$$

图 3-6　数学公式设计法设计的极小曲面点阵材料单胞[8]

相比于简单几何设计法，数学公式设计法可方便、快捷调节单胞参数（图 3-6 中参数 a 和 b），从而调整单胞结构（图 3-7[8]），实现点阵材料孔结构参数的调整与优化。近年来，越来越多的复杂极小曲面点阵材料通过此法进行设计。

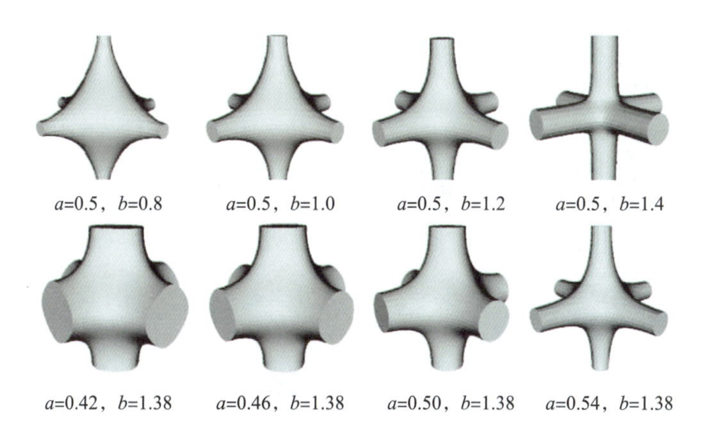

图 3-7　参数变化对极小曲面点阵材料单胞的影响[8]

拓扑优化设计法是基于数学运算的方法获得点阵材料的最优性能。Richards 等人采用拓扑优化法对子弹头进行优化设计(图 3-8),优化前的子弹头为中空结构[图 3-8(a)];优化后,子弹头壁厚减小,中间填充点阵材料[图 3-8(b)中蓝色部分][9]。优化前后子弹头的重量几乎没有变化,但优化后子弹头的穿透性更佳。

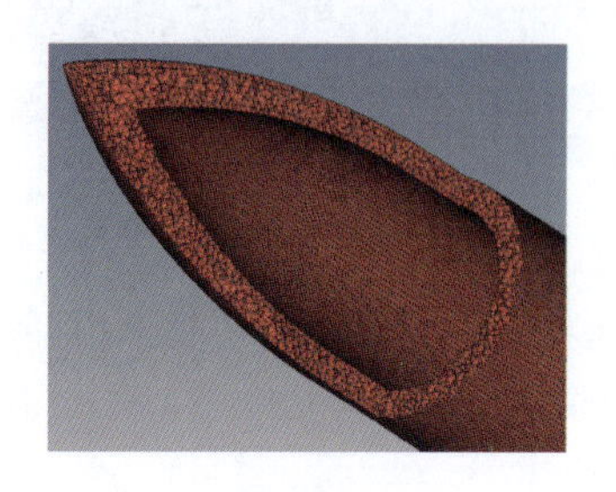

(a)优化前

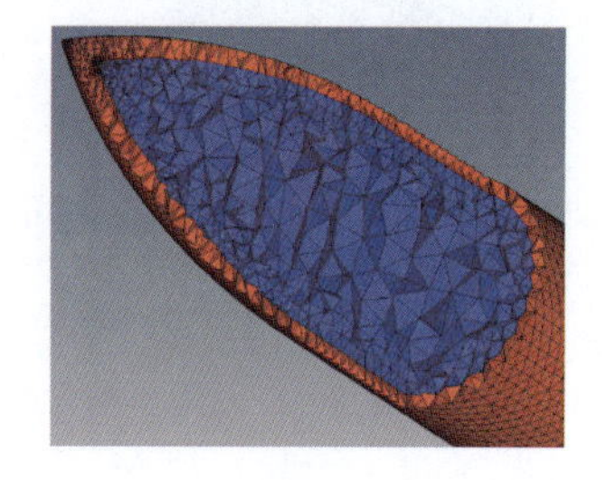

(b)优化后

图 3-8　拓扑优化前、后的子弹头结构[9]

图 3-9 总结了已经报道的点阵材料的单胞结构。截至目前,约有 42 种点阵材料的单胞采用简单几何、数学公式或拓扑优化的设计方法获得。随着点阵材料单胞设计方法的发展,越来越多的点阵材料的单胞将得以呈现。

图 3-9　点阵材料的单胞结构

3.2.2　阵列设计

阵列设计是指点阵材料的单胞在三维空间的重复排列方式，具体阵列方式有：简单阵列、共形阵列和拓扑优化阵列。简单阵列中，单胞沿 x、y、z 坐标轴进行简单平移，重复构成点阵材料(图 3-10)。通过数学公式设计的单胞可通过改变公式参数达到阵列目的。例如，定义范围为[0, 1]的单胞，如果将范围变为[0, 4]，可直接获得一个具有 4×4×4 单胞的点阵材料，如图 3-11(a)所示。此外，通过添加线性参数还可获得梯度结构的点阵材料。例如，将 kz 参数添加到数学公式中，点阵材料沿着 z 坐标轴呈梯度结构，如图 3-11(b)所示。

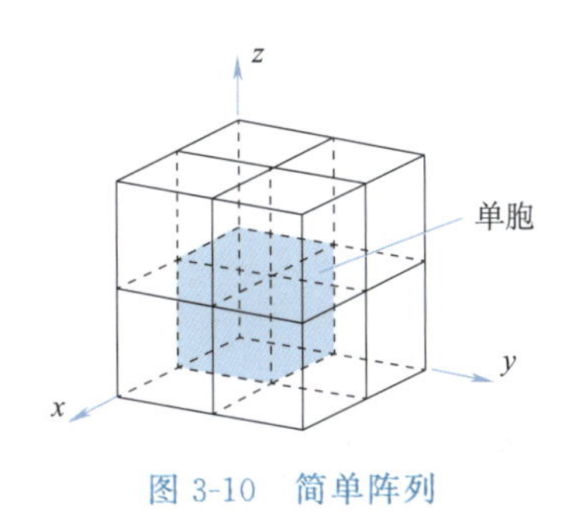

图 3-10　简单阵列

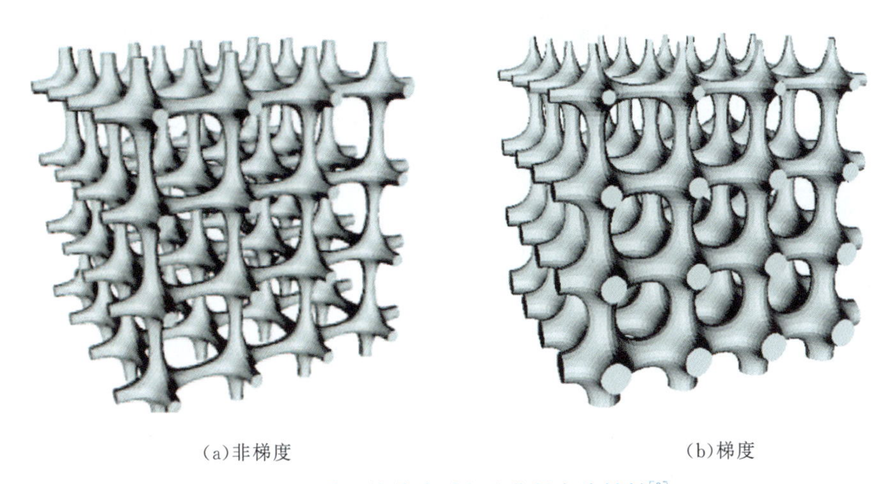

(a)非梯度　　(b)梯度

图 3-11　采用简单阵列方法获得点阵材料[8]

共形阵列可根据模型改变单胞的排列和数量，实现阵列的目的。将简单阵列和共形阵列进行对比可以发现(图 3-12)：简单阵列适用于立方或者其他简单构型的点阵材料阵列，共形阵列适用于复杂构型的点阵材料阵列。对于拱形构型的结构，共形阵列可保留单胞的结构完整性，当点阵材料承受载荷时，载荷可通过整个结构均匀分布，避免应力集中，提高构型的强度和刚度。Nguyen 等人采用共形阵列的方式设计了六边形体点阵材料[10]。

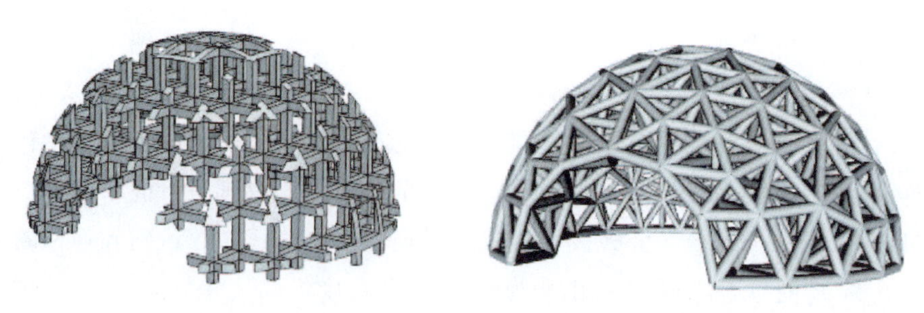

图 3-12 简单阵列(左)和共形阵列(右)[8]

拓扑优化法不仅适用于单胞设计,而且也适用于单胞阵列。拓扑优化阵列是指单胞阵列时,对其阵列方式进行拓扑优化。Alzahrani 等人根据 ABAQUS/ATOM 软件获得的密度拓扑优化结果对点阵材料的结构进行了优化(图 3-13)[11]。

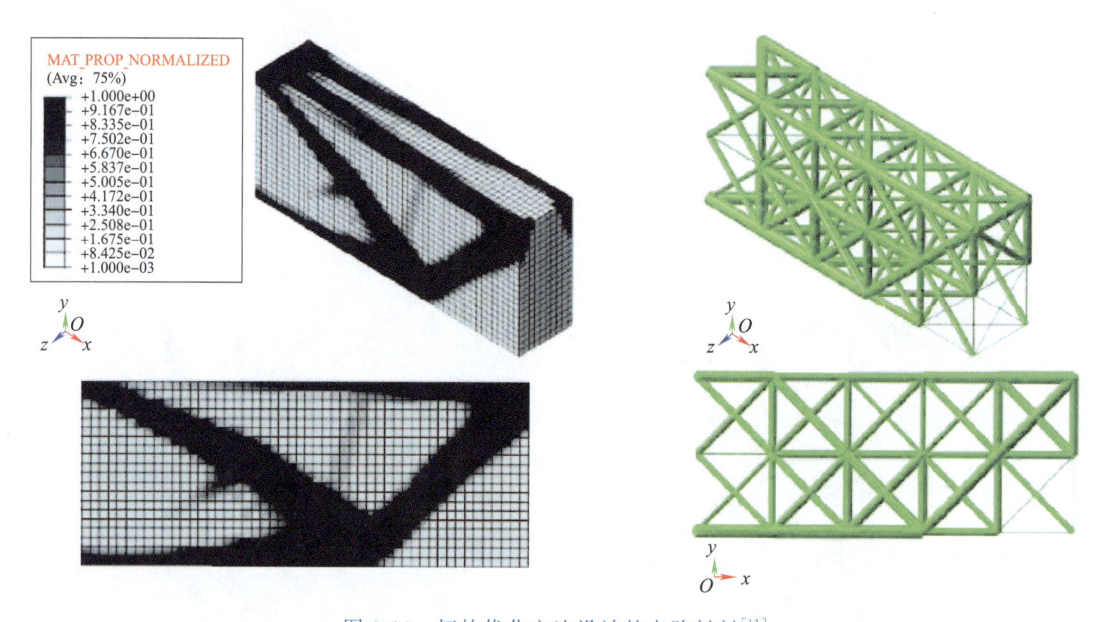

图 3-13 拓扑优化方法设计的点阵材料[11]

3.2.3 相关设计软件

传统 CAD(computer aided design)软件是设计点阵材料的通用软件,但设计复杂结构和包含大量单胞的点阵材料时,其效率比较低。因此,有公司和科研机构针对几款典型的点阵材料开发了相应的设计软件。

K3DSurf(也称为 MathMod)软件是一款公共免费软件,适用于设计复杂曲面点阵材料,被广泛应用于科研领域。Simpleware ScanIP 是一款商业软件,该软件结合 CAD 软件可根据数学公式在特定零部件内部填充点阵材料。Netfabb 开发了选择空间结构软件(selective space structures,3S),设有单胞数据库,方便用户操作。Altair OptiStruct 和 Autodesk

Within 软件都融入了拓扑优化模块用于点阵材料的设计。Paramount 公司开发的 CLS(conformal lattice structure)软件和 Materialize 公司开发的 3-matic STL 软件可将单胞共形阵列在一个指定零部件内[8]。

3.3　金属点阵材料的制备技术

金属点阵材料的制备技术主要包括熔模铸造法、冲压折叠成形法、编织法、3D 打印技术、光敏聚合物波导法等。

3.3.1　熔模铸造法

熔模铸造法的制备过程如图 3-14 所示[12]。首先在挥发性聚合物表面涂覆陶瓷浆料,然后将其做成单层带有定位孔的聚合物模具,按结构排列方式将单层结构叠合成空间点阵结构。高温下聚合物点阵结构发生分解,形成砂模。将高温熔融状的金属液体缓慢注入砂模,冷却后将砂模破坏,制得金属点阵材料,其结构与聚合物点阵结构一致。利用该工艺可制造复杂的八隅体点阵材料,单胞尺寸可以小到几毫米,孔筋直径可达 1～2 mm。

熔模铸造法对液态金属的流动性要求较高(如 Al-Si、Cu-Be 等合金),一般材料难以实现,并且该方法需要组装、黏接等复杂工序,成本较高。

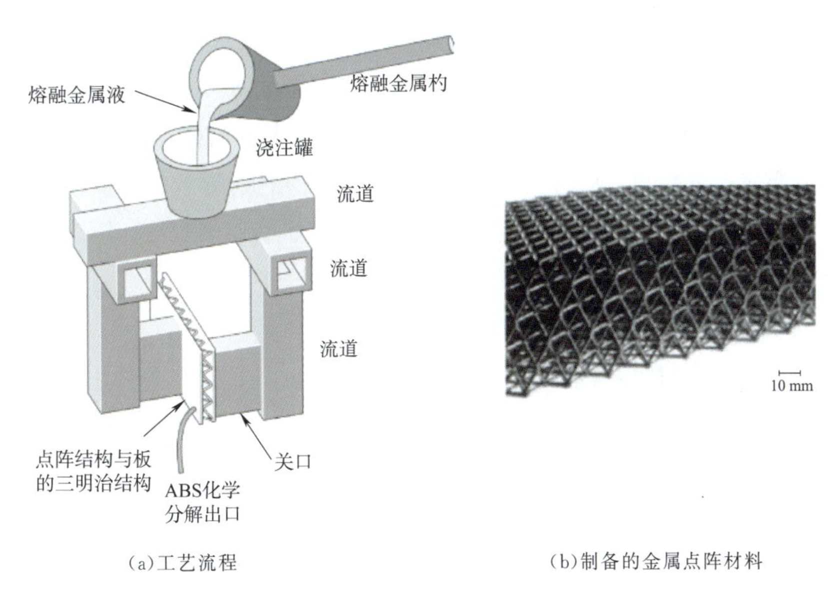

(a)工艺流程　　(b)制备的金属点阵材料

图 3-14　熔模铸造法[12]

3.3.2　冲压折叠成形法

冲压折叠成形法工艺更简单,适用性更强,但材料浪费严重,其工艺流程图及制备的点阵材料如图 3-15 所示[12]。首先将金属平板进行冲切,得到由平面杆系组成的点阵结构。这种平面点阵可以直接作为点阵夹层的面板使用,也可以进一步在 V 形模具上冲压折叠形成波浪形空间构型,并作为夹层结构的芯体。面板与芯体采用焊接或黏结工艺形成三明治夹层体系。

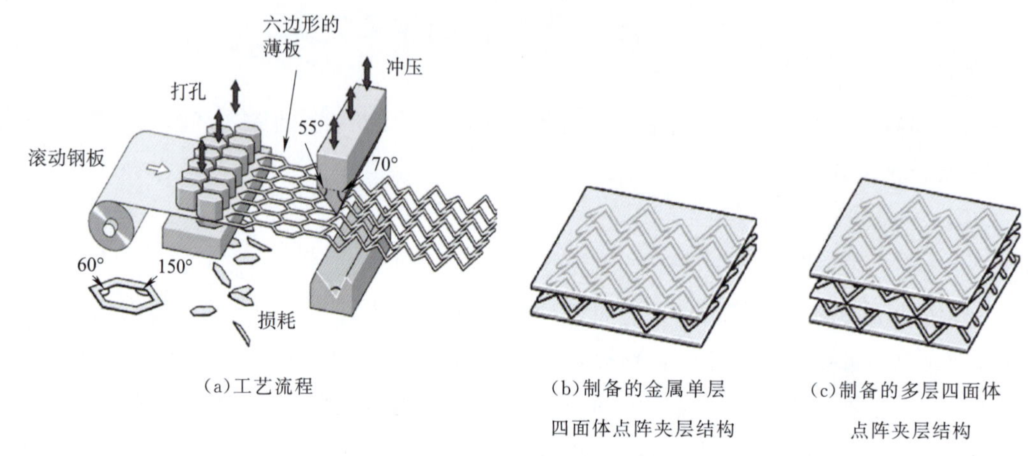

(a)工艺流程　(b)制备的金属单层四面体点阵夹层结构　(c)制备的多层四面体点阵夹层结构

图 3-15　冲压折叠成形法[12]

3.3.3　编织法

根据点阵材料的结构特点,利用编织法也可获得金属点阵材料,如图 3-16 所示[12]。首先利用开槽工具控制金属丝的间隔和取向,方便布线和变换各层之间金属丝的方向;编织后需结合过渡液相黏合或结点点焊技术,以获得更稳固的金属点阵材料。该方法可制备四方和金刚石点阵结构,机加工后与面板连接可制备金属点阵夹层结构。此外,金属中空管可替代金属丝制成金属点阵材料,其密度更低,但结构的惯性增大,导致结构更容易屈曲。编织法工艺复杂,首先需要制备金属丝或者金属中空管,然后进行组装焊接。

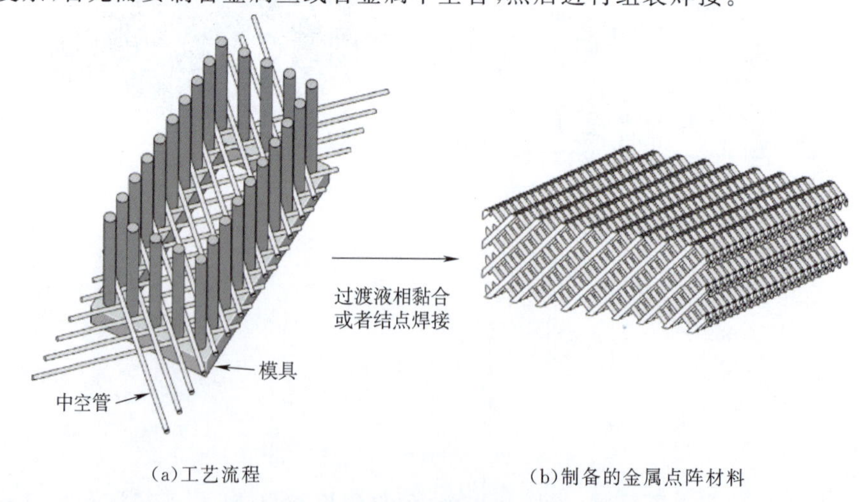

(a)工艺流程　(b)制备的金属点阵材料

图 3-16　编制法[12]

3.3.4　3D 打印技术

相比于以上三种制备方法，3D 打印(three-dimensional printing)技术具有材料适用广泛、节约材料、减少加工工序、缩短加工周期、成形点阵材料的结构类型多等优点，特别适合快速成形结构复杂的点阵材料，并且材料的孔隙率、单胞尺寸自由可调。近年来，金属点阵材料日新月异的发展得益于 3D 打印技术的快速发展。

3D 打印技术是以三维模型数据为基础，通过材料堆积的方式制造零件或实物的工艺，因此又被称为增材制造。金属 3D 打印技术分为粉末床熔融、烧结或黏接、定向金属沉积或熔融、超声 3D 打印、液态金属 3D 打印和冷喷涂沉积(非熔融)六大类，各类技术所使用的热源(激光、电子束、等离子束等)、原料状态(金属粉末、金属丝、金属片)和生产相应设备的公司如图 3-17 所示[13]。

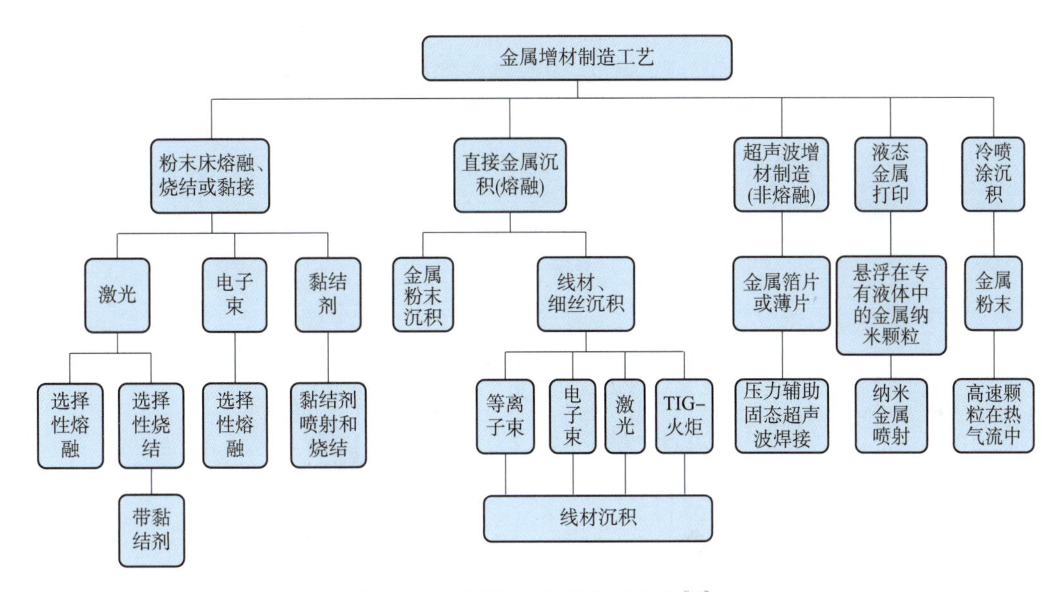

图 3-17　金属 3D 打印技术分类[13]

理论上，所有可焊接的金属都可通过 3D 打印技术成形，而具有严重热裂倾向和快速挥发元素(例如纯铝)的金属或合金不可通过 3D 打印技术成形。现阶段，已经报道的 3D 打印金属材料有：

(1)纯金属：钛[14, 15]，钽[15, 16]，铁[17]，铌[18]，铜[19]，钨[20]，镁[21]，钼[22]和金[15]；

(2)钛合金：Ti-6Al-4V[15, 23-28]，Ti-6Al-7Nb[15]，Ti-1Al-8V-5Fe[29]，Ti-24Nb-4Zr-8Sn-0.19O(Ti 2448)[30, 31]；

(3)钛铝合金：Ti-48Al-2Cr-2Nb[32, 33]，Ti-47Al-2Cr-2Nb[34]，Ti-45Al-7Nb-0.3W[35]；

(4)钴铬合金：Co-26Cr-6Mo-0.2C[15, 36, 37]，Co-28Cr-6Mo-0.23C-0.17N[38]；

(5)工业用钢：316L[15, 27, 39]，H13[40]，420[41, 42]；

(6)镍基合金：IN 625[15, 27, 43]，IN 718[15, 27]，CMSX-4[44]，Rene 142[44]，Rene 104[45]，Rene 41[44]，Rene 80[44]；

(7)铝合金：Al 2024[46]，Al 4047[47]，Al 6061[48]，Al-10Si-Mg[15, 49]，Al-12Si；

(8)镁合金：Mg-9Al[50]。

3D 打印金属点阵材料的流程与致密金属材料相似，主要分为以下 8 个工序(图 3-18)[51]：(1)生成 3D 模型：利用 CAD、建模软件或者三维扫描设备(如结构光扫描仪、激光扫描仪等)获取三维模型数据。(2)数据格式转换：将上述获得的 3D 模型数据转化为 3D 打印格式文件，包括标准格式文件 STL(stereolithography)和可扩展标记语言文件 XML(extensible markup language)。相比于 STL 格式文件，XML 具有包含更多的工艺信息、数据量减小、文件体积降低并且读取速度更快等优点。(3)文件输入 3D 打印设备：输入设备前需进行切片计算，通过 CAD 软件将三维模型按照某一个坐标轴切成多个薄层，称作“切片”。(4)打印路径规划：切片得到的每个薄层代表金属点阵材料一个横截面，需要规划出具体的打印路径，并进行优化。(5)3D 打印：3D 打印设备根据切片及打印路径信息控制打印过程，打印出每个薄层并逐层叠加，直至整个金属点阵材料。(6)取出零部件：大多数 3D 打印设备成形金属零部件的温度较高，成形结束后，零部件须降到合适温度后方可取出。(7)对零部件进行后处理。(8)应用。

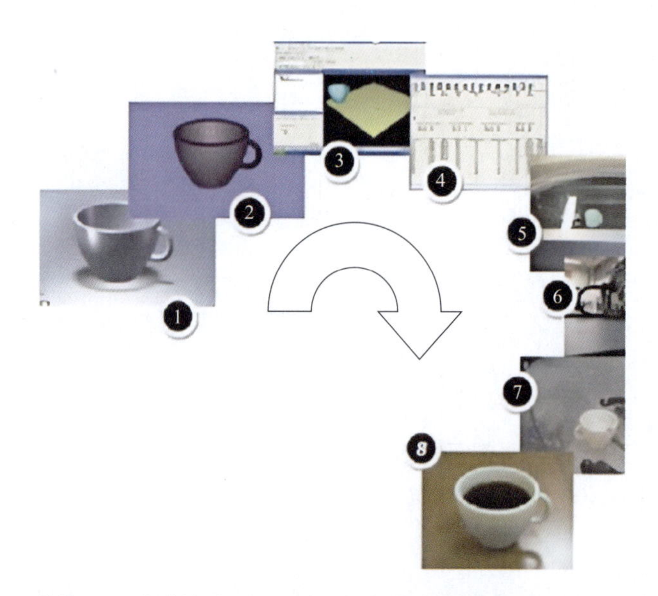

1—CAD 建模；2—STL 转换；3—文件传输到机器；4—打印设备设置；5—构建；6—粉末移除；7—后处理；8—应用。

图 3-18　3D 打印金属材料的工艺流程[51]

现阶段，金属点阵材料的 3D 打印技术主要包括 3 种：电子束选区熔化(selective electron beam melting，SEBM)、激光选区熔化(selective laser melting，SLM)和激光选区烧结(selective laser sintering，SLS)，三种技术的成形精度要优于其他 3D 打印技术。

3.3.5　光敏聚合物波导法

熔模铸造法、冲压折叠成形法和金属丝或者中空管编织法制备的金属点阵材料的单胞尺寸一般较大，单胞结构也比较简单。3D 打印技术可将单胞尺寸降低到 1 cm 左右，而具有更小尺度单胞的金属微点阵材料可采用光敏聚合物波导法进行制备。

光敏聚合物波导法的制备工艺流程如图 3-19 所示，具体过程为：(1)紫外线照射液态聚合物；(2)液态聚合物吸收紫外线后凝固成模型结构，即聚合物微点阵材料。底面结构和紫外线的运动轨迹控制微点阵材料的结构，紫外线的损耗量决定了微点阵材料的尺寸[52, 53]。在此基础上，采用化学镀等方法在聚合物微点阵材料表面制备一定厚度的金属，然后去除聚合物即可获得金属微点阵材料。

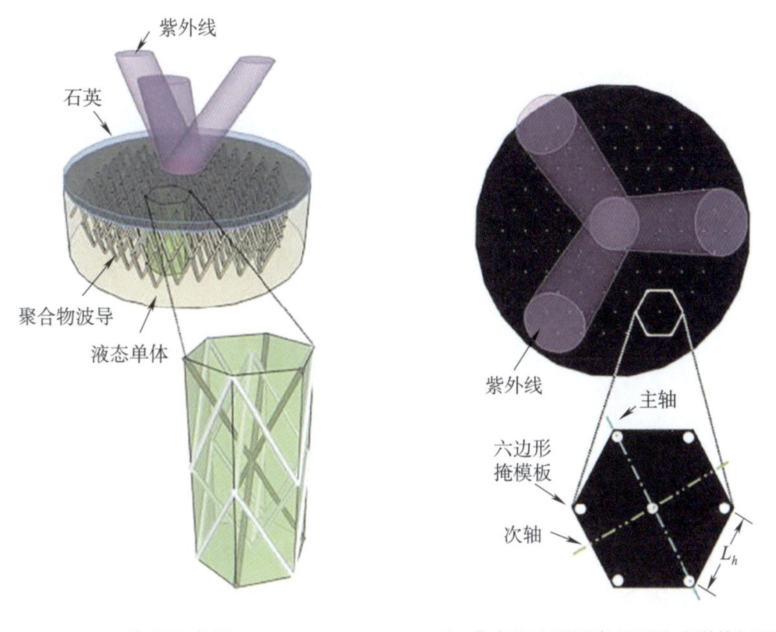

(a)装置示意图　　(b)带有六边形图案的圆孔光罩俯视图

图 3-19　光敏聚合物波导法制备工艺流程[53]

Zheng 等人借助光敏聚合物波导法制备了多级镍磷八隅体微点阵材料(图 3-20)，其中，一级单胞尺寸约 2 mm，孔筋直径约 100 μm；二级单胞为八隅体结构，单胞尺寸约 100 μm，孔筋尺寸约 25 μm。所制备试样的宏观尺寸为 50 mm×20 mm×10 mm，制备效率约为 2 h · cm^{-3}[55]。

光敏聚合物波导法还可制备壳状极小曲面微点阵材料(图 3-20)，可有效避免应力集中[56]。为进一步获得超轻型中空金属微点阵材料，可将光敏聚合物波导法制备的聚合物微点阵材料表面化学镀镍磷薄膜，然后去除高分子，可获得孔筋长度为 1～4 mm、直径为 100～500 μm、壁厚为 100～500 nm 的中空结构的镍磷微点阵材料。其中，壁厚为 100 nm

时，镍磷微点阵材料的密度仅为 0.9 $mg \cdot cm^{-3}$，小于空气的密度(1.2 $mg \cdot cm^{-3}$)[52]。

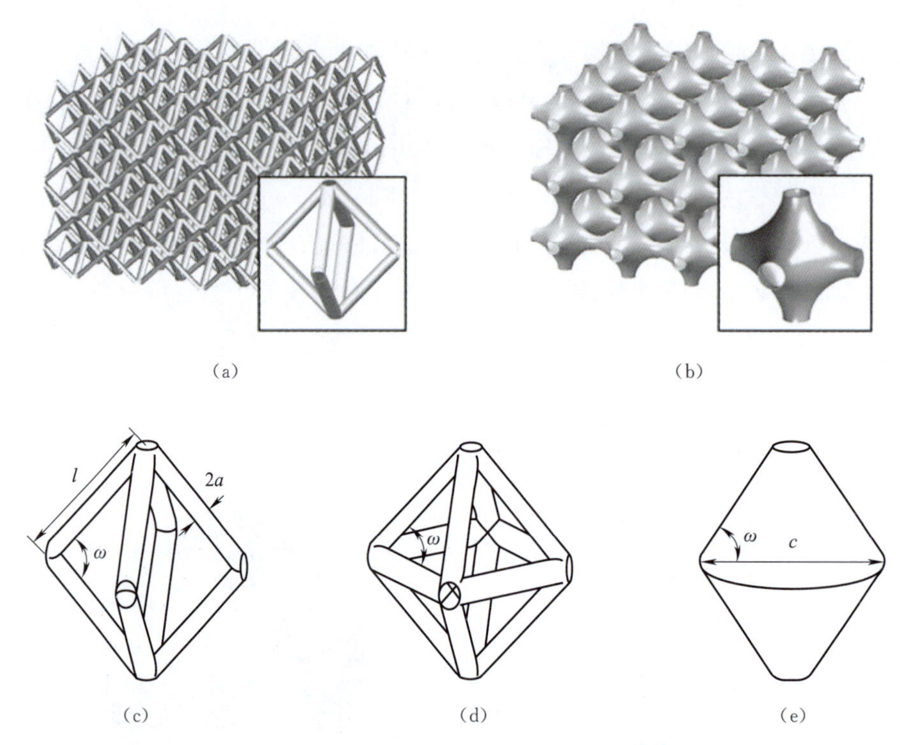

图 3-20 不同单胞结构的壳状点阵材料[56]

3.4 金属点阵材料的力学性能

图 3-21 所示对比了点阵材料、泡沫材料、致密金属材料在不同密度下的杨氏模量和强度[57]。图中存在 2 个未企及区域：一个是图的左上角，材料在较低密度下具有较高的力学性能；另一个是图的右侧，材料在较高的密度下具有较高的力学性能。发展轻质高强材料，填补图 3-21 中左上角的空白，一直是科研工作者努力的方向。现阶段，该区域也是金属点阵材料的发展方向。

从图 3-21 中可得出以下结论：

(1)泡沫金属的力学性能可与自然界的材料相媲美。

(2)相同密度下，金属点阵材料的力学性能优于泡沫金属。

(3)金属点阵材料的力学性能低于致密金属材料。

金属点阵材料因含有大量孔隙，其强度、模量均低于同材质致密金属的强度和模量。根据经典的 Gibson-Ashby 模型，金属点阵材料的强度、弹性模量与其相对密度存在对应关系，见表 3-1[58]。

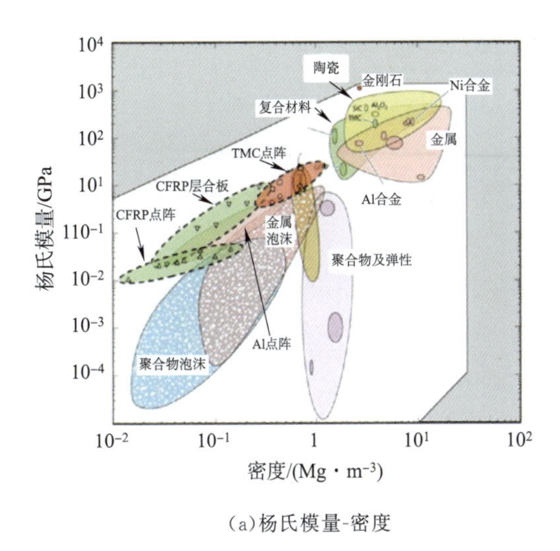

(a)杨氏模量-密度

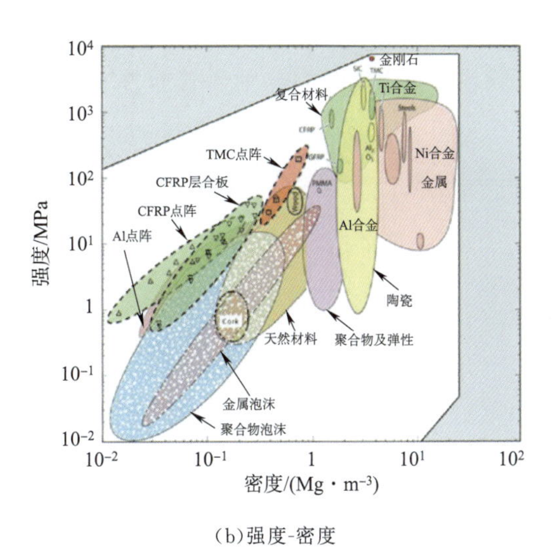

(b)强度-密度

图 3-21　材料密度与其力学性能的关系图[57]

表 3-1　Gibson-Ashby 模型[58]

变形机制	点阵材料的力学性能与其密度的关系式
弯曲机制	$E=CE_s\left(\frac{\rho}{\rho_s}\right)^2$ 或 $E\propto\rho_r^2$ 弯曲-弯曲机制 $\sigma=C\sigma_{ys}\left(\frac{\rho}{\rho_s}\right)^{1.5}$ 或 $\sigma\propto\rho_r^{1.5}$ 弯曲-屈曲机制 $\sigma=CE_s\left(\frac{\rho}{\rho_s}\right)^2$ 或 $\sigma\propto\rho_r^2$
拉伸机制	$E=CE_s\left(\frac{\rho}{\rho_s}\right)$ 或 $E\propto\rho_r$ 拉伸-弯曲机制 $\sigma=C\sigma_{ys}\left(\frac{\rho}{\rho_s}\right)$ 或 $\sigma\propto\rho_r$ 拉伸-屈曲机制 $\sigma=CE_s\left(\frac{\rho}{\rho_s}\right)^2$ 或 $\sigma\propto\rho_r^2$

注:E 为点阵材料的模量,MPa;C 为常数;E_s 为致密母材的模量,MPa;ρ 为点阵材料的密度,g · cm^{-3};ρ_s 为致密母材的密度,g · cm^{-3};ρ_r 为相对密度;σ 为点阵材料的强度,MPa;σ_{ys} 为致密母材的屈服强度,MPa。

对于变形机制以弯曲为主的点阵材料:为了便于受力分析,可将其简化为二维平面结构[图 3-22(a)],其结点固定。承受压缩载荷时,孔筋在压力作用下发生变形、弯曲[图 3-22(b)]和屈曲[图 3-22(c),弹性模量较高的母材]。

对于变形机制以拉伸为主的点阵材料:同样地,也将其简化为二维平面结构[图 3-22(d)],

其结点固定。承受压缩载荷时,水平孔筋受到拉应力,最有可能首先发生断裂。如果孔筋的塑性较好,则发生弯曲;如果孔筋为细长杆,稳定性较差,则发生屈曲。

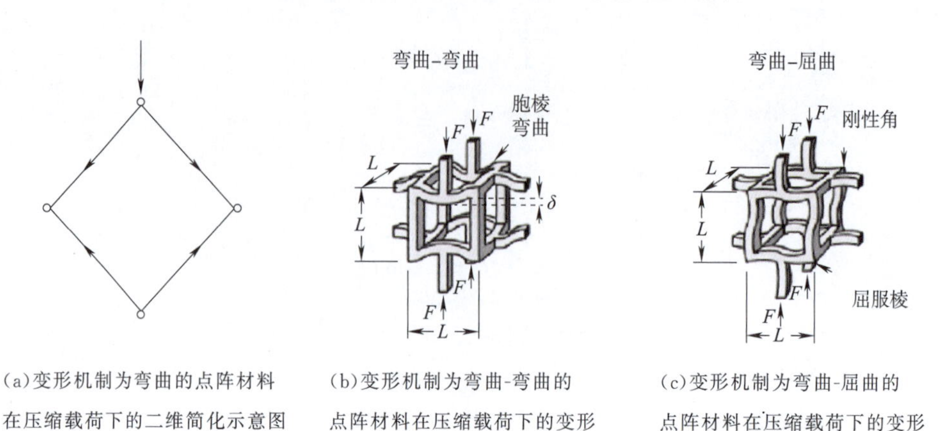

(a)变形机制为弯曲的点阵材料在压缩载荷下的二维简化示意图 (b)变形机制为弯曲-弯曲的点阵材料在压缩载荷下的变形 (c)变形机制为弯曲-屈曲的点阵材料在压缩载荷下的变形

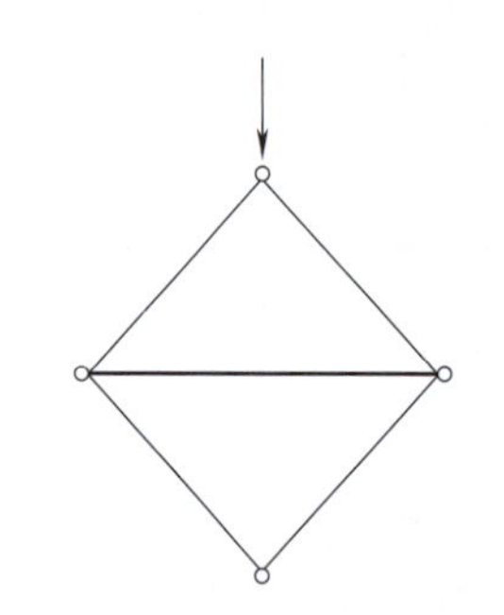

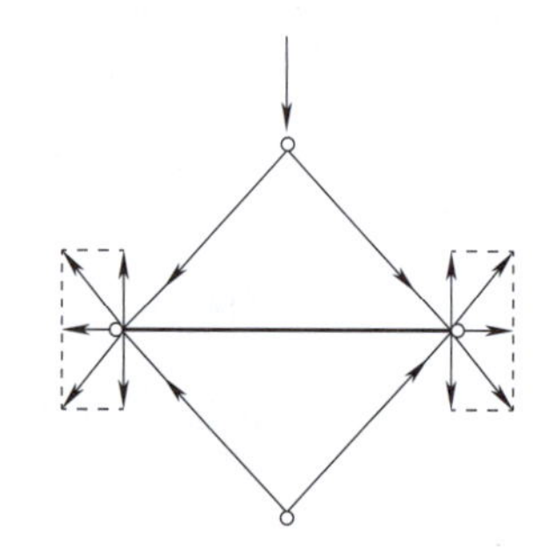

(d)变形机制为拉伸的点阵材料在压缩载荷下的二维简化示意图 (e)变形机制为拉伸的点阵材料在压缩载荷下的二维简化受力示意图

图 3-22 孔筋在压缩载荷作用下的受力分析

金属点阵材料的变形机制以弯曲或拉伸为主,泡沫金属的变形机制以弯曲为主。由表 3-1 可知,密度和材质均相同时,变形机制以拉伸为主的金属多孔材料的模量和强度高于变形机制为弯曲的金属多孔材料。因此,金属点阵材料表现出比泡沫金属更高的强度和模量。

早在 2006 年,Ashby 便指出了影响点阵材料力学性能的三个因素:结构、密度和母材的性能。结合表 3-1,可通过以下三种方式提高金属点阵材料的强度:(1)提高母材的屈服强度;(2)提高金属点阵材料的密度;(3)选择相对密度的指数较小的结构,即设计变形机制以拉伸-弯曲为主的金属点阵材料。

下面将分别详细介绍金属点阵材料的压缩性能、弯曲性能、疲劳性能和拉伸性能。

3.4.1 压缩性能

国际标准 *Mechanical testing of metals-ductility testing-compression test for porous and cellular metals*(ISO 13314)明确规定了点阵材料压缩测试的试样尺寸、数量和测试过程[59]。试样为立方体或者圆柱体,尺寸如图 3-23 所示,其中试样的宽度或直径需大于 10 倍的孔径,试样的高度为试样宽度或直径的 1～2 倍,相同条件下的试样至少需要测试三个,其性能包括最大抗压强度、平台强度、平台结束应变、能量吸收和能量吸收效率,测试结果为三个试样的平均值。

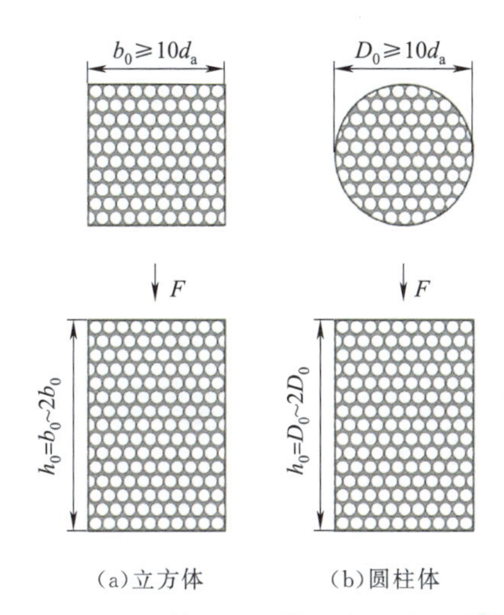

(a)立方体　　(b)圆柱体

图 3-23　立方体和圆柱体压缩试样尺寸[59]

图 3-24 总结了不同金属点阵材料的压缩应力-应变曲线。尽管金属点阵材料的母材和单胞结构不同,但其压缩应力-应变曲线均相似,可分为三个阶段:(1)弹性阶段,孔筋会发生压缩弯曲或者压缩拉伸。(2)应力平台阶段,此阶段不断发生单胞的塑性屈服、弹性弯曲或脆性断裂,断裂方式取决于单胞结构和母材特性。脆性断裂的点阵材料在不断承受较大载荷时,会产生碎渣(图 3-25)。(3)致密化阶段,此阶段应力快速增加,并且点阵材料的上下表面因压缩逐渐靠近,其力学行为也逐渐接近致密材料。

弹性模量由弹性阶段的斜率获得,屈服强度定义为点阵材料弹性阶段结束时的应力。对没有屈服现象的点阵结构,屈服强度可取 $\sigma_{0.2}$。由图 3-24 可知,金属点阵材料的压缩应变持续增加,甚至超过 50%。实际上,点阵材料在第一次断裂后已经失效,所以第一次断裂时所对应的应变更能体现点阵材料的压缩性能,而这个应变值通常较低,不超过 10%,此应变定义为点阵材料的应变值,第一次断裂前的最大应力值定义为点阵材料的抗压强度。

图 3-24(c)为 Ti-6Al-4V 负泊松比点阵材料的压缩应力-应变曲线[23, 31, 43, 60-63]。负泊松比点阵材料是指材料承受压缩载荷时,其在弹性范围内发生横向收缩;而承受拉伸载荷时,发生横向膨胀。截至目前,致密材料未观察到负泊松比效应。负泊松比点阵材料的这种特性使其在雷达天线罩、舱壁、航天领域的填充物和生物医疗等领域具有潜在应用前景。以生物医疗领域为例,应用于人工血管的负泊松比点阵材料,当血液流过时,血管壁的厚度将会增大而非减小,可避免血管的破裂。

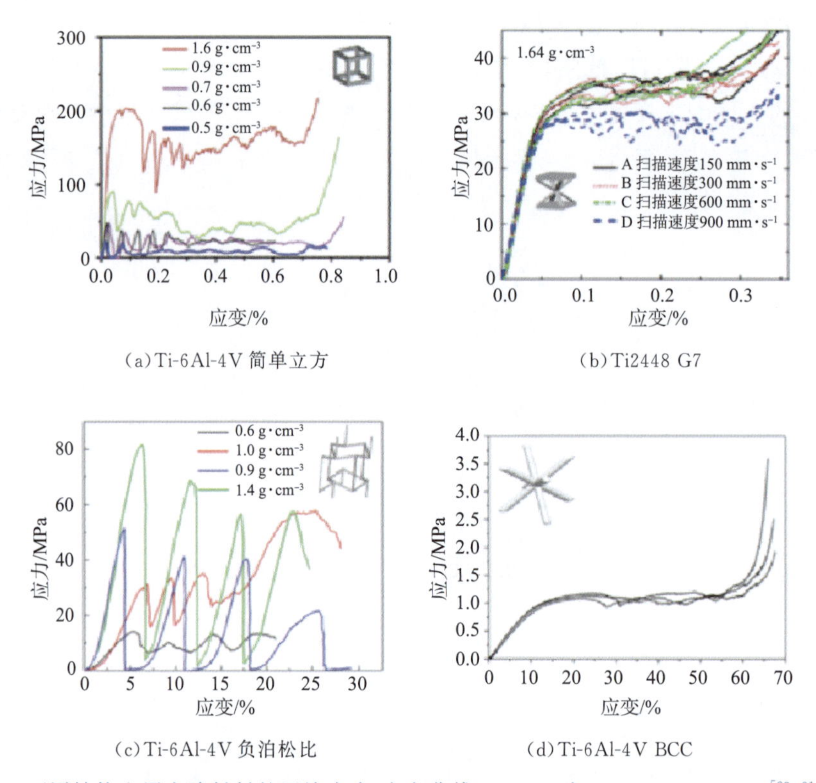

(a) Ti-6Al-4V 简单立方　(b) Ti2448 G7

(c) Ti-6Al-4V 负泊松比　(d) Ti-6Al-4V BCC

图 3-24　不同结构金属点阵材料的压缩应力-应变曲线(Ti2448 为 Ti-24Nb-4Zr-8Sn)[23, 31, 43, 60-63]

图 3-25　金属点阵材料压缩后的断筋现象[23]

Moongkhamklang 等人制备了涂覆 SiC 的 Ti-6Al-4V 金刚石和简单立方点阵材料的夹芯结构[64]。研究表明,涂覆 SiC 的 Ti-6Al-4V 致密材料的密度为 3.93 g · cm^{-3},抗拉强度约为 1 000 MPa;当夹芯结构的相对密度为 18.4%时,抗压强度可超过 200 MPa(图 3-26)。

Torrents 等人讨论了镍磷超轻型中空微点阵材料的压缩性能(图 3-27)[65]。当材料的相对密度较低(<0.1%)且应变达到 50%时,移除载荷后,点阵材料仍可恢复原状。当相对

密度较高时(0.1%～10%),压缩行为与传统金属点阵材料相似。由于超轻型中空金属微点阵材料的孔筋值较小,压缩以屈曲为主导变形机制。

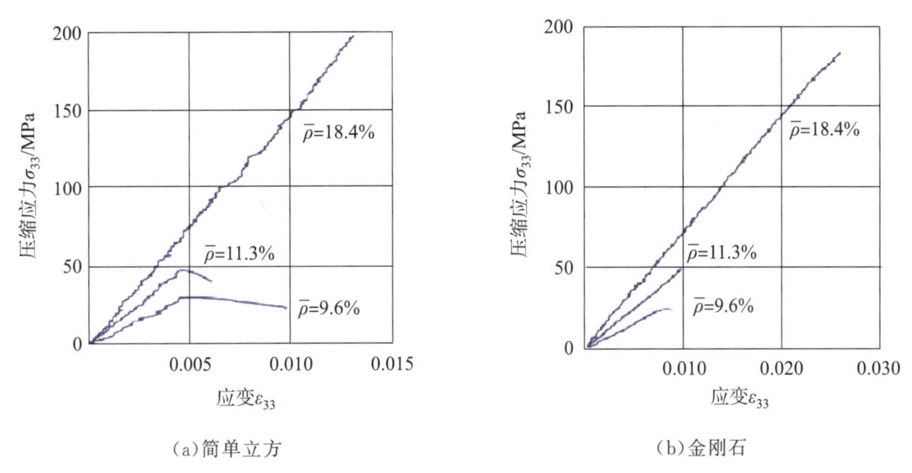

(a)简单立方　　(b)金刚石

图 3-26　简单立方和金刚石点阵材料夹芯结构的压缩应力-应变曲线[64]

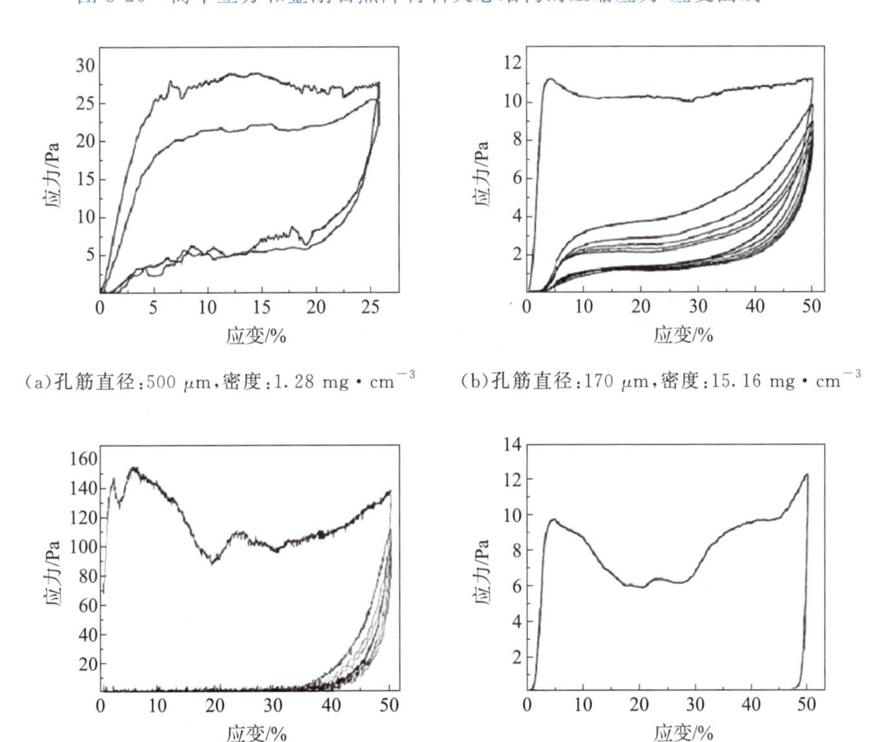

(a)孔筋直径:500 μm,密度:1.28 mg・cm⁻³　　(b)孔筋直径:170 μm,密度:15.16 mg・cm⁻³

(c)孔筋直径:150 μm,密度:43.06 mg・cm⁻³　　(d)孔筋直径:175 μm,密度:752 mg・cm⁻³

图 3-27　镍磷超轻型中空微点阵材料的加载-卸载压缩应力-应变曲线[65]

图 3-28 对比了光敏聚合物波导法制备的镍和镍磷微点阵材料的力学性能[65]。可以看出,相对弹性模量与相对密度拟合指数约为 2,Ni-P 超轻微点阵材料的相对屈服强度与相对

密度的拟合指数为 2.5，大于 Ni-P 微点阵材料的拟合指数 1.8。

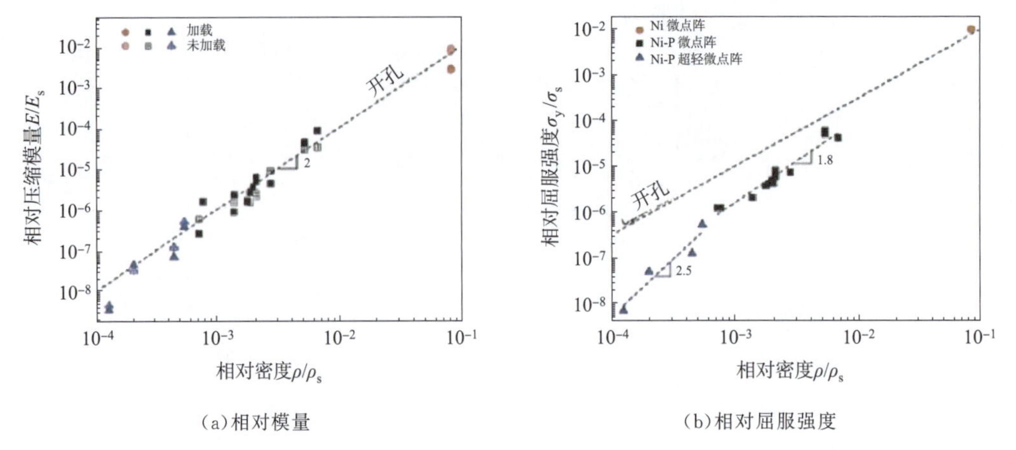

(a)相对模量　　(b)相对屈服强度

图 3-28　镍和镍磷微点阵材料的相对模量和相对屈服强度与相对密度的关系[65]

此外，研究还发现具有六个对称结构的简单立方微点阵材料的刚度比三个对称结构的高 20%～70%[66]。

3.4.2　弯曲性能

金属点阵材料往往应用于航空航天、汽车、舰船和生物医疗等领域，其弯曲性能是关键考核指标。目前，金属点阵材料的弯曲性能大多采用三点弯曲法进行测试，测试过程如图 3-29 所示。

图 3-29　金属点阵材料的三点弯曲测试过程

Cansizoglu 等人采用三点弯曲法测试了电子束选区熔化(SEBM)成形 Ti-6Al-4V 六边形体点阵材料的弯曲性能，并根据公式(3-1)计算了其弯曲模量[67]。结果表明，当相对密度为 10%时，点阵材料的弯曲模量可达到 200 MPa。

$$E=\frac{\left(\frac{P}{y}\right)L^{3}}{48I} \tag{3-1}$$

式中，E 为弯曲模量，MPa；P 为载荷，N；y 为挠度，mm；L 为位移，mm；I 为转动惯量，mm^4。

西北有色金属研究院汤慧萍教授采用自主研发的 SEBM 设备制备了纯钽雪花结构的点阵材料，孔隙率为 75%时，其弯曲强度达到 33 MPa[图 3-30(a)]；同时，点阵材料可承受 90°弯曲而不发生孔筋断裂[图 3-30(b)、(c)][68]。SEBM 成形的纯钽点阵材料具有良好的生物相容性和塑性，尤其适合作为植入体应用于生物医疗领域。

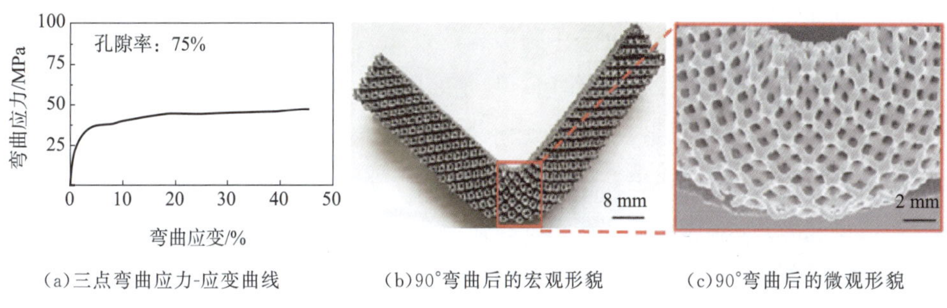

(a)三点弯曲应力-应变曲线　(b)90°弯曲后的宏观形貌　(c)90°弯曲后的微观形貌

图 3-30　SEBM 成形的纯钽点阵材料[68]

3.4.3　疲劳性能

金属点阵材料的压缩疲劳应变-循环次数曲线（S-N 曲线）如图 3-31 所示[69]。曲线可分为三个阶段：Ⅰ阶段，随着循环次数的增加（$N<10$），初始应变快速增加；Ⅱ阶段，平稳阶段，也可称为“潜伏阶段”，随着循环次数在一定范围增加，应变保持不变；Ⅲ阶段，由于孔筋的不断断裂和结构的破坏，应变快速增加。对于同一个点阵材料，随着载荷的增加，可承受的应变增加但应变循环次数随之降低[图 3-31(a)～(c)]。

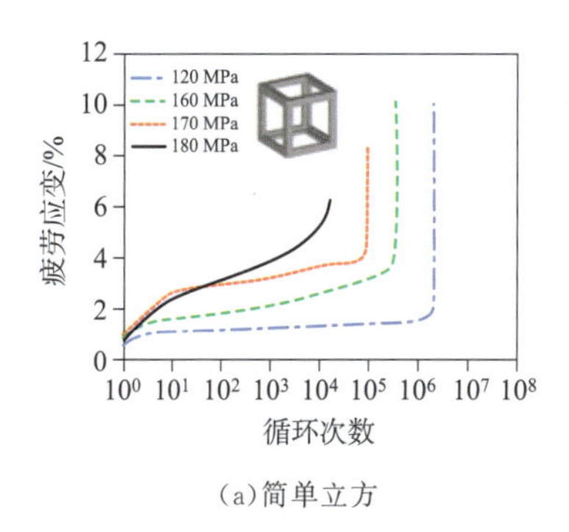

(a)简单立方

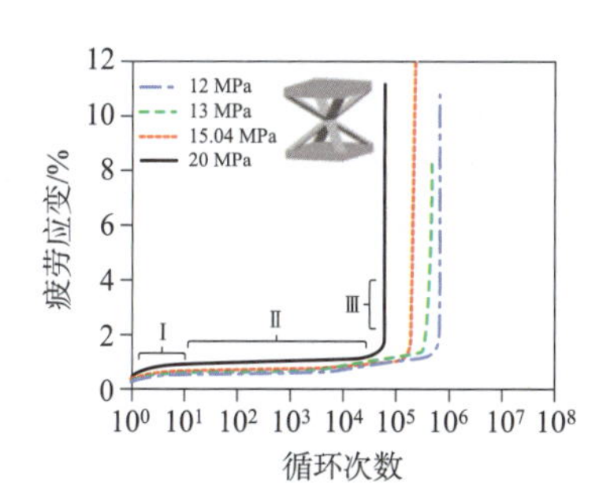

(b)G7 的疲劳应变-循环次数曲线

图　3-31

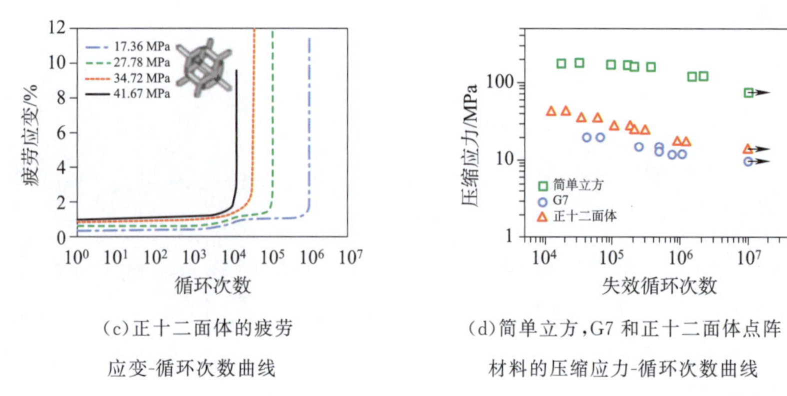

(c)正十二面体的疲劳应变-循环次数曲线

(d)简单立方,G7 和正十二面体点阵材料的压缩应力-循环次数曲线

图 3-31 3D 打印不同结构 Ti-6Al-4V 点阵材料的压缩疲劳表现行为[69]

金属点阵材料的疲劳性能取决于单胞结构的棘轮效应(ratchetting rate,阶段Ⅱ的潜伏阶段)和疲劳裂纹形成与长大的交互作用。棘轮效应($d\varepsilon/dN$)指点阵材料受到循环应力时,在孔筋弯曲阶段,其应变的积累。棘轮效应取决于点阵材料的结构与变形机制,例如简单立方点阵材料在压应力作用下的主要变形机制为屈曲,相比于其他以弯曲为主要变形机制的点阵材料,简单立方点阵材料的疲劳强度最高[图 3-31(d)]。疲劳裂纹的形成与长大是影响点阵材料疲劳强度的另一个重要因素。3D 打印金属点阵材料不可避免存在表面和内部缺陷,疲劳裂纹出现在孔筋的粗糙表面处(粉末附着于表面、台阶效应)和孔筋内部缺陷处(孔洞和熔合不良缺陷)。

模拟结果表明,3D 打印 Ti-6Al-4V 不同单胞结构点阵材料的疲劳断裂带与压应力方向呈 45°(图 3-32)[70]。

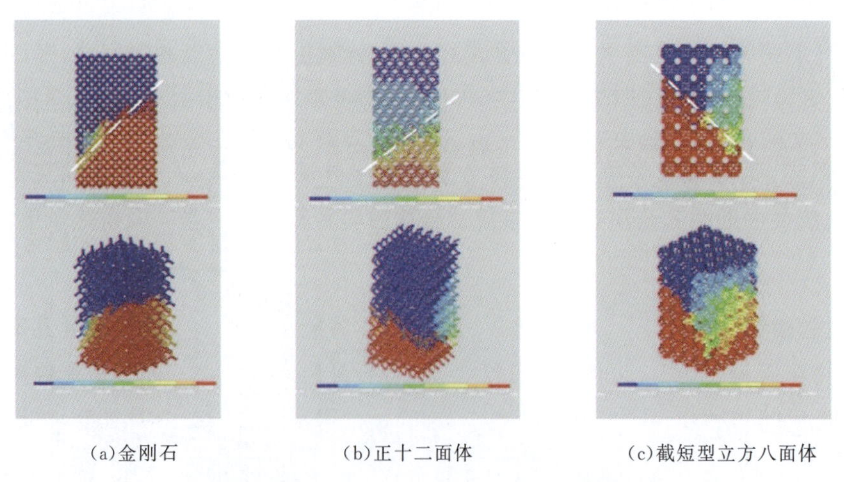

(a)金刚石　　(b)正十二面体　　(c)截短型立方八面体

图 3-32 3D 打印不同结构 Ti-6Al-4V 点阵材料的疲劳断裂机制[70]

3.4.4　拉伸性能

目前,点阵材料的拉伸性能参考致密金属材料的测试标准进行测试。Gümrük 等人采用激光选区熔化技术(SLM)制备了 316L 不锈钢点阵材料孔筋,并对其进行了拉伸测试[71],试样类型及测试过程如图 3-33 所示。带有引伸计的单个孔筋黏结到薄板上,采用材料力学试验机对孔筋的拉伸性能进行测试,其应力-应变曲线如图 3-34 所示。由于孔筋的直径较小(200～300 μm),导致其抗拉强度较低且塑性较差。

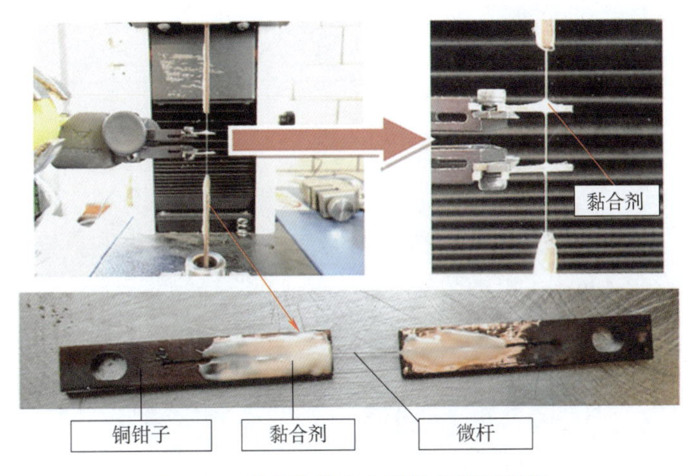

图 3-33　单根孔筋的拉伸性能测试过程

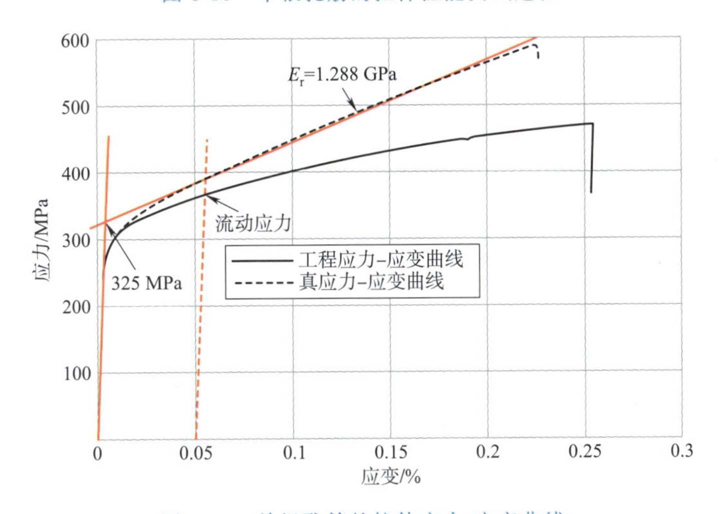

图 3-34　单根孔筋的拉伸应力-应变曲线

表 3-2 对比了 SLM 技术打印不同金属点阵材料单根孔筋的拉伸性能[63,71]。由表可知,316L 和 Ti-6Al-4V 单根孔筋的弹性模量、抗拉强度和屈服强度均远低于理论值,这主要受点阵材料表面粗糙度和内部缺陷的影响所致。Carlton 等人采用 3D 打印技术制备了直径为 6.35 mm 的不锈钢拉伸试样,发现裂纹大多源自缺陷[72]。通过改进成形工艺,材料的失效

方式可发生改变。Wang 等人采用 SLM 技术打印 Ti-6Al-4V 单根孔筋，孔筋直径分别为 300 μm、400 μm、600 μm、900 μm 和 1 200 μm，其拉伸断口都可观察到韧窝[73]。受内部缺陷(图 3-35)和马氏体显微组织(图 3-36)的影响，试样的应变值较低(不超过 4%)。

表 3-2　3D 打印不同金属点阵材料单根孔筋的拉伸性能[63, 71]

拉伸性能	316L		Ti-6Al-4V		Al-12Si-Mg	
	孔筋	理论值	孔筋	理论值	孔筋	理论值
弹性模量/GPa	140	205	45	115	—	—
抗拉强度/MPa	280	620	280	996	434	391
屈服强度/MPa	144	310	240	898	236	460

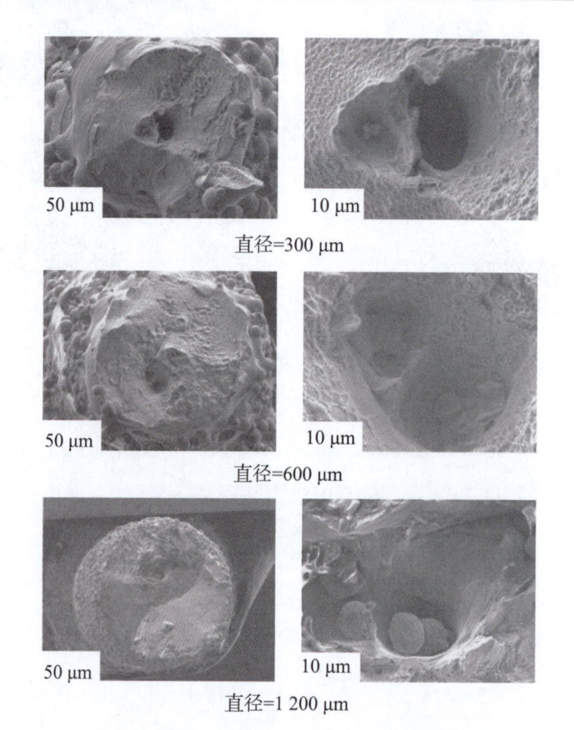

图 3-35　SLM 打印不同直径 Ti-6Al-4V 孔筋的断口形貌[73]

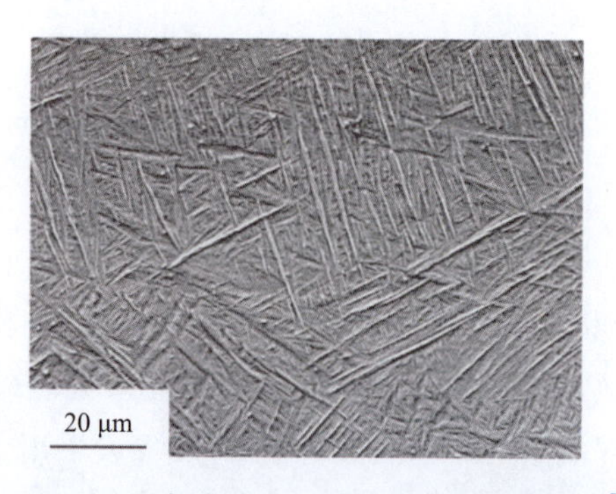

图 3-36　SLM 打印 Ti-6Al-4V 孔筋的显微组织[73]

3.5　金属点阵材料的应用

3.5.1　生物医疗

在生物医疗领域，点阵材料特有的孔结构有利于细胞的生长和植入体的固定。随着3D打印技术的快速发展，个性化植入体在医疗领域得到了广泛应用。图3-37所示为近年来被认证的金属点阵植入体。其中，德国EIT公司生产的椎间融合器已在世界上15个国家得到应用，治愈患者超过10 000例。

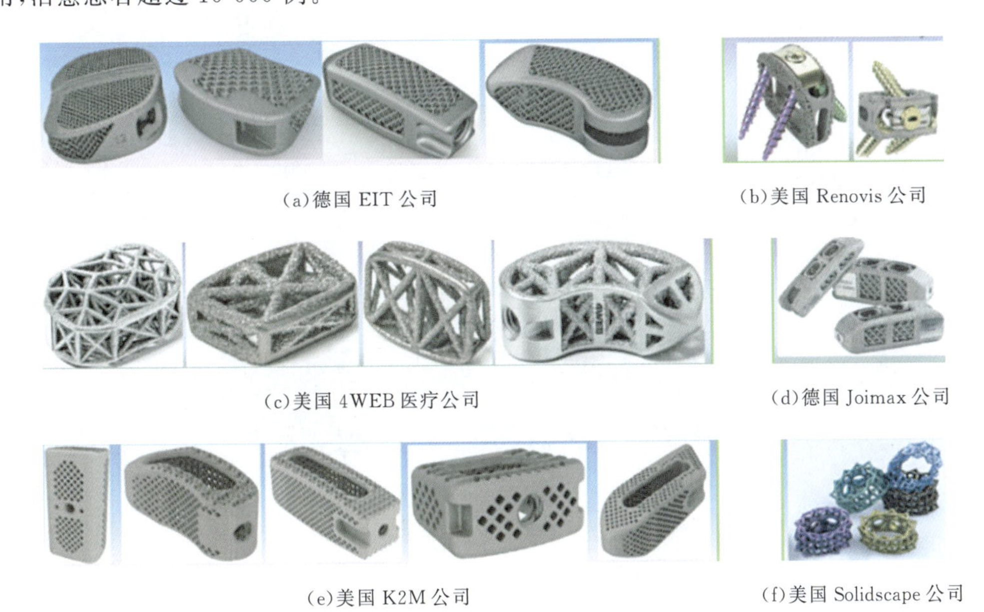

(a)德国EIT公司　(b)美国Renovis公司

(c)美国4WEB医疗公司　(d)德国Joimax公司

(e)美国K2M公司　(f)美国Solidscape公司

图3-37　近年来被认证的金属点阵植入体

国内西北有色金属研究院采用SEBM技术制备的Ti-6Al-4V点阵植入体[74]和世界首例纯Ta点阵植入体[68]（图3-38，质量为418 g）已在医疗领域得到应用。

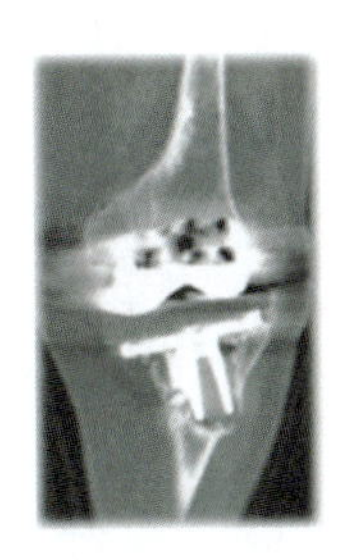
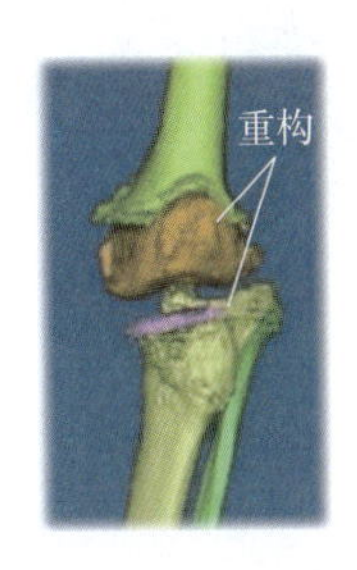

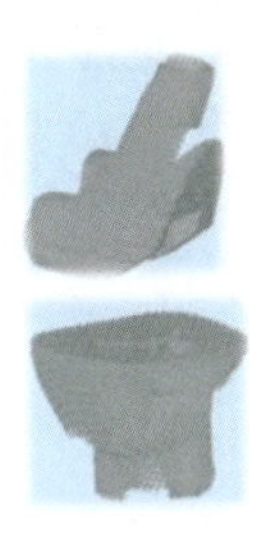

(a)CT数据　(b)修复缺损部位　(c)CAD设计　(d)优化　(e)成形后植入体

图3-38　SEBM打印纯Ta点阵植入体[68]

3.5.2 交通运输

利用金属点阵材料轻质、高强的特点，将其应用于航空航天领域的适配器、机身表皮和横梁，显著降低零部件的重量[75]。3D 打印技术成形的 Ti-6Al-4V 座位安全扣(图 3-39)比不锈钢安全扣减重约 55%[76]。如果 A380 客机的 853 个座椅使用 Ti-6Al-4V 安全扣，飞机减重可达 72.5 kg，燃油费降低约 300 万美元。

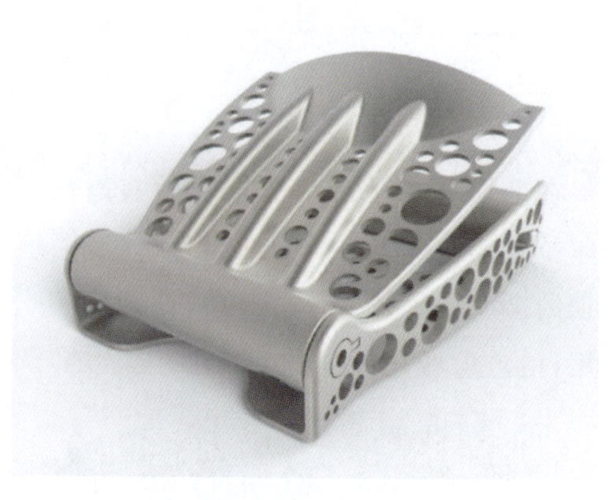

图 3-39 3D 打印技术制备的 Ti-6Al-4V 点阵结构安全扣[76]

德国 Fraunhofer 研究所采用 3D 打印技术制备的 316L 点阵结构零部件[图 3-40(a)]应用于直升机后，整体减重高达 50%；应用于赛车悬吊系统的控制臂[图 3-40(b)]，可有效降低悬吊系统的重量，大幅提高赛车的整体性能[8]。

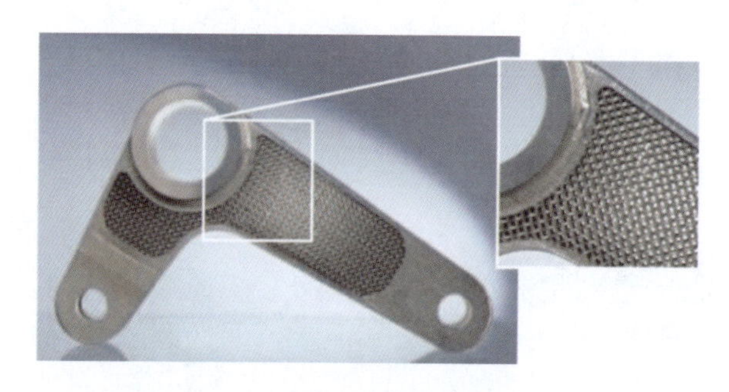

(a)用于直升机

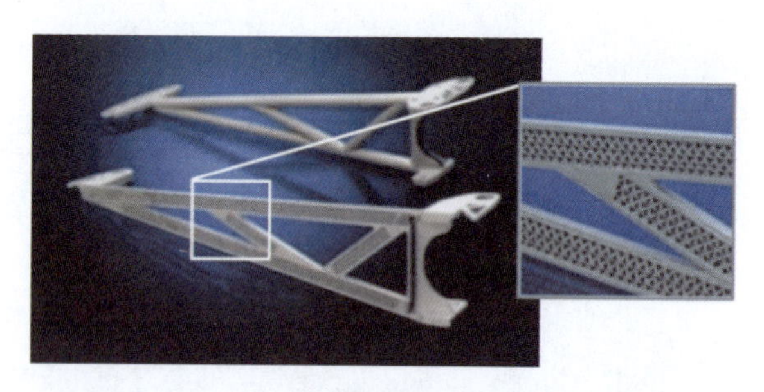

(b)用于赛车

图 3-40 应用于直升机和赛车的金属点阵材料[8]

FIT West 公司采用 SLM 方法制备了具有点阵结构的气缸盖(图 3-41)，整体减重 66%，并且表面积从实体气缸盖的 823 cm^2 增加到点阵气缸盖的 6 052 cm^2，显著提高了冷却效率[8]。

图 3-41　应用于气缸盖的金属点阵材料[8]

参考文献

[1] MEYERS M A, MCKITTRICK J, CHEN P Y. Structural Biological Materials: Critical Mechanics-Materials Connections[J]. Science, 2013, 339(6121): 773-779.

[2] TANG H P, WANG Q B, YANG G Y, et al. A honeycomb-structured Ti-6Al-4V oil-gas separation rotor additively manufactured by selective electron beam melting for aero-engine applications[J]. JOM, 2016, 68(3): 799-805.

[3] ASHBY M F. The properties of foams and lattices[J]. Philosophical Transactions. Series A, Mathematical, Physical, and Engineering Sciences, 2006, 364(1838): 15-30.

[4] 曾嵩，朱荣，姜炜，等. 金属点阵材料的研究进展[J]. 材料导报，2012(5): 18-23+35.

[5] SCHAEDLER T A, CARTER W B. Architected Cellular Materials[J]. Annual Review of Materials Research, 2016, 46: 187-210.

[6] WADLEY H N G. Cellular metals manufacturing[J]. Advanced Engineering Materials, 2002, 4(10): 726-733.

[7] FLECK N A, DESHPANDE V S, ASHBY M F, Micro-architectured materials: past, present and future[J]. Proceedings of the Royal Society A: Mathematical, Physical and Engineering Sciences, 2010, 466(2121): 2495-2516.

[8] TAO W, LEU M C. Design of lattice structure for additive manufacturing[C]. 2016 International Symposium on Flexible Automation (ISFA). IEEE, 2016.

[9] RICHARDS H, LIU D. Topology optimization of additively-manufactured, lattice-reinforced penetrative warheads[C]. 56th AIAA/ASCE/AHS/ASC Structures, Structural Dynamics, and Materials Conference. 2015.

[10] NGUYEN J, PARK S I, ROSEN D W, et al. Conformal lattice structure design and fabrication[J]. Proceedings of the 23th solid Freeform Fabrication Symposium, 2012, 138-161.

[11] ALZAHRANI M, CHOI S K, ROSEN D W. Design of Truss-Like Cellular Structures Using Relative

Density Mapping Method[J]. Materials & Design, 2015, 85: 349-360.

[12] WADLEY H N. Multifunctional periodic cellular metals[J]. Philosophical Transactions of the Royal Society A: Mathematical, Physical and Engineering Sciences, 2006, 364(1838): 31-68.

[13] QIAN M, XU W, BRANDT M, et al. Additive Manufacturing and Post-Processing of Ti-6Al-4V for Superior Mechanical Properties[J]. MRS Bulletin, 2016, 41(10): 775-784.

[14] KöRNER C. Additive manufacturing of metallic components by selective electron beam melting-a review[J]. International Materials Reviews, 2016, 61(5): 361-377.

[15] KAIR A B. Additive manufacturing and production of metallic parts in automotive industry[D]. Sweden: KTH Royal Institute of Technology, 2014.

[16] WAUTHLE R, JOHAN V, YAVARI S A, et al. Additively manufactured porous tantalum implants [J]. Acta Biomaterialia, 2015, 14: 217-225.

[17] MURR L E, MARTINEZ E, PAN X, et al. Microstructures and properties of solid and reticulated mesh components of pure iron fabricated by electron beam melting[J]. Journal of Materials Research and Technology, 2013, 2(4): 376-385.

[18] MARTINEZ E, MURR L E, HERNANDEZ J, et al. Microstructures of Niobium Components Fabricated by Electron Beam Melting[J]. Metallography Microstructure and Analysis, 2013, 2(3): 183-189.

[19] LODES M A, GUSCHLBAUER R, KOERNER C. Process development for the manufacturing of 99.94% pure copper via selective electron beam melting[J]. Materials Letters, 2015, 143: 298-301.

[20] IVEKOVIC A, OMIDVARI N, VRANCKEN B, et al. Selective laser melting of tungsten and tungsten alloys[J]. International Journal of Refractory Metals & Hard Materials, 2018, 72: 27-32.

[21] NG C C, SAVALANI M M, LAU M L, et al. Microstructure and mechanical properties of selective laser melted magnesium[J]. Applied Surface Science, 2011, 257(17): 7447-7454.

[22] FAIDEL D, JONAS D, NATOUR G, et al. Investigation of the Selective Laser Melting Process with Molybdenum powder[J]. Additive Manufacturing, 2015, 8: 88-94.

[23] YANG K, WANG J, JIA L, et al. Additive manufacturing of Ti-6Al-4V lattice structures with high structural integrity under large compressive deformation [J]. Journal of Materials Science & Technology, 2019, 35: 303-308.

[24] KELLY C N, EVANS N T, IRVIN C W, et al. The effect of surface topography and porosity on the tensile fatigue of 3D printed Ti-6Al-4V fabricated by selective laser melting[J]. Materials science & engineering, C. Materials for Biological Applications, 2019, 98: 726-736.

[25] HAUBRICH J, GUSSONE J, BARRIOBERO-VILA P, et al. The role of lattice defects, element partitioning and intrinsic heat effects on the microstructure in selective laser melted Ti-6Al-4V[J]. Acta Materialia, 2019, 167: 136-148.

[26] CHOI Y, LEE D G. Correlation between surface tension and fatigue properties of Ti-6Al-4V alloy fabricated by EBM additive manufacturing[J]. Applied Surface Science, 2019, 481: 741-746.

[27] WEI L C, EHRLICH L E, POWELL-PALM M J et al. Thermal conductivity of metal powders for powder bed additive manufacturing[J]. Additive Manufacturing, 2018, 21: 201-208.

[28] WANG J, TANG H P, YANG K, et al. Selective Electron Beam Manufacturing of Ti-6Al-4V Strips: Effect of Build Orientation, Columnar Grain Orientation, and Hot Isostatic Pressing on Tensile Properties[J]. JOM, 2018, 70: 638-643.

[29] AZIZI H, ZUROB H, BOSE B et al. Additive manufacturing of a novel Ti-Al-V-Fe alloy using selective laser melting[J]. Additive Manufacturing, 2018, 21: 529-535.

[30] LIU Y J, LI S J, WANG H L, et al. Microstructure, defects and mechanical behavior of beta-type titanium porous structures manufactured by electron beam melting and selective laser melting[J]. Acta Materialia, 2016, 113: 56-67.

[31] LIU Y, LI S, HOU W, et al. Electron Beam Melted Beta-type Ti-24Nb-4Zr-8Sn Porous Structures With High Strength-to-Modulus Ratio[J]. Journal of Materials Science & Technology, 2016, 32 (6):505-508.

[32] WANG J, YANG K, LIU N, et al. Microstructure and Tensile Properties of Ti-48Al-2Cr-2Nb Rods Additively Manufactured by Selective Electron Beam Melting[J]. JOM, 2017, 69(12): 2751-2755.

[33] SCHWERDTFEGER J, KÖRNER C. Selective electron beam melting of Ti-48Al-2Nb-2Cr: Microstructure and aluminium loss[J]. Intermetallics, 2014, 49(3): 29-35.

[34] MURR L E , GAYTAN S M , CEYLAN A , et al. Characterization of titanium aluminide alloy components fabricated by additive manufacturing using electron beam melting[J]. Acta Materialia, 2010, 58(5): 1887-1894.

[35] TANG H P, YANG G Y, JIA W P, et al. Additive manufacturing of a high niobium-containing titanium aluminide alloy by selective electron beam melting[J]. Materials Science & Engineering A, 2015, 636:103-107.

[36] GAYTAN S M, MURR L E, MARTINEZ E, et al. Comparison of Microstructures and Mechanical Properties for Solid and Mesh Cobalt-Base Alloy Prototypes Fabricated by Electron Beam Melting [J]. Metallurgical & Materials Transactions A, 2010, 41(12): 3216-3227.

[37] TAN X P, WANG P, KOK Y, et al. Carbide precipitation characteristics in additive manufacturing of Co-Cr-Mo alloy via selective electron beam melting[J]. Scripta Materialia, 2018, 143:117-121.

[38] SUN S H, KOIZUMI Y, et al. Phase and grain size inhomogeneity and their influences on creep behavior of Co-Cr-Mo alloy additive manufactured by electron beam melting[J]. Acta Materialia, 2015, 86: 305-318.

[39] BONATTI C, MOHR D. Mechanical Performance of Additively-manufactured Anisotropic and Isotropic Smooth Shell-Lattice Materials: Simulations & Experiments[J]. Journal of the Mechanics and Physics of Solids, 2018, 122: 1-26.

[40] RäNNAR L E, GLAD A , GUSTAFSON C . Efficient cooling with tool inserts manufactured by electron beam melting[J]. Rapid Prototyping Journal, 2007, 13(3):128-135.

[41] ZENG G H , SONG T , DAI Y H , et al. 3D printed breathable mould steel: Small micrometer-sized, interconnected pores by creatively introducing foaming agent to additive manufacturing[J]. Materials & design, 2019, 169.

[42] RAMIREZ D A, MURR L E, MARTINEZ E, et al. Novel precipitate-microstructural architecture developed in the fabrication of solid copper components by additive manufacturing using electron beam melting[J]. Acta Materialia, 2011, 59(10): 4088-4099.

[43] LEARY M, MAZUR M, WILLIAMS H, et al. Inconel 625 lattice structures manufactured by selective laser melting (SLM): Mechanical properties, deformation and failure modes[J]. Materials & Design ,2018, 157: 179-199.

[44] DEBROY T , WEI H L , ZUBACK J , et al. Additive manufacturing of metallic components-Process, structure and properties[J]. Progress in Materials Science, 2018, 92: 112-224.

[45] 段然曦，黄伯云，刘祖铭，等. Rene104 镍基高温合金选区激光熔化成形及开裂行为[J]. 中国有色金属学报，2018，28(08)：1568-1578.

[46] SAMES W J, LIST F A, PANNALA S, et al. The metallurgy and processing science of metal additive manufacturing[J]. International Materials Reviews, 2016, 61(5): 315-360.

[47] DINDA G P, DASGUPTA A K, BHATTACHARYA S, et al. Microstructural Characterization of Laser-Deposited Al 4047 Alloy[J]. Metallurgical & Materials Transactions A, 2013, 44(5): 2233-2242.

[48] FULCHER B A, LEIGH D K, WATT T J. Comparison of AlSi10Mg and Al 6061 processed through DMLS, In: Proceedings of the solid freeform fabrication (SFF) symposium[C]. Austin: University of Texas, 2014.

[49] DONG Z, ZHANG X, SHI W, et al. Study of Size Effect on Microstructure and Mechanical Properties of AlSi10Mg Samples Made by Selective Laser Melting[J]. Materials, 2018, 11(12): 2463.

[50] ZHANG B , LIAO H , CODDET C . Effects of processing parameters on properties of selective laser melting Mg-9%Al powder mixture[J]. Materials & Design, 2012, 34: 753-758.

[51] GIBSON I, ROSEN D, STUCKER B. Additive Manufacturing Technologies[M]. New York: Springer, 2015.

[52] SCHAEDLER T A, JACOBSEN A J, TORRENTS A, et al. Ultralight Metallic Microlattices[J]. Science, 2011, 334(6058): 962-965.

[53] JACOBSEN A J, BARVOSA-CARTER W, NUTT S. Micro-scale truss structures with three-fold and six-fold symmetry formed from self-propagating polymer waveguides[J]. Acta Materialia, 2008, 56(11):2540-2548.

[54] MINES R. Metallic Microlattice Structures: Manufacture, Materials and Application[J]. Springer Briefs in Applied Sciences and Technology, 2019.

[55] ZHENG X, SMITH W, JACKSON J, et al. Multiscale metallic metamaterials[J]. Nature Materials, 2016, 15(10): 1100-1106.

[56] MIN G L, LEE J W, HAN S C. Mechanical analyses of "Shellular", an ultralow-density material [J]. Acta Materialia, 2016, 103(8): 595-607.

[57] ZHANG Q, YANG X, LI P, et al. Bioinspired engineering of honeycomb structure-Using nature to inspire human innovation[J]. Progress in Materials Science, 2015, 74: 332-400.

[58] ASHBY M, EVANS A G, NA F, et al. Metal Foams: a Design Guide[J]. Applied Mechanics Reviews, 2001, 54(6):105.

[59] Mechanical testing of metals-Ductility testing-Compression test for porous and cellular metals: ISO 13314:2011[S].

[60] LI S J, XU Q S, WANG Z, et al. Influence of cell shape on mechanical properties of Ti-6Al-4V meshes fabricated by electron beam melting method[J]. Acta Biomaterialia, 2014, 10(10): 4537-4547.

[61] KAFKAS F, EBEL T. Metallurgical and mechanical properties of Ti-24Nb-4Zr-8Sn alloy fabricated by metal injection molding[J]. Journal of Alloys & Compounds, 2014, 617: 359-366.

[62] YANG L, HARRYSSON O, WEST H, et al. Compressive properties of Ti-6Al-4V auxetic mesh structures made by electron beam melting[J]. Acta Materialia, 2012, 60(8): 3370-3379.

[63] LEARY M, MAZUR M, ELAMBASSERIL J, et al. Selective laser melting (SLM) of $AlSi_{12}Mg$ lattice structures[J]. Materials & Design, 2016, 98:344-357.

[64] MOONGKHAMKLANG P, DESHPANDE V S, WADLEY H. The compressive and shear response of titanium matrix composite lattice structures[J]. Acta Materialia, 2010, 58(8): 2822-2835.

[65] TORRENTS A, SCHAEDLER T A, JACOBSEN A J, et al. Characterization of nickel-based microlattice materials with structural hierarchy from the nanometer to the millimeter scale[J]. Acta Materialia, 2012, 60: 3511-3523.

[66] JACOBSEN A J, CARTER W B, NUTT S. Micro scale truss structures with three fold and six fold symmetry formed from self propagating polymer wave guides[J]. Acta Materialia, 2018, 56: 2540-2548.

[67] CANSIZOGLU O, HARRYSSON O, CORMIER D, et al. Properties of Ti-6Al-4V non-stochastic lattice structures fabricated via electron beam melting[J]. Materials Science and Engineering: A, 2008, 492(1-2): 468-474.

[68] TANG H P , YANG K , JIA L ,et al. Tantalum Bone Implants Printed by Selective Electron Beam Manufacturing (SEBM) and Their Clinical Applications[J]. JOM,2020,72(3): 1016-1021.

[69] ZHAO S, LI S J, HOU W T, et al. The influence of cell morphology on the compressive fatigue behavior of Ti-6Al-4V meshes fabricated by electron beam melting[J]. Journal of the Mechanical Behavior of Biomedical Materials, 2016, 59:251-264.

[70] ZARGARIAN A, ESFAHANIAN M, KADKHODAPOUR J, et al. Numerical simulation of the fatigue behavior of additive manufactured titanium porous lattice structures[J]. Materials Science & Engineering C Materials for Biological Applications, 2016, 60: 339-347.

[71] GÜMRÜK R, MINES R A W . Compressive behaviour of stainless steel micro-lattice structures[J]. International Journal of Mechanical Sciences, 2013, 68:125-139.

[72] CARLTON H D, HABOUB A, GALLEGOS G F, et al. Damage evolution and failure mechanisms in additively manufactured stainless steel[J]. Materials Science & Engineering A, 2016, 651 (JAN. 10):406-414.

[73] WANG Z, LI P. Characterisation and constitutive model of tensile properties of selective laser melted Ti-6Al-4V struts for microlattice structures[J]. Materials Science & Engineering A, 2018, 725 (may16):350-358.

[74] FROES F H, QIAN M. Titanium background, alloying behavior and advanced fabrication techniques-An oveniew[J]. Titanium in Medical and Dental Applications. 2018:23-37.

[75] HELOU M, KARA S. Design, analysis and manufacturing of lattice structures: an overview[J]. International Journal of Computer Integrated Manufacturing, 2018,31(3):243-261.

[76] DUTTA B, FROES F H. Additive Manufacturing of Titanium Alloys[M]. Additive Manufacturing Handbook, CRC Press, 2017.

第 4 章 纳米多孔金属

纳米多孔金属，顾名思义，指内部孔洞或韧带尺寸在纳米尺度（通常指小于 100 nm）的多孔金属材料。在兼具多孔材料高孔隙率、低密度和金属材料优异的导热、导电、加工延展性等优势的同时，其纳米尺度的微观结构还赋予材料更多的物理化学特性。将多孔金属研究领域扩展至纳米材料范畴，纳米多孔金属已经成为材料科学和纳米技术学科交叉的前沿方向。

4.1 纳米多孔金属制备方法

目前，纳米多孔金属的制备方法比较多，常用的主要方法有脱合金法和模板法。其中，脱合金法又分为化学脱合金法和物理脱合金法；模板法又分为软模板法和硬模板法。其他制备方法还有金属盐还原法、高温燃烧法等。

4.1.1 脱合金法

脱合金法（dealloying），又称去合金法，是利用不同金属元素之间化学或物理性质的差异，通过选择性脱除合金材料中的一种或多种元素组分，剩下的金属组分通过扩散、聚集等方式在反应界面自发形成三维双连续的多孔网状结构。脱合金过程也可视为选择性溶解（使表面粗糙）和表面原子扩散（使表面光滑）之间的竞争过程[1]。

脱合金技术为人类所用已具有悠久的历史。早在一千多年前的南美洲哥伦比亚地区，人们在制作贵重工艺品时，会把含金合金（如金、银、铜）等修饰到工艺品表面，然后把工艺品放在具有腐蚀性的环境中处理，如盐溶液、高温熔盐，腐蚀掉合金表面的活泼组分如银、铜等，再结合抛光处理，最终获得表面具有漂亮黄金色泽的工艺品，这项工艺俗称损耗镀金法（depletion gilding）。该技术被广泛用于美化和保护各种古代工艺品，同时也被用来获得更高纯度的黄金。图 4-1 所示为穆伊斯卡文化（Muisca Culture）中，采用损耗镀金法制备的

图 4-1　穆伊斯卡文化的代表艺术品木盘盏

最具代表性的木盘盏(Musisca Raft)。

20 世纪 20 年代,美国科学家 Raney 发现,在碱性溶液中腐蚀镍铝合金或镍铝硅合金可以获得具有高催化活性的粉状泡沫镍,俗称雷尼镍,是一种由带有多孔结构的镍铝合金的细小晶粒组成的固相催化剂。虽然该材料被大量生产并广泛用于工业加氢反应,然而限于当时表征技术,人们对其形貌及组织结构知之甚少。随着研究条件的进步,20 世纪 60 年代开始,美国科学家 Pickering、Swann 等人开始系统地研究合金的电化学腐蚀行为,并首次采用透射电子显微镜(TEM)观察了产物的形貌,揭示了其在纳米尺度的多孔结构。20 世纪 80 年代,以金银合金为研究体系,人们对合金的脱合金过程开展了更为深入的研究。首先是英国科学家 Forty 在 TEM 下观察到非常漂亮的纳米多孔金结构,孔径及金韧带尺寸大约 20 nm。之后美国科学家 Sieradzki 和英国科学家 Newman 合作,利用现代化的电化学和表面分析技术,实时观察到银原子腐蚀溶解伴随表面金原子扩散成核的过程,并提出脱合金过程的两个关键参数:临界电位和组分阈值[2]。他们认为,只有合金中相对惰性组分的含量低于组分阈值且腐蚀条件对应的反应电化学电位高于临界电位时,脱合金才能持续发生并形成多孔结构。2001 年,美国科学家 J. Erlebacher 采用动力学模拟,从理论上再现了采用脱合金法从金银合金到纳米多孔金的结构演化过程,其提出的(银)溶解-(金)扩散-根切-分叉-粗化的物理模型,能够较好地解释脱合金过程中临界电位和组分阈值等关键因素的相互作用,促使了纳米多孔结构的形成与演化(图 4-2)[3]。

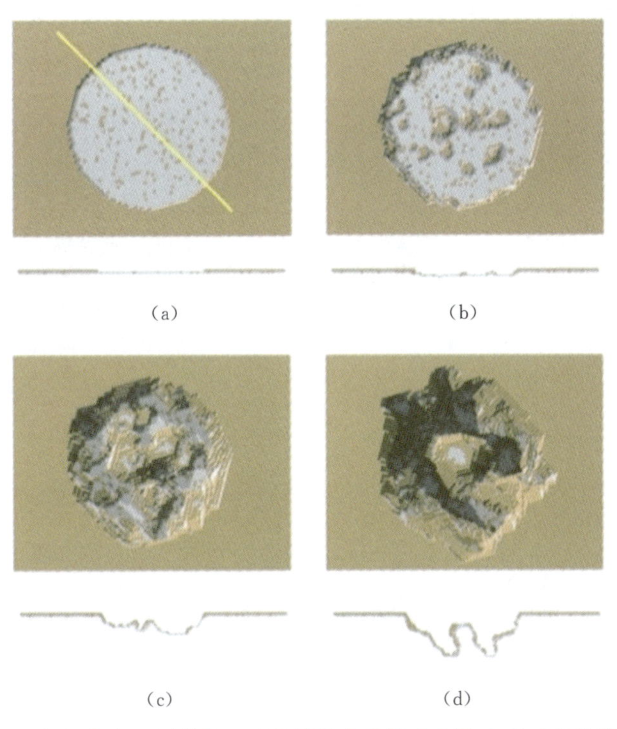

图 4-2　金银合金经历脱合金过程演化生成纳米多孔金的动力学模拟[3]

Erlebacher 等人以金银合金体系为研究对象,对脱合金化过程中纳米多孔结构的形成机理进行了研究[4]。脱合金过程包括银的溶解和金的扩散,银原子在金银合金表面的溶解导致大量的金原子被暴露出来[图 4-2(a)],这些周围没有配位原子或配位原子很少的金原子具有高度流动性,向周围扩散并聚集成金属簇[图 4-2(b)],随着银的腐蚀和金的团聚的进行,合金表面形成凹坑并逐渐穿透整个合金,从而形成富金的多孔骨架[图 4-2(c)],新腐蚀出来的金原子会扩散到富金的骨架上,进一步增加凹坑也就是增大孔的直径,并最终形成一个三维的多孔结构[图 4-2(d)]。因此,控制银溶解和金扩散的速率可调控多孔金的孔径和孔壁尺寸。进一步拓展到其他合金体系的脱合金化过程,金属纳米孔的形成包含着活泼元素在反应液的溶解、扩散及惰性原子在保持最低自由能时呈现的界面原子重组的双重过程[5]。一方面体系中活泼组分的不断溶解导致材料表面不断粗化,表面积持续增加;另一方面惰性原子的表面扩散逐渐聚集,倾向于形成平滑表面而降低材料的表面积和总能量。因此,纳米多孔金属孔结构的形成是两种机制动态竞争平衡的结果,而且其本身就是一个亚稳结构[6]。

随着人们对脱合金过程的了解以及纳米多孔金属一些新颖特性的发现,脱合金法被广泛应用于纳米多孔结构金属、合金及其衍生材料的制备,且针对该类型材料的功能化应用研究也逐步展开。2004 年,Ding 以脱合金商用金银合金箔制备的纳米多孔金薄膜为研究对象(图 4-3),对其进行表面功能化修饰并探索了该类材料在催化、新能源等领域的应用研究。随后,采用脱合金法制备的纳米多孔金属(如 Au、Pt、Ag、Pd 等)、合金(如 PtCu、PtTi、PdCu 等)等材料体系的研究得到蓬勃发展,并拓展到力学、热学、传感、能源、环境等领域[7]。

(a)金银合金箔的实物照片

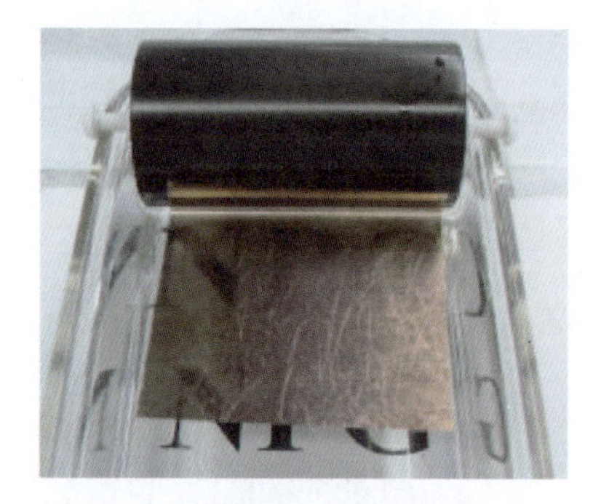

(b)在硝酸中处理后的光学照片

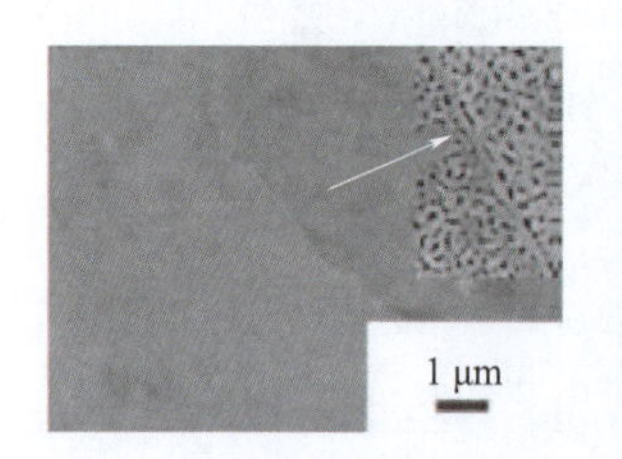

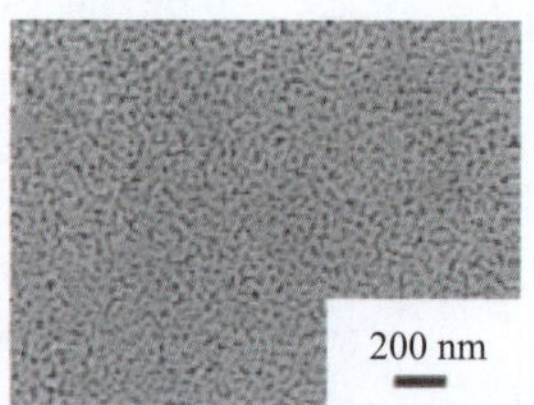

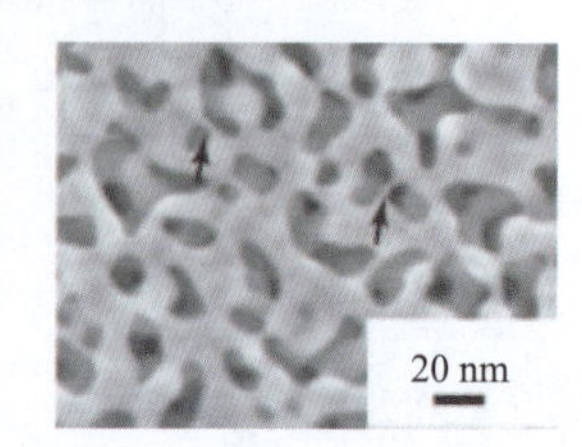

(c)在硝酸中处理后的扫描电子显微镜照片

图 4-3　金银合金箔制备纳米多孔金薄膜[7]

总的来说，脱合金法已被认为是获得纳米多孔金属的普适性技术，主要包括合金原材料的设计与制备、脱合金这两个过程。通过对脱合金过程及后续处理过程的调整实现对孔隙尺寸和空间排布的动态控制。因此，在材料体系、宏观形态、微观结构等方面具有灵活可控的特点，可满足不同的应用需求[8]。

4.1.1.1　合金原材料的设计与制备

基于纳米多孔结构的形成和演化机理，一般来说，以化学脱合金为主要作用机制的前驱体合金需满足以下几个条件：

(1)金属组分电化学活性不同，待保留组分比较惰性，而其他组分相对活泼，活泼组分与惰性组分溶解所需的电极电势相差几百毫伏。

(2)活泼组分占合金的主要部分，惰性组分的含量要低于其组分阈值。

(3)具有均匀的合金相结构是获得孔径均一的纳米多孔结构的前提。当然，合理利用合金相结构相分离等特性，能够构筑出具有丰富孔结构的纳米多孔金属。

(4)惰性组分的原子扩散速度要足够快，太慢会阻碍腐蚀进程，从而出现活泼组分被包埋的现象，导致活泼组分不能被完全脱除。

按合金前驱体的组成来分类，Au、Ag 迥异的反应活性、相同的晶相结构和完全互溶的合金相，促使采用脱合金法从金银合金制备纳米多孔金是目前研究最多的模型体系。除金银合金体系外，其他合金前驱体还包括 Al 基、Zn 基、Mg 基、Mn 基、Cu 基和 Ni 基合金等[9]。按合金前驱体的晶相结构来分类，一类是具有确定晶相结构的固溶体或金属间化合物，他们是常用的制备纳米多孔金属的前驱体材料，单一晶相的固溶体或金属间化合物可用于制备均一的纳米多孔结构，而多相混合的原材料可用于设计多尺度的纳米多孔结构如多级孔等；另一类是无定形的非晶合金。成分单一、多组分但无晶界的非金合金多用于构筑多组分的纳米多孔结构电催化剂，如 Pd 基合金、Ag 基合金等。

目前用于制备合金前驱体的方法很多，宏观材料的制备方法主要包括熔炼-铸造、熔炼-甩带、高能球磨、磁控溅射等。其中，熔炼-铸造法可根据选择不同的模具来制备棒状、立方体等合金材料，熔炼-甩带法用来制备厚度几十微米的带状材料，高能球磨法用来制备尺寸为几微米的颗粒材料，磁控溅射法多用于制备厚度在几纳米以上的薄膜材料。微观材料主要是纳米合金颗粒，常规的纳米材料合成方法如化学合成法等都可用来制备纳米合金颗粒[10]。

以常用的“熔炼-甩带-脱合金”工艺为例(图 4-4)，若合成纳米多孔 AB 合金，可选用高纯金属 A、B 及易腐蚀金属(常用 Al、Mn 等)，根据相图确定金属比例，将金属放置于熔炼炉中熔炼形成熔融合金，将熔融合金浇筑到高速旋转的铜辊上形成组分为 Al＋A＋B 的合金条带，最后在合适的腐蚀液中选择性去除活泼金属，经过清洗后获得纳米多孔 AB 合金。

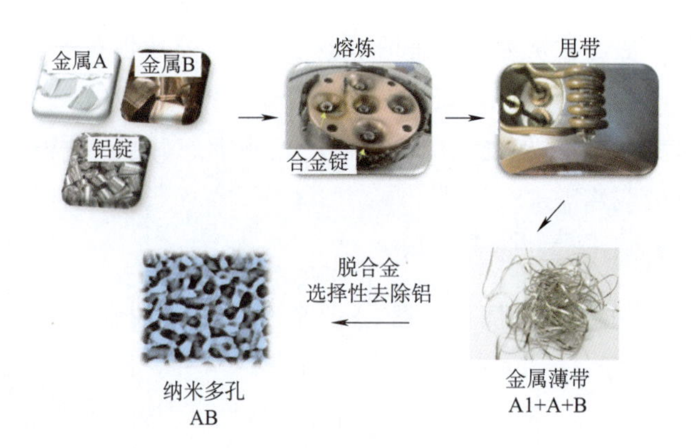

图 4-4 熔炼-甩带-脱合金工艺路线图

4.1.1.2 脱合金工艺

近年来脱合金研究得到了广泛的关注,很多新的材料体系和方法被报道。按其机理可分为化学脱合金和物理脱合金(图 4-5),下面将分别进行介绍。

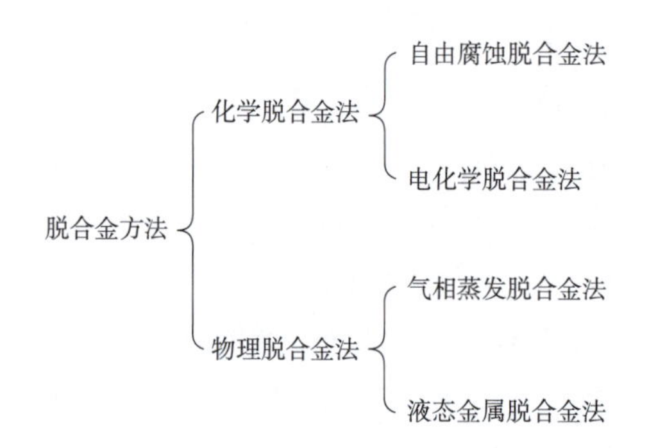

图 4-5 脱合金工艺的分类

1. 化学脱合金法

化学脱合金法也称为自由腐蚀脱合金法(free corrosion),是目前应用最广的制备纳米多孔金属的方法,其合金前躯体中较活泼金属与腐蚀溶液发生化学反应溶解,保留的惰性金属形成纳米多孔结构[11]。以制备纳米多孔金为例,其基本工艺流程为:首先,根据需要将金银合金箔片剪成适当大小,依次在丙酮、水中超声去除表面油污后备用;然后,在结晶皿中倒入腐蚀液(浓硝酸),置于恒温槽中加热至恒定温度;随后,将金银合金箔片转移至浓硝酸中恒温腐蚀一定时间;最后,将脱合金产物取出并用水多次清洗后即可获得纳米多孔金。

电化学脱合金法(electrochemical dealloying)是通过外加电位氧化溶解合金前躯体中的较活泼金属,从而获得纳米多孔金属材料的方法。该过程中合金前躯体发生失电子氧化反应、对电极表面发生的电子还原反应,反应进程符合电化学反应动力学规律[12]。在基础研究中,电化学脱合金法通常采用电化学工作站控制,在三电极体系中实现脱合金过程;而在规模化应用过程中,则可以用简单的双电极电解池来实施。以典型的三电极体系脱合金过程为例，合金前驱体作为工作电极，合适的电解质溶液为媒介，按照体系不同可选择酸性（硝酸、高氯酸等）、碱性（氢氧化钠、氢氧化钾等）、中性（硝酸钾等），甚至有机电解液，对电极和参比电极通常选取在电解质中相对惰性和稳定的电极材料，利用电化学工作站控制脱合金电位并监视脱合金过程中的电流变化，进而判定腐蚀反应进程。最后，将工作电极产物进行多次清洗即可获得纳米多孔金属[13, 14]。与化学脱合金法相比，电化学脱合金法可调控参数更多，更容易实现对产物微观结构的可控设计。

化学脱合金过程中，腐蚀溶液成分、反应温度、反应时间和外加电压[15]等工艺参数对纳米多孔金属微观结构的形成产生显著影响。

（1）腐蚀溶液成分

腐蚀溶液的成分主要根据合金前驱体成分和目标产物结构需求来选择。一般而言，若保留反应活性比较低的金属，如贵金属 Au、Pt 等，前驱体中用于溶解脱除的活泼金属的选择范围比较广，腐蚀溶液的选择范围也一样，酸性、碱性或中性溶液中化学或电化学脱合金均可；若保留比较活泼的金属，如 Fe、Cu、Ni 等，多选择 Al 或 Mg 等较为活泼的金属元素作为其合金前驱体中的待脱除组分，通过在碱性或弱酸性溶液中实施脱合金以制备目标材料[16]。此外，腐蚀溶液的浓度和添加剂也对脱合金化进程和产物结构产生影响。腐蚀溶液的浓度影响活泼金属的溶解速度，添加剂的种类影响活泼金属的溶解速度或惰性金属的扩散速度。以纳米多孔金的制备为例，在腐蚀溶液中加入少量卤素离子可显著增大产物多孔金的孔径和韧带尺寸。因为卤素离子如 Cl^-、Br^-、I^- 等与金表面原子有强吸附作用，在氧化条件下可促使金原子腐蚀溶解，而所形成的配合离子又可被合金中的活泼元素置换还原回单质金，所以表观上加速了金原子的扩散。

（2）反应温度

脱合金过程中，反应温度对活泼金属的溶解速度和惰性金属的扩散速度都有影响。一般来说，反应温度越低，脱合金过程中贵金属元素的表面扩散速度越慢，残余活性元素的含量越高，韧带/通道的尺寸越小，但是不同金属对温度的依赖程度不同。因此，可利用低温脱合金来制备尺寸较小的纳米多孔金属[17]。例如，可在低温下制备孔径为 7 nm 的纳米多孔金，显著小于室温下制备纳米多孔金的孔径（30 nm）。$Au_{40}Cu_{28}Ag_7Pd_5Si_{20}$ 非晶合金条带在 20～90 ℃ 10 $mol \cdot L^{-1}$ 硝酸中的腐蚀行为表明，所形成的纳米多孔金基合金的孔隙尺寸也显示出明显的温度依赖行为（图 4-6）[18]。此外，加入低扩散系数的第三元素（如 Pt）可以显著抑制脱合金过程中温度诱导的韧带/通道粗化过程。

脱合金过程中，除了反应温度影响产物的形貌与结构外，对其产物进行退火可进一步调节纳米多孔金属的成分、形貌和微观结构。早在 1992 年，Sieradzki 就报道了退火能诱导纳米多孔金的粗化。目前，退火仍然是将纳米多孔金属的韧带/通道粗化至不同尺度的常用方法。由于退火过程主要影响材料的表面扩散速率，因此，该过程只导致韧带/通道的粗化，并未改变纳米多孔金属的拓扑结构，最终得到的是一个自相似的纳米多孔金属结构。由此可

(a)10 mol·L^{-1} 20 ℃　(b)10 mol·L^{-1} 40 ℃

(c)10 mol·L^{-1} 70 ℃　(d)10 mol·L^{-1} 90 ℃

图 4-6　$Au_{40}Cu_{28}Ag_7Pd_5Si_{20}$ 非晶条带在不同温度硝酸中脱合金后的微观形貌[18]

见,结合化学脱合金法和退火工艺可以制备具有特定结构的纳米多孔金属,如多级孔结构纳米多孔金[19]。

(3)反应时间

从脱合金法制备纳米多孔金属的反应进程来看,随着反应时间的延长,合金前驱体首先被腐蚀出凹坑,然后被腐蚀穿透,最后是包埋的活泼金属暴露并被完全溶解脱除。整个脱合金过程中,孔径逐渐增大。因此,不同的反应时间对应着不同的组成和微观结构。此外,活泼金属完全脱除后,随着反应时间的增加,惰性金属扩散继续进行。图 4-7 显示了 12 K 金银合金箔(w_{Au}∶w_{Ag}=1∶1)在硝酸中,其表面及截面多孔结构及韧带尺寸随腐蚀时间变化的图像,孔径增大并伴随韧带粗化[7]。

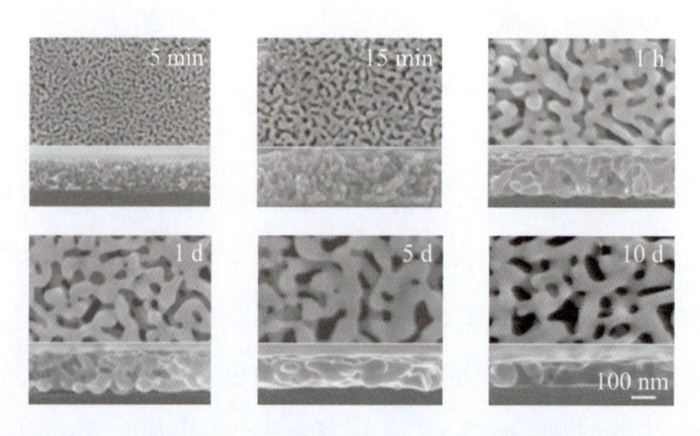

图 4-7　金银合金脱合金产物随时间变化关系[7]

(4)外加电压

电化学脱合金过程中,外加电压的取值范围和施加方式对纳米多孔结构的形成产生重要影响。一般来说,为了驱动活泼金属的选择性溶解,外加电压应高于活泼金属腐蚀的临界电位,并低于惰性金属的腐蚀电位。外加电压越高,脱合金过程进行得越快,所需反应时间越短,但快速反应过程难以控制,产物容易产生裂纹和缺陷。因此,外加电位的选择需要平衡脱合金速率和产物微观结构的需求[20]。

2. 物理脱合金法

物理脱合金法是通过单纯的物理过程(如溶解、蒸发等)而不是化学反应脱除合金前驱体中的金属组分来制备纳米多孔金属的方法。对于一些反应活性比较高的金属元素或是反应活性相当的金属,可采用此方法进行制备。由于物理脱合金法的反应工艺比较苛刻,相关研究比较少。目前,已开展的物理脱合金法包括气相蒸发脱合金法和液态金属脱合金法。

气相蒸发脱合金法是利用合金中组成元素之间的蒸气压差,通过施加一定的分蒸气压选择性地去除某一组分,从而形成纳米多孔结构(图 4-8)[21],因此该方法的主要影响因素是温度。气相蒸发脱合金一般在气氛保护的负压管式炉中进行,为了防止金属被氧化往往需要通入氢气。例如,高温处理黄铜(CuZn 合金)可选择性蒸发脱除 Zn 元素从而制备出纳米多孔 Cu。与其他脱合金方法相比,该方法对合金原材料中元素种类、化学活性等没有限制,适用范围更广,且蒸发的组分可以回收再利用,但是,其孔径受高反应温度的影响,一般较难维持在百纳米以下,较为适合规模化制备在微米尺度的多孔金属材料。

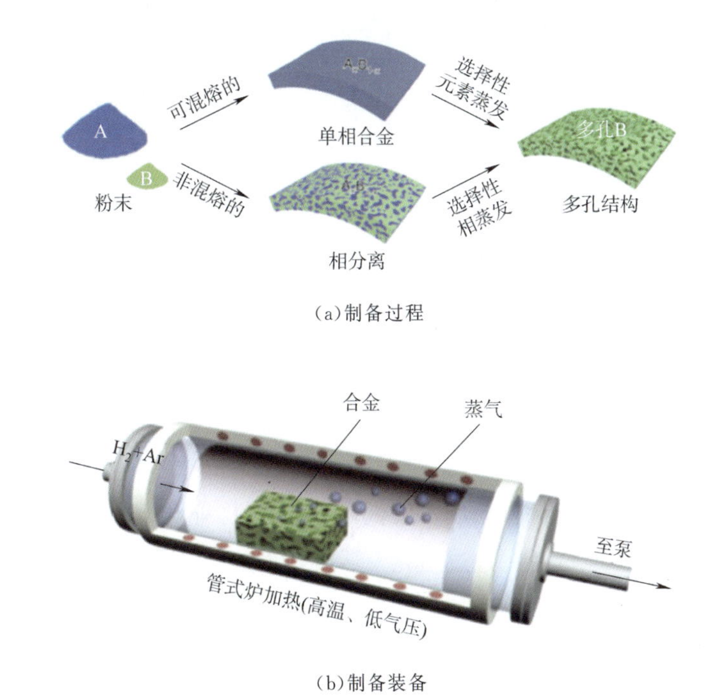

(a)制备过程

(b)制备装备

图 4-8　气相真空脱合金制备纳米多孔金属过程和装置示意图[21]

液态金属脱合金是采用金属熔体作为腐蚀液替代水系腐蚀溶液，利用合金前驱体中不同金属元素与金属熔体元素相互作用（主要是固溶度或合金化）的差异，使特定组分从合金前驱体中析出，剩余部分自组装形成纳米多孔结构的过程，其作用方式十分类似于化学中的萃取过程。迄今为止，采用液态金属脱合金法已成功制备出纳米多孔 Ti、Cr、Fe、Si、Nb 及 TiZrCr 合金等材料，通过调整反应温度和反应时间，孔径可以小至 100 nm 左右。图 4-9 为以熔融 Cu 为腐蚀液在 1 100～1 400 ℃高温下对 TiTa 合金进行脱合金的过程，与 Ti 相比，Ta 元素更易溶解于 Cu 形成高固溶度合金，客观上实现了 Ta 元素在 TiTa 合金中的脱出，通过降温后腐蚀掉 TaCu 相关组分可以获得多孔结构的 Ti[22]。当然，目前该方面的研究更多处于基础研究的范畴，其工艺涉及的高温条件以及后续需要大量的腐蚀液等问题都将影响其实际应用。

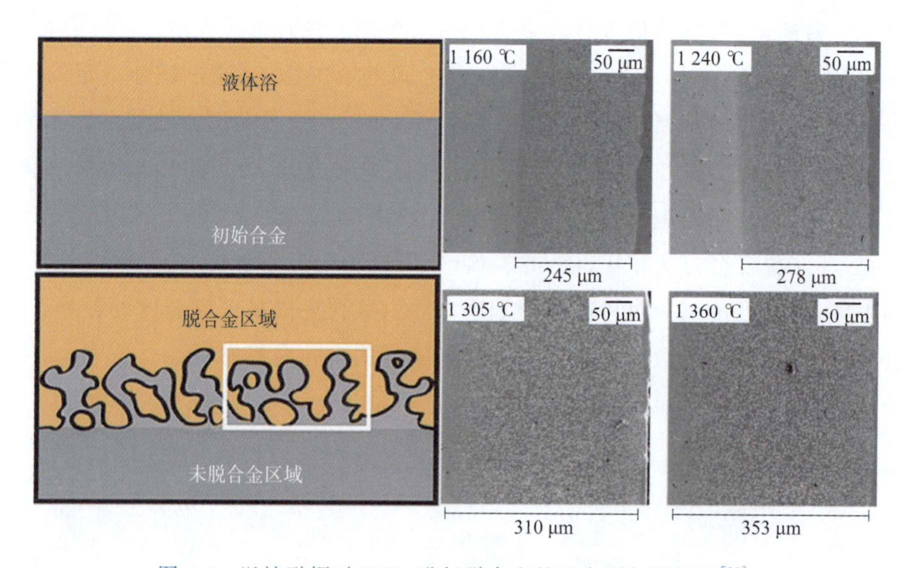

图 4-9　以熔融铜对 TiTa 进行脱合金的示意图与结构图[22]

为了解决高温液态金属脱合金法存在的问题，Zhang 等人发展了以室温液态金属镓（Ga）进行脱合金的方法，能够在温和条件下对金属表面进行图案化改性（图 4-10）[23]。然而，液态金属 Ga 或 Hg 难以浸润绝大多数金属，因此该方法的拓展有待于更加深入地研究。

总而言之，采用脱合金法制备纳米多孔结构金属、合金及其衍生物已发展得比较成熟。常用的化学脱合金法，操作过程简单，成本较低，易于实现工业化，且所得纳米多孔结构比表面积高、结构均匀，还可以通过对腐蚀过程以及后续热处理工艺的控制实现对产物孔径及其三维结构的控制。

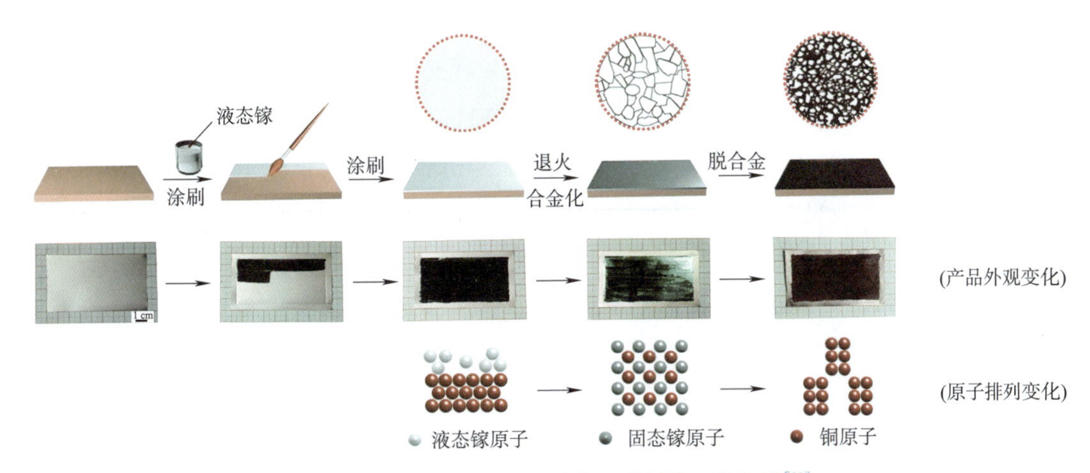

图 4-10　以液态金属 Ga 为脱合金试剂的工艺路线[23]

4.1.2　模板法

模板法是指将具有纳米结构、形状容易控制、价廉易得的物质作为模板，通过物理或化学的方法将目标组分沉积到模板的孔中或表面，去除模板后即可得到具有模板形貌与尺寸的纳米多孔材料。作为一种常用的纳米多孔材料制备方法，模板法与普通制备方案的主要区别在于，材料形成过程在有效控制的区域内进行。因此，模板法可精确控制纳米材料的形貌结构。根据模板自身的特点和限域能力的不同，模板法又可分为软模板法和硬模板法两种。二者的共性是均能提供一个有限大小的反应空间，区别在于前者提供的是处于动态平衡的空腔，物质可以透过腔壁扩散进出；后者提供的是静态孔道，物质只能从开口处进入孔道内部。

4.1.2.1　软模板法

软模板法最早是指以两亲分子，即同时具有亲水性和亲脂性这两种性质的化合物分子，形成的各种有序聚合物为结构导向剂，如液晶、胶束、微乳状液、囊泡、LB 膜、自组装膜等，制备无机多孔材料的方法。该方法被广泛用来制备具有有序孔结构的介孔二氧化硅、分子筛、金属氧化物和碳等多孔材料。根据模板材料的不同，通常有溶致液晶和嵌段共聚物两大类。近年来发展出的氢气泡动态模板法则采用了与上述两亲分子不同的作用机制。

1. 溶致液晶模板法

某些物质在熔融或溶解后，尽管失去固态物质的刚性，却获得了液体的流动性，并保留着部分晶态物质分子的各向异性有序排列，形成一种兼有晶体和液体性质的中间态，这种由固态向液态转化过程中存在的取向有序流体称为液晶，其中溶致液晶（lyotropic liquid crystal，LLC）常用作软模板合成各类无机纳米多孔材料。

LLC 的结构排列长程有序，晶格参数可从几到几十纳米范围内周期性变化。在 LLC 模板中，随着表面活性剂浓度的增加，其结构逐渐从溶液(L1)的立方相(Ⅱ)、六方相(HI)、双连续立方相(Ⅵ)、层状相(Lα)等变为胶束相(L2)[24]。通过改变反应液的组成即可获得各种各样的多孔结构。因此，LLC模板法是一种通用的制备纳米多孔金属的方法。与胶体晶体模板相似，该方法也常通过电化学或化学还原将金属沉积到LLC模板中[25]。此方法的优点是表面活性剂在大小和组成上具有可变性，构成了多种LLC模板，允许在孔隙大小、形态和三维分布方面对多孔结构进行合理设计。目前，采用该方法已经成功制备出多种金属和合金的纳米多孔材料，如Pd、Co、Ni、Sn、Cd、Sn、Pt-Ru、Pt-Pd[26-28]。

2. 嵌段共聚物模板法

嵌段共聚物(block copolymer)是将两种或两种以上性质不同的聚合物链段连在一起制备而成的一种特殊聚合物。利用嵌段共聚物的自组装行为可获得不同结构的模板，然后通过沉积的方式将聚合物模板金属化，最后通过使用聚合溶剂或牺牲支架的热降解法去除模板，获得纳米多孔金属材料[29]，制备工艺流程如图4-11所示。常用的嵌段共聚物有聚苯乙烯-聚异戊二烯(PS-b-PI)[30]，聚苯乙烯-聚丙交酯(PS-b-PLLA)[31]，聚苯乙烯-甲基丙烯酸甲酯(PS-b-MMA)[32]，聚环氧乙烷-聚甲基丙烯酸甲酯(PEO-b-PMMA)[33]等，采用该方法已成功制备出双螺旋纳米多孔镍等。

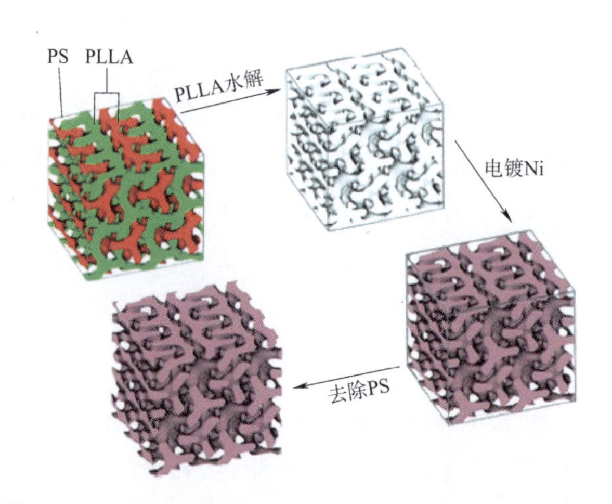

图4-11　以嵌段共聚物为软模板合成多孔金属的示意图[31]

3. 氢气泡动态模板法

氢气泡动态模板法是利用氢离子(H^+)电化学还原得到的氢气泡作为动态模板来制备多孔金属的一种方法，其主要原理为：电化学沉积过程中，阴极极化达到一定程度时，基底附近发生剧烈的析氢反应，生成的H_2不断向上排出产生大量的气泡，这些气泡滞留在沉积层中占据一定的位置，形成一定数量的孔，而目标金属离子在孔隙间还原并沉积，从而获得具有多孔结构的金属材料[34]。制备过程中，金属纳米颗粒在H_2气泡的孔隙中沉积生长，相互连结形成大孔薄膜，不需要去除模板，简单易行。但是，该方法仅适用于制备一些具有低析氢过电位和平衡电势的金属，如镍、铜、锡、银、金、铂等金属及其合金[35-39]。

4.1.2.2　硬模板法

硬模板主要采用共价键维系的刚性模板，如具有不同空间结构的高分子聚合物、阳极氧化铝膜、多孔硅、金属模板、天然高分子材料、分子筛、胶态晶体、碳纳米管等。与软模板相比，硬模板具有较高的稳定性和良好的空间限域作用，能严格地控制纳米材料的大小和形貌，但硬模板结构比较单一，因此用硬模板制备的纳米材料的形貌通常变化也较少。有序胶体晶体、介孔硅、阳极氧化铝、泡沫金属等常被用作硬模板来制备纳米多孔金属材料(图 4-12)[40]。

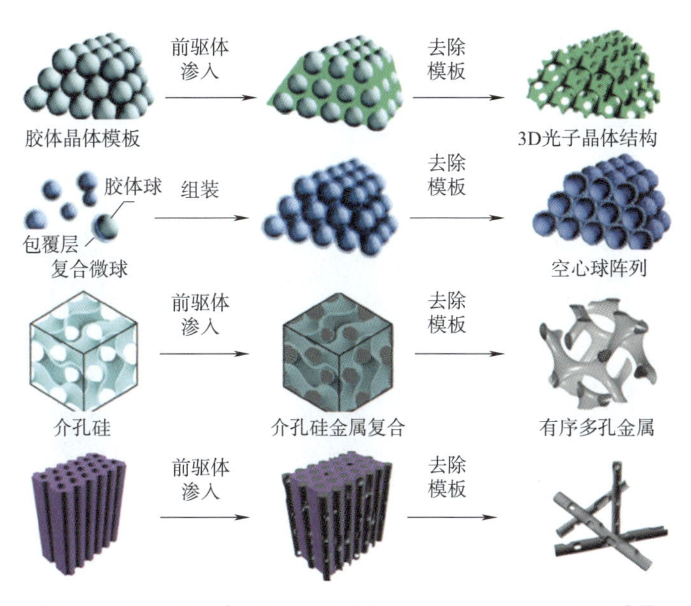

图 4-12　几种典型的硬模板制备纳米多孔金属的工艺流程[40]

Bartlett 等人以有序胶体晶体为模板，通过电化学沉积到金电极上自组装的聚苯乙烯胶乳球形成的模板间隙中，制备了高度有序的具有规则排列的直径为 0.40 μm、0.70 μm 或 1 μm 的球形多孔铂、钯和钴膜，然后以有机溶剂将聚苯乙烯球完全洗涤除去，从而在金属膜内留下高度周期性、六方密排堆积的相互连接的单分散球形孔网络，其尺寸由聚苯乙烯胶乳颗粒的直径决定[41]。Chen 等人系统地总结了利用各类模板法合成纳米多孔金属的技术，能够获得各类具有周期性结构的纳米多孔金属材料[42]。Masuda 等人以阳极氧化铝为模板，通过两步法复制阳极多孔氧化铝的蜂窝结构，制备出高度有序的金属纳米孔阵列(铂和金)[43]。Kiani 提出了一种以电化学沉积的纳米多孔铜为模板来制备纳米多孔金属(Ag 和 Pd)的快速绿色的方法[44]。Wang 等人以 3D 双连续介孔硅(KIT-6)和 2D 中孔硅(SBA-15)为硬模板，通过抗坏血酸的化学控制还原成功制备了形状和大小均一的中孔单晶 Pt 纳米颗粒[45]。

4.1.3 其他制备方法

除了上面介绍的常用制备方法外，金属盐还原、高温熔融盐、燃烧、高温自蔓延、固-气共晶凝固等技术也被用来制备纳米多孔金属。Chen 等人开发了一种以金属盐还原获得纳米多孔金属材料的方法，结合氯化钠模板法还可获得多级孔纳米多孔金属，该方法不使用腐蚀性脱合金试剂，是一种较为绿色的合成方法（图 4-13）[46]。Pei 等人采用金属盐氢还原法成功制备孔隙大小和韧带大小分布可控的拓扑无序金属多孔结构，孔径从几十纳米到微米不等[47]。

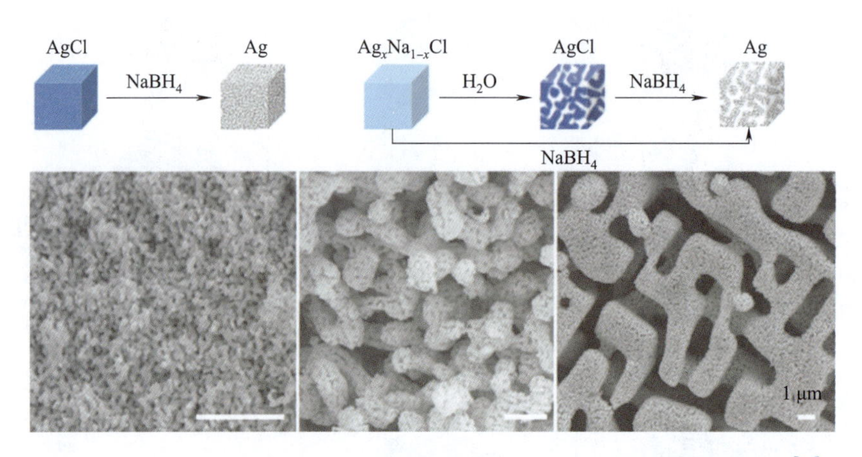

图 4-13 以 AgCl 为前驱体，经过氧化还原反应获得纳米多孔银及多级孔银[46]

4.2 纳米多孔金属体系

经过近 20 年的系统研究，纳米多孔金属材料已成系列化，从最初广为研究的纳米多孔金发展为纳米多孔结构的贵金属（包括单质与合金）、廉价金属（包括单质与合金）、半金属和金属复合材料等。

4.2.1 贵金属

贵金属主要指金、银和铂族金属（铂、钯、铑、铱、锇、钌）等 8 种金属元素。因其原子结构的特殊性，贵金属表现出优异的物理化学性质，成为科学研究和工业领域中功能独特、使用价值高、不可取代的一类特殊金属。

兼具孔径、孔洞三维双连续的纳米尺度微观结构和微米级以上宏观体相材料这一独特优势，使纳米多孔贵金属同时具有高比表面积、低密度和高强度等理化性能，在催化、传感、新能源、精细化工等领域具有广阔的应用前景。针对目前纳米多孔贵金属材料的研究现状，下面将从纳米多孔结构贵金属单质、合金及其表面修饰材料三个方面进行简单介绍。

4.2.1.1　贵金属单质

纳米多孔金(nanoporous gold，NPG)是目前研究最多，也最为广泛的纳米多孔金属材料。作为一种宏观尺度纳米结构材料，其已被探索用于生物传感器、力学、电化学催化等领域。

纳米多孔金主要采用化学脱合金法制备，多选用 Ag-Au 合金作为前驱体，二者可形成单相无限固溶体，脱合金后可形成孔壁、孔径均匀分布的纳米多孔金块体[6]、薄膜[48]、丝[49]等，而且通过控制前驱体合金组成及脱合金工艺可以对纳米多孔金的孔壁、孔径等微观结构进行调整[7]。研究表明，随着 Ag 含量的提高，孔径/孔壁的尺寸比越来越大，但体积收缩现象越来越明显；随着温度的降低，孔壁或孔径减小。室温下获得多孔金的孔径在 30 nm 左右，而电化学脱合金法获得多孔金的孔径在 10 nm 以下。除 Ag-Au 合金前驱体外，还可使用的前驱体有 Zn-Au、Al-Au 和 Cu-Au 等。

Pt 作为燃料电池的主要催化剂，通过改变形貌来提高其催化活性、稳定性及利用率是当前燃料电池领域的重要研究方向。目前，纳米多孔 Pt 的制备方法主要包括脱合金法和模板法。脱合金法制备纳米多孔铂的工艺流程类似于多孔金，原料包括多种 Pt 基二元合金，如 PtAl、PtFe、PtTi 等。由于 Pt 原子扩散速度慢，采用脱合金法制备的纳米多孔 Pt 的孔壁尺寸一般在 5 nm 左右，最低可到 3.4 nm[50]，是见诸报道的脱合金法制备纳米多孔结构材料中韧带尺寸的最小值。模板法制备纳米多孔 Pt 时，可通过所选模板的结构和改变电化学沉积技术来控制其微观结构。Park[51]利用非离子表面活性剂在阳极氧化铝(AAO)膜一维微通道中形成的逆胶束溶液中电镀铂，制备了具有三维纳米孔结构的二维排列铂柱，通过改变电沉积电位，可以选择性地制备管状和圆柱形柱纳米多孔 Pt。

其他纳米多孔贵金属单质包括 Pd、Ag 等，多采用脱合金法(强碱溶液或强酸溶液)进行制备，前躯体主要是 Al 基、Cu 基等二元合金。纳米多孔 Pd 一般用于精细合成的催化剂、传感器或储氢材料，而纳米多孔 Ag 多用于碱性体系电催化、表面增强拉曼光谱等领域。

4.2.1.2　贵金属合金

纳米多孔金属材料所具有的优异导电性、高比表面积、开孔结构等特性，使其成为天然的优质电极材料。由于合金化是通过改变金属的电子结构、调控催化剂表面分子吸脱附能力，从而获得优异催化活性的重要手段。因此，开发纳米多孔贵金属合金有望获得性能优异的电催化剂。

目前，纳米多孔贵金属合金以 Pt 基合金为主，用于燃料电池阳极的小分子电氧化催化剂或阴极的氧还原催化剂，合金化可以提高 Pt 催化活性和稳定性、降低 Pt 用量[52]。纳米多孔 Pt 基合金的制备主要为脱合金法，选用 Al 基三元合金为原料，如 PtRuAl、PtCoAl[53]等，在碱性溶液中脱除 Al 元素后获得纳米多孔(PtRu、PtCo)。此外，选用二元合金前躯体采用熔炼甩带法制备的条带或是化学合成法制备的纳米颗粒，通过脱合金法也可获得纳米多孔 Pt 基合金，如 PtNi[54]、PtCu[55]等。纳米多孔 Pd 基合金的研究也比较多，主要作为 Pt 催化剂的替代材料，常用合金化元素包括 Ti、Co、Ni、Cu、Fe 等[56-58]。

贵金属合金不仅具有丰富的电子结构及组分间的协同作用，而且比表面积大、活性位点多，在表面等离子体光学、生物传感、光电催化等领域也有着良好的应用前景。目前，研究人员采用多种制备技术在合成不同结构、组分的多孔贵金属合金方面取得了丰硕的成果，但由于材料表面结构复杂、合金化程度不同、内部孔道处于无序状态等原因，导致材料与目标分子的作用机制并不是非常明确，这些都是纳米多孔贵金属合金亟待解决的问题。

4.2.1.3 贵金属表面修饰

高比表面积、开放的框架结构、可调节的韧带和通道尺寸，使得纳米多孔金可以作为活性材料，用于催化剂或电催化剂；高导电性、稳定的框架结构和反应惰性，决定了纳米多孔金也可作为基底来开展功能化修饰研究[59]。研究表明，纳米多孔金的韧带表面布满台阶或纽结结构，与纳米颗粒表面多是低配位原子不同，纳米多孔金表面低配位与高配位原子皆占据重要比例，在多种类型反应体系中都有良好体现，如高配位表面铂原子更利于氧还原反应，而低配位表面金原子则适合于高效一氧化碳氧化及二氧化碳电还原反应[60,61]。目前开展的相关研究中，一般以纳米多孔金薄膜作为基底材料，表面修饰方式主要有两大类：一类是将基底材料作为复刻模板，待修饰材料的微观结构尽可能与纳米多孔金表面晶格保持一致，以讨论纳米多孔结构对表面修饰的超薄壳层的影响；另一类是将纳米多孔金作为载体，表面修饰单金属或合金纳米颗粒，利用纳米多孔金属的结构特性，提高活性组分的活性和稳定性[60-62]。

以纳米多孔金作为复刻模板来制备材料的研究中，欠电位沉积结合原位置换法是常用的制备方法。首先是纳米多孔金表面欠电位沉积一个原子层的 Cu、Pb 等，然后通过原位置换生成一个原子层的 Pt 或 Pd 等，该原子层外延生长在基底上，与基底微观结构一致[63]。由于 Au、Pd、Pt、Ag 表面均可发生欠电位沉积现象，因此，该原子层沉积过程可以重复进行，实现在纳米多孔金表面的逐层沉积。如 Y. Ding 等人采用欠电位沉积法在纳米多孔金表面修饰了 PdPt，分析了材料在电化学循环过程中表面结构的演化过程，并最终获得性能优异的氧还原催化剂[64]。

以纳米多孔金为载体制备的材料主要用于燃料电池电催化剂。利用纳米多孔金薄膜的纳米尺度宏观材料特性，随机分布的孔洞有利于传质，连续的金属韧带加速电子传递和收集，超薄的薄膜有助于降低催化层的厚度，从而显著提高电池的性能。一般采用电化学沉积法在纳米多孔金表面修饰贵金属纳米颗粒，根据修饰金属的种类选择脉冲恒电位法、线性扫描伏安法等方法进行电化学沉积。如在纳米多孔金薄膜表面修饰 PtBi 纳米颗粒可用于直接甲酸燃料电池的阳极，在 Pt 载量只有几微克每平方厘米的情况下，电池性能可达到 80 mW/cm^2，其铂质量催化效率比常规的 Pt/C 催化剂提升 1～2 个数量级[65]。

总而言之，目前有关纳米多孔贵金属的研究主要集中于 Au、Pd、Pt、Ag 及其合金。由于制备工艺成熟及良好的铸造性能，Au 基材料的研究最为广泛，包括热学、力学、电学、催化、传感等领域；针对 Pd、Pt 和 Ag 基材料的研究多集中于电催化方向，以应用于燃料电池、超级电容器、二次电池为目标方向。

4.2.2　廉价金属

与贵金属的相对惰性不同，廉价金属或称贱金属比较容易被氧化或腐蚀，通常情况下与稀盐酸即可反应生成氢气，如铁、镍、锌等。因此，纳米多孔廉价金属的制备需避开酸性体系，多以 Al 基合金为原料，通过碱性体系腐蚀去除 Al 来获得目标产物，也可选用其他制备方法如物理脱合金法——高温低真空热蒸发法等。目前，已成功制备的纳米多孔廉价金属主要有 Cu、Sn、Al、Mg 等。

纳米多孔铜：铜基合金的脱合金化是一种常用的制备纳米多孔铜的方法。1999 年，Smith 以 $CuAl_2$ 合金在 NaOH 溶液中腐蚀掉 Al 制备了雷尼铜，并研究了腐蚀过程的动力学行为[66]。2006 年，Hayes 等人系统研究了 MnCu 合金在盐酸、柠檬酸、硫酸、硫酸铵等腐蚀液中的腐蚀行为，制备了不同孔径的纳米多孔铜(图 4-14)[67]。也有研究人员以商用黄铜箔(Cu-Zn 合金)为原料，在温度为 500 ℃下蒸发 0.5 h 制造出均匀孔结构的多孔铜，用作锂离子电池集流体，可有效抑制锂枝晶的生长并减轻锂金属阳极在循环过程中的巨大体积变化对电极性能的损害[68]。此外，采用电化学脱合金、电化学沉积及磁控溅射等手段均可制备纳米多孔铜。目前，纳米多孔铜主要用于电化学传感器、超级电容器、锂离子电池、催化、电催化等领域。

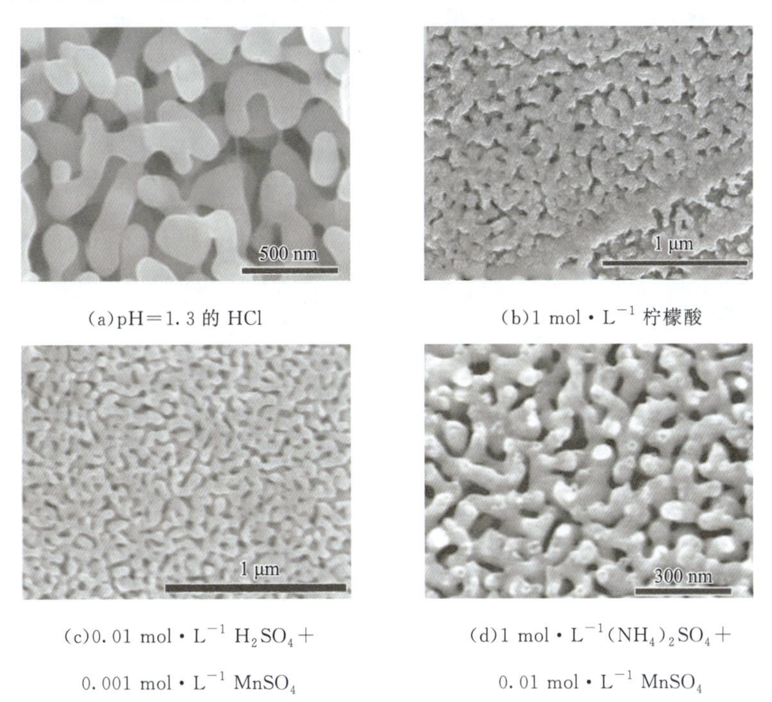

(a)pH=1.3 的 HCl　(b)1 mol·L^{-1} 柠檬酸

(c)0.01 mol·L^{-1} H_2SO_4+0.001 mol·L^{-1} $MnSO_4$　(d)1 mol·L^{-1} $(NH_4)_2SO_4$+0.01 mol·L^{-1} $MnSO_4$

图 4-14　在各种体系中腐蚀 MnCu 合金所获得的纳米多孔铜 SEM 图[67]

纳米多孔锡及其合金：2017 年，Tolbert 等人从 SnMg 合金中高温（700 ℃）蒸发部分镁形成纳米多孔 $Sn_{15}Mg_{85}$ 合金[69]，该材料具有分层韧带形态，其韧带和孔径分布在 100～300 nm，是一种很好的锂离子电池的高性能负极材料。2018 年，Liu 等人以 $Cu_{17}Sn_7Al_{76}$ 三元合金条带为前驱体，在碱溶液中进行脱合金处理获得了三维多孔 CuSn 材料[70]，其孔径约为 30 nm（图 4-15）。多孔 CuSn 合金主要用作电极材料，其多孔结构可促进电解质在电极内的渗透并缓解体积膨胀对电极造成的应力，材料中 Cu 骨架可改善整体复合电极材料的电导率。

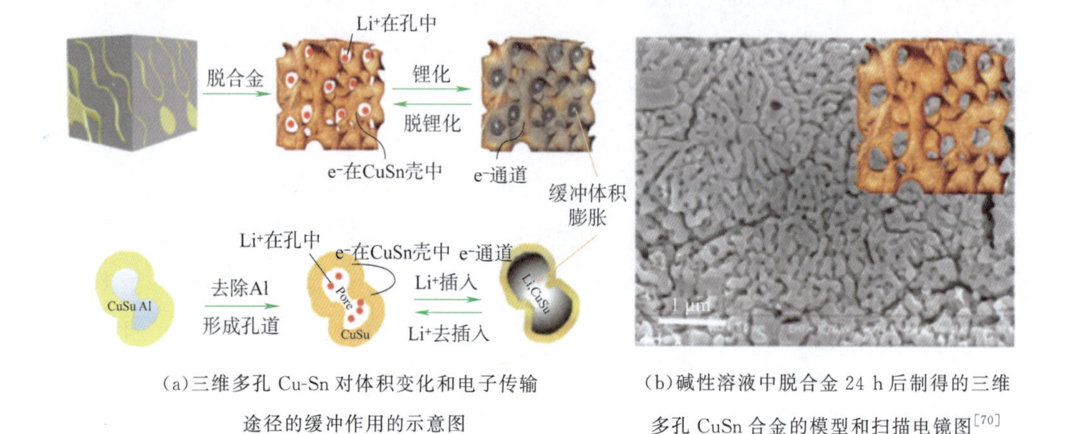

（a）三维多孔 Cu-Sn 对体积变化和电子传输途径的缓冲作用的示意图

（b）碱性溶液中脱合金 24 h 后制得的三维多孔 CuSn 合金的模型和扫描电镜图[70]

图 4-15　碱溶液中脱合金获得三维多孔 CuSn 材料

纳米多孔铝：由于具有较低的熔点和高的化学活性，铝常被作为牺牲金属用于制备纳米多孔金属。但是，将其与更为活泼的金属合金化，选用合适的脱合金方法亦可获得纳米多孔铝。Yang 等人将 Al_2Mg_3 合金在 $AlCl_3$ 基离子液体中进行置换反应，获得纳米多孔 Al（图 4-16）[71]；在甲醇的醋酸溶液中对 AlMg 合金进行脱合金去掉部分 Mg，可获得纳米多孔 AlMg 合金[71]；将氧化铝还原也可获得纳米多孔铝[72]。

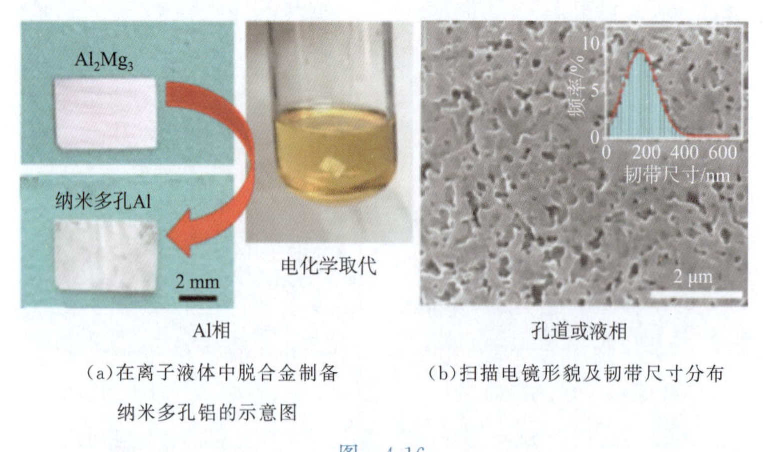

（a）在离子液体中脱合金制备纳米多孔铝的示意图

（b）扫描电镜形貌及韧带尺寸分布

图　4-16

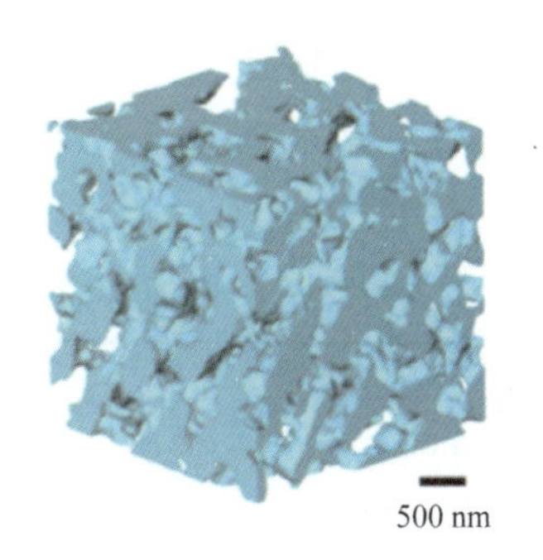

(c)韧带的 X 射线三维重构图　　(d)孔结构的 X 射线三维重构图

图 4-16 离子液体中脱合金制备纳米多孔铝[71]

纳米多孔镁：与 Al 相比，金属镁的活性更高，难以用常规的化学脱合金手段获得纳米多孔镁。Okulov 等人采用 Ti*M*Cu(*M*=Nb，Ta，V，Fe)合金棒在熔融金属 Mg 中脱合金，获得具有富钛相和富镁相互穿的复合材料，接着在氢氟酸中腐蚀掉富钛相获得纳米多孔镁(图 4-17)[73]；Liu 等人采用物理气相沉积方法将金属镁沉积在不锈钢网上也制备了孔径为几微米的多孔镁[74]。

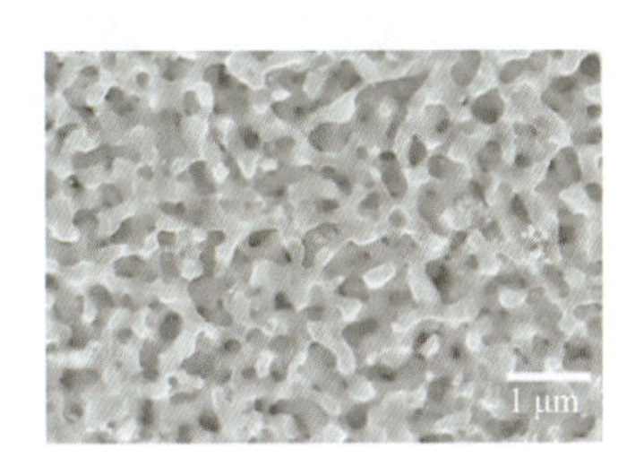

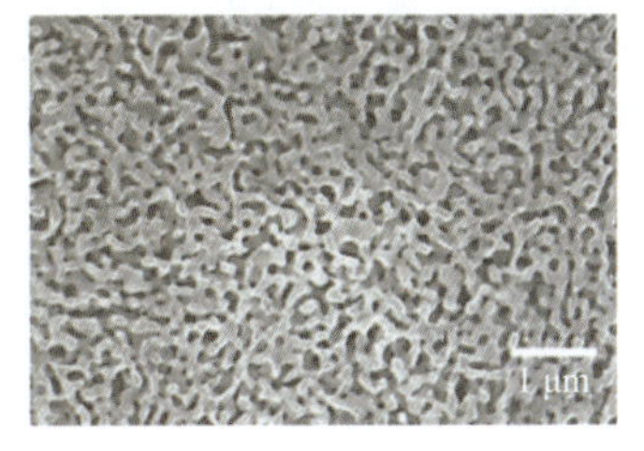

(a) $Ti_{40}Fe_{10}Cu_{50}$　　(b) $Ti_{38.75}Nb_{11.25}Cu_{50}$

图 4-17 条带 $Ti_{40}Fe_{10}Cu_{50}$ 和 $Ti_{38.75}Nb_{11.25}Cu_{50}$ 在 973 K 脱合金 30 s 所获得的纳米多孔镁的微观形貌[73]

4.2.3 半金属

半金属(metalloid)通常指硼、硅、锗、砷、碲、砹和锑，在元素周期表中处于金属向非金属过渡的位置，物理性质和化学性质介于金属和非金属之间。目前，研究比较多的纳米多孔半金属包括 Si、Ge、Sb，制备方法以物理或化学脱合金法为主。

纳米多孔硅：2004 年，Lee 等人从理论上预测了纳米多孔硅将具有优异的热电性能，其 Seebeck 系数是块体材料的两倍[75]。采用高温低真空蒸发法从 Mg_2Si 合金中蒸发低沸点组分镁制备出了纳米多孔硅[76]，材料孔径可通过调节蒸馏温度和时间来控制；采用化学脱合金法从 MgSi 合金中脱除 Mg 可获得纳米多孔硅[77]；利用镁热还原反应将硅藻土(多孔 SiO_2 沉积岩)还原可制备纳米多孔硅[78]；通过硫化辅助的脱合金方法可制备三维多孔 Cu-Si 合金材料[79]。将纳米多孔 Si 用于锂离子电池负极材料，可有效缓解硅负极体积膨胀问题，获得理想的电池容量和寿命。此外,纳米多孔硅在导热[80]、光催化等方面也具有一定的应用前景。

纳米多孔锗:锗属于碳族元素,化学性质与同族的锡与硅相近。Sun 等人采用表面活性剂模板法制备了具有周期孔结构的纳米多孔锗[81]。Kim 等人采用电纺丝法制备了 SiGe 复合纤维,经过锌热还原后获得纳米多孔锗[82]。Cavalcoli 等人采用分子束外延与溅射法制备了纳米多孔锗[83]。Bian 等人以 $Al_{71.6}Ge_{28.4}$ 共晶合金条带为原料,采用化学脱合金法制备了纳米多孔锗[84](图 4-18)。该材料用作锂离子电池负极材料能够很好地适应锂化/脱锂过程中的体积变化,显示出良好的电化学性能。

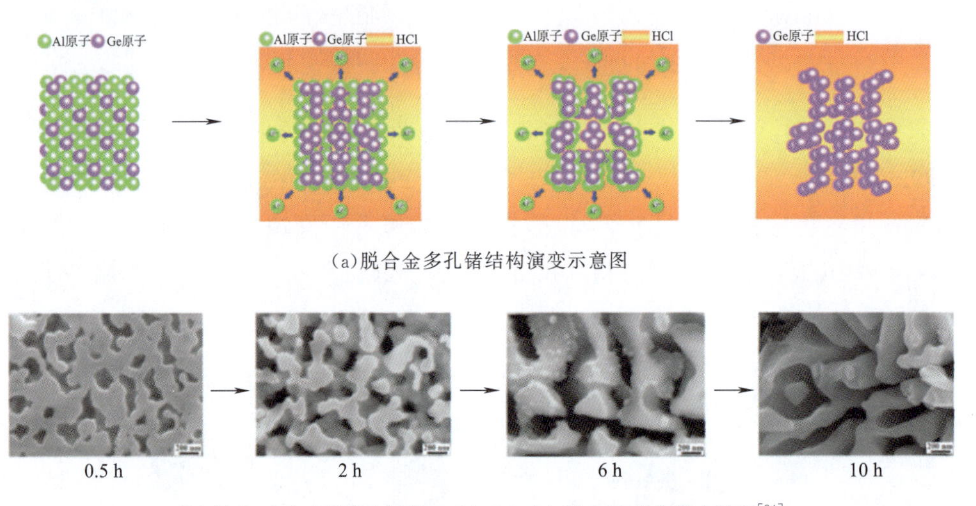

(a)脱合金多孔锗结构演变示意图

(b)Al-Ge 合金在盐酸中浸泡 0.5 h、2 h、6 h 和 10 h 的扫描电镜图[84]

图 4-18　采用化学脱合金法制备纳米多孔锗

纳米多孔锑:以 Al-Sb 合金为前驱体,采用化学脱合金法可制备出具有不同形貌 Sb 颗粒的纳米多孔锑[85],其中,珊瑚状纳米多孔锑在作为钠离子电池负极材料时,表现出高保留容量和倍率。采用高温低真空蒸发法脱除 ZnSb 合金中低沸点锌也可获得纳米多孔锑[86],随着减压蒸馏温度的升高,气孔逐渐融合,材料孔径逐渐增大。纳米多孔锑可有效改善钾离子电池中 K-Sb 合金化和脱合金过程中体积变化过大导致的容量快速下降问题。

4.2.4　金属复合材料

通过调控材料腐蚀条件可制备具有不同尺度孔径的多级孔结构金属材料,探索性能对孔径的依赖关系,在大孔和小孔中分别实现反应过程物质传输与传质功能,提升材料综合性能。在多孔金属表面进行功能层修饰,利用多孔金属基底的高比表面、高通透性与高导电导热的特性,构筑兼具表面修饰层与多孔金属特性的复合材料,在光学、催化及储能等方面均表现出良好的潜力[87, 88]。

纳米多孔金属复合材料的制备过程需要注意以下两个方面的影响:一是纳米多孔金属基底均匀性要好,这样能够保证表面修饰层均匀分布,不出现局部区域的聚集;二是基底与表面修饰层的接触方式,良好稳定的复合材料界面能够确保材料在使用过程中具有较高的稳定性[89]。目前广泛研究与应用的纳米多孔金属复合材料主要包括:多级孔金属材料、多孔金属-半导体复合材料和多孔金属-高分子复合材料等。

4.2.4.1 多级孔金属材料

多级孔金属材料同时包含两种或三种孔结构,如微孔-介孔、微孔-大孔、介孔-大孔、微孔-介孔-大孔等。根据材料应用需求,多级孔结构中的大孔提升对流传质能力,小孔增加反应活性位点与反应物的接触面积,不同尺寸孔结构相互协同提升材料综合性能。近年来,多级孔金属材料因具有高的结构可调控性和独特的性能而受到越来越多的关注[90, 91]。

具有多级孔结构的纳米多孔金(图 4-19)是典型代表。由于材料结构与成分稳定,它也是应用较广、研究最多的多孔金属材料。目前的技术已能成功制备出具有高比表面积和连续均匀的韧带及孔隙的纳米多孔金,韧带宽度和孔的直径均可控制在几十纳米甚至几纳米,比表面积可以达到每克数平方米量级[92]。多级孔结构材料制备过程中,孔径均匀且小尺寸孔的制备受到广泛关注,多种新的孔结构制备技术被广泛研究[93]。

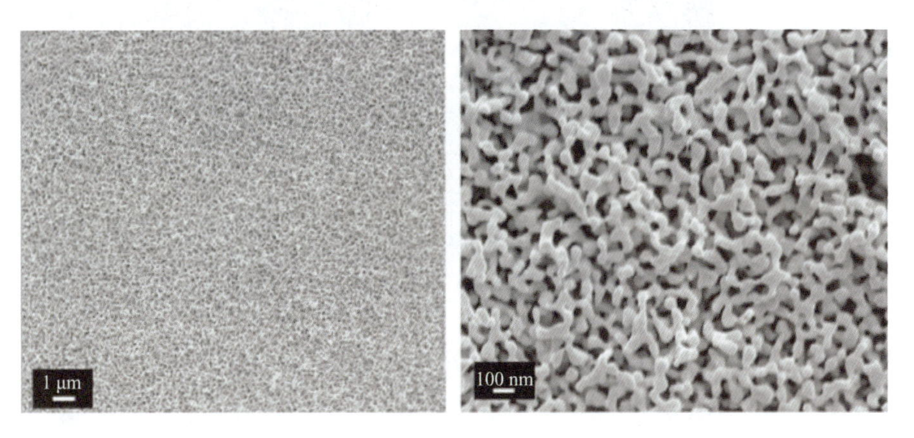

(a)单一孔结构的纳米多孔金

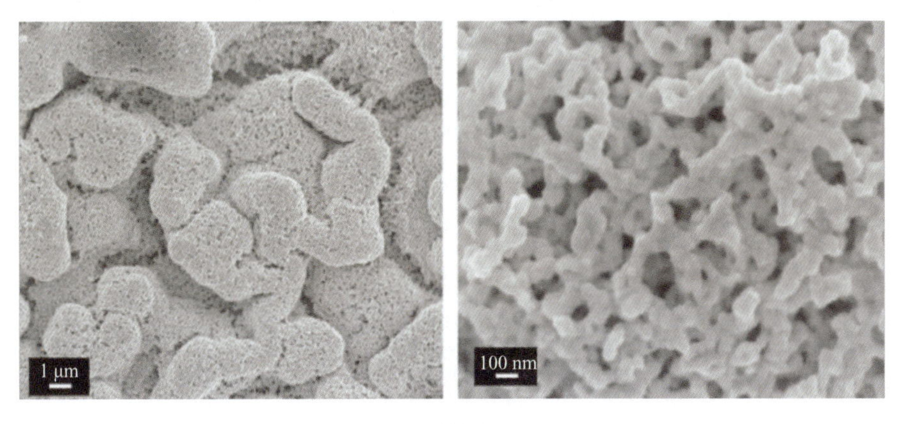

(b)多级孔结构的多孔金

图 4-19　不同结构的纳米多孔金[92]

Ding 等人在 2003 年报道了在粗化的纳米多孔金表面修饰银，结合热处理和后续脱合金过程，可以制造出两种孔道/韧带尺寸的双模结构多孔金。通过控制镀银、热扩散和脱合金等工序，该材料的特征单元尺寸可以在纳米至微米尺度进行调控，且该方法理论上可以用于制备多模结构分级孔材料[19]。Zhang 等人通过在 $SnCl_2/ZnCl_2/BA$ 系统中的多循环电化学共合金化/脱合金工艺，制备了一种具有超高表面积的新型多级纳米多孔金膜电极，所制备的电极上分布着微米级的“岛”，这些微“岛”上还均匀分布着约为 100 nm 的孔，电极的表观粗糙度系数可达 1 250[94]。Zhao 等人运用电沉积法和去模板法制备了多级纳米孔金电极，具有 20 nm 的小孔团簇分布于 1.2 μm 的大孔中[95]。Lee 等人通过自发结晶的方法合成了同时具有纳米和微米级孔结构的多孔金，该材料由具有高度多孔的微丝组成，微丝构成的网络结构具有几十微米大小的孔洞，在微丝上又分布着纳米孔，由此构成多级孔材料[96]。Zhu 等人通过 3D 打印技术制备出 10～100 μm 的宏观孔结构，在此基础上通过脱合金法制出 30～500 nm 的多级纳米多孔金(图 4-20)，该方法还可应用到其他多种分级多孔金属材料的制备[97]。

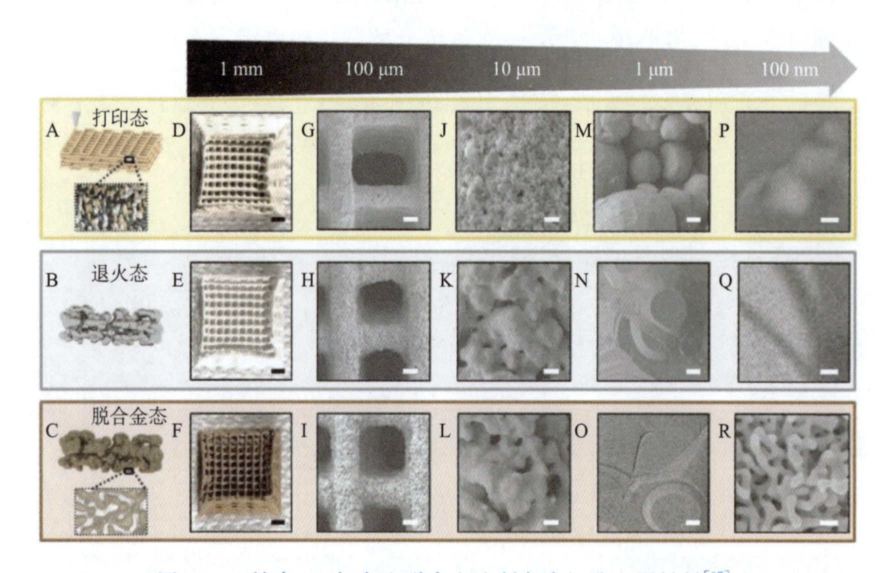

图 4-20　结合 3D 打印和脱合金法制备多级孔金属材料[97]

除了多级孔金外，其他多级孔金属材料的相关开发工作也取得了一定进展。Kong 等人通过烧结法与脱合金法相结合制备出具有多级孔结构的多孔铜材料，通过烧结过程，铜颗粒均匀分布于铝基体中并形成了微米级的孔，再采用脱合金法对铝进行腐蚀，生成微米和纳米尺度的小孔[98]。Zhao 等人通过将铜锌合金进行脱合金的方法制备了同时具有微米(200～450 μm)和纳米(200～450 nm)尺度孔的块状多孔铜(图 4-21)，其比表面积高达 10.62 m^2/g[99]。此外，充分发挥脱合金工艺灵活可控的特征，具有多级孔结构 Ge[100]、Ni[101]、Ti[102]及 Fe[103]基合金等也被成功开发出来。多级孔材料被广泛应用于电催化等领域，展现出良好的性能。随着对多级孔金属材料的深入研究，除了制备具有多级孔结构的单一金属材料外，具有多级孔结构的合金也得到了发展，如多级孔结构金/银合金（图 4-22）[104]、多级孔铜钛合金[105]。

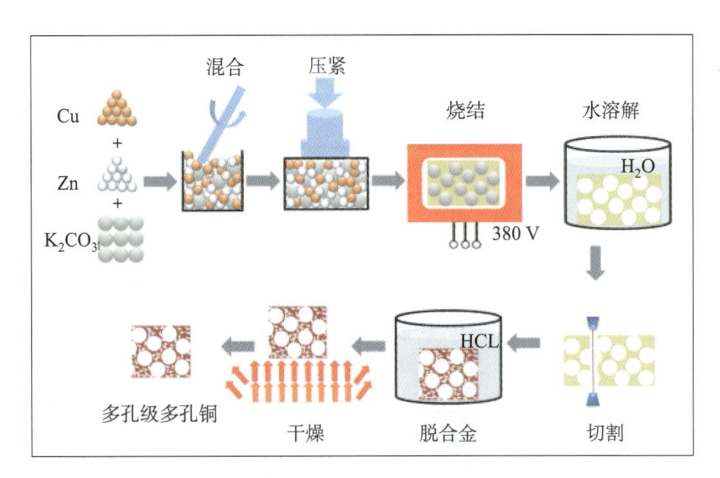

图 4-21　具有多级孔结构的块状多孔铜合成示意图[99]

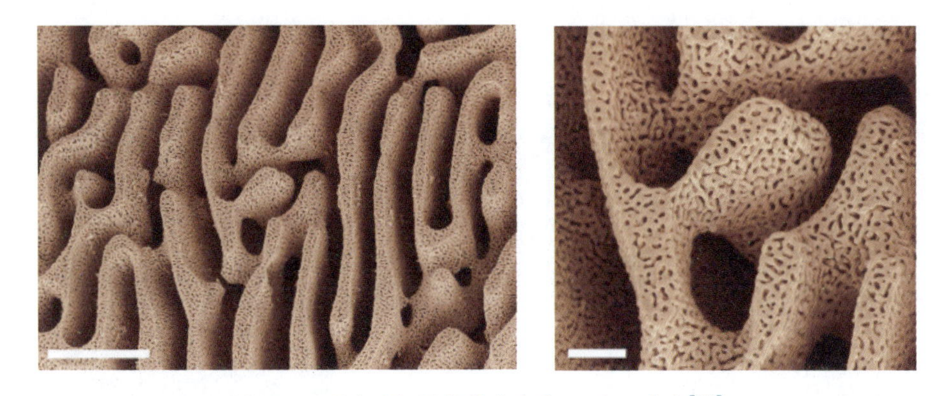

图 4-22　具有多级孔结构的多孔 Au/Ag 合金[104]

综上所述，我们可以发现，尽管制备多级孔金属材料的方法很多，但是目前应用最广、最为方便实用的方法依然是脱合金法[106]。因此，如何深入理解脱合金过程中孔的形成机制、原子重排规律是有效调控孔结构的关键，而如何结合多级孔结构金属材料的性能及用途开发新型多孔金属材料并进一步优化其孔结构，也是广大科研工作者值得思考的问题。

4.2.4.2　多孔金属/半导体复合材料

在多孔金属复合材料中，多孔金属与半导体的复合材料兼具了多孔金属的高比表面积、高导电性和半导体的光学特性，在光电催化领域表现出很好的应用前景。Ding 等人利用脱合金和表面修饰的方法制备了纳米多孔金/二氧化钛（TiO_2）复合材料，二者之间表现出明显的协同作用，纳米多孔金的高导电性增强了 TiO_2 的光电催化效率[107]。在此基础上，进一步采用电沉积法将硫化镉（CdS）纳米层涂覆在超薄纳米多孔金（NPG）膜上，制备出具有优异光电催化水分解制氢性能的 NPG/CdS 复合材料[108]。Chen 等人采用 CVD 法制备了纳米多孔金/二硫化钼复合材料，连续的单层二硫化钼(MoS_2)生长在三维纳米多孔金的弯曲内表面上，这种“无边缘”单层 MoS_2 的晶格弯曲具有明显的面外应变，显示出优异的氢析出性能[109]。An 等人设计并制作了一种在纳米多孔铜表面有 Cu_2O 包覆的多孔金属氧化物(图 4-23)，较好地保持了双模纳米多孔结构，随着稳定的 Cu_2O 层的形成，整个韧带的直径增加到 38～45 nm，NP-Cu@Cu_2O 混合阵列继承了纳米多孔铜的三维多孔结构和准二维阵列结构，该材料用于光辅助充电超级电容器器件中，明显提高了器件的充电容量[110]。

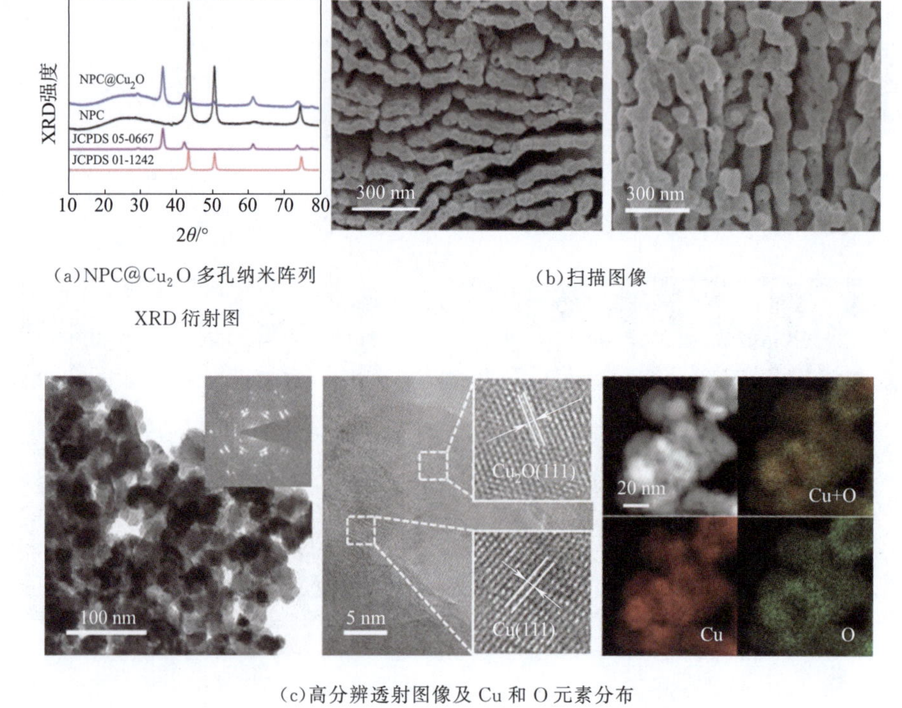

(a) NPC@Cu_2O 多孔纳米阵列 XRD 衍射图

(b) 扫描图像

(c) 高分辨透射图像及 Cu 和 O 元素分布

图 4-23　纳米多孔铜表面有 Cu_2O 包覆的多孔金属氧化物[110]

随着研究的不断深入，多孔金属与半导体复合材料不仅种类越来越多，应用也越来越广，如何可控地获得均匀性好且性能优异的复合材料是进一步提升其性能的关键。

4.2.4.3　金属/高分子复合材料

纳米多孔金属具有良好的导电性和优异的机械性能，但热塑性和离子传输性能较差，而高分子材料兼具良好的热塑性和离子传输性能，利用二者制备的复合材料逐渐引起了人们的关注。目前，此类复合材料的种类依然有限，但依然为多孔金属复合材料的发展和研究提供了新的思路和途径[111, 112]。

Erlebacher 等人发现复合了离子液体的纳米多孔 PtNi 合金具有优异的氧还原性能[113]。Ding 等人成功制备出聚吡咯修饰的纳米多孔金复合材料(图 4-24)，并应用于总厚度小于 1 μm 的超薄柔性全固态超级电容器中，由于兼具了多孔金优异的电子传输性能和聚吡咯的离子传输性能，该电容器表现出优异的体积电容以及高功率和能量密度[114]。Chen等人运用电化学聚合的方法成功制备出三维纳米多孔金和聚苯胺的复合材料，并应用于电化学超级电容器[115]。Zhang等人将脱合金和浸渍法相结合，制备出聚乙烯亚胺修饰的纳米多孔金复合材料，并对此材料固定角质酶对邻苯二甲酸酯的吸附降解作用进行了研究[116]。此外，利用数值模拟能够对聚合物包裹的纳米多孔金进行力学等性能的预测[117]。

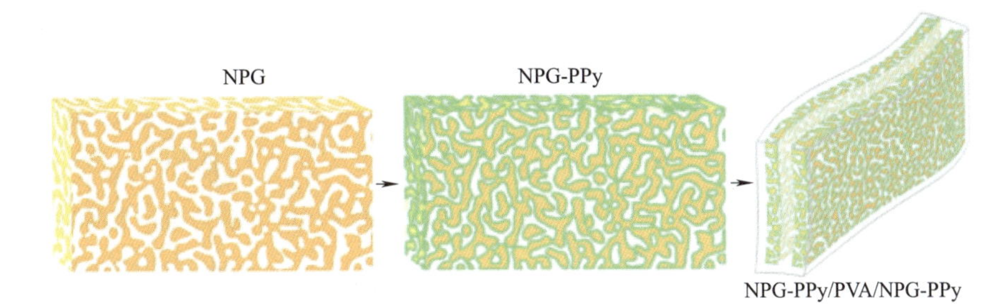

(a)纳米多孔金/聚吡咯复合材料的合成过程示意图

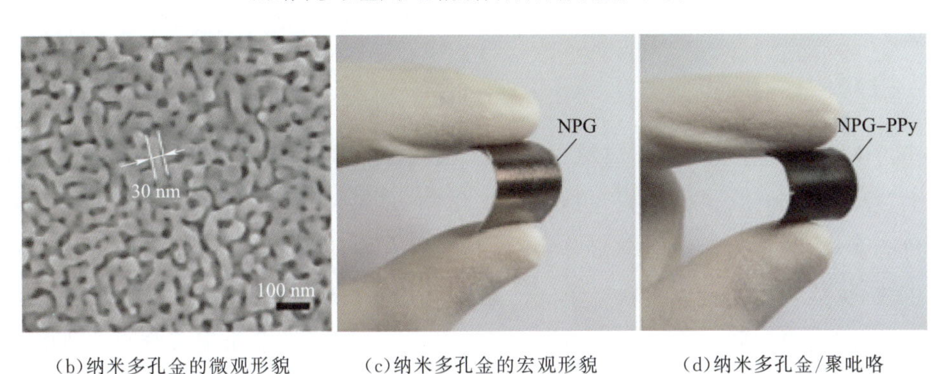

(b)纳米多孔金的微观形貌　(c)纳米多孔金的宏观形貌　(d)纳米多孔金/聚吡咯复合材料的宏观形貌

(e)纳米多孔金/聚吡咯复合材料的微观形貌　(f)复合材料截面的微观形貌

图4-24　纳米多孔金及纳米多孔金/聚吡咯复合材料[114]

4.2.5　金属非晶和高熵合金

金属非晶合金是由于合金在超急冷凝固时原子来不及有序排列结晶而得到的固态合金，呈现长程无序结构，没有晶态合金的晶粒、晶界存在。2016年，Wang及其团队通过脱合金法制备了一种多组分 $Pd_{40}Ni_{10}Cu_{30}P_{20}$ 多孔金属非晶催化剂,其孔径为 50～100 nm,选择性脱合金化为催化剂表面提供了丰富的活性位点,在 10 000 次循环后对氢析出反应的过电位仅为 76 mV,同条件下相比商业 Pt/C 具有显著改善效果[118]。2017 年,Chen 等人通过电弧熔融脱合金法制备了一种纳米多孔多组分金属玻璃 $Zr_{47}Cu_{46}Al_{17}$,该材料利用纳米多孔结构的高比表面积和金属玻璃中氢的高扩散率而显示出优异的吸氢性能[119]。

高熵合金(high-entropy alloys,HEA)是由五种或五种以上等量或大约等量金属形成的合金。由于高熵合金可能具有许多理想的性质,因此在材料科学及工程上受到高度重视。2019 年,Qiu 等人通过脱合金法制备了韧带约为 2～3 nm 的 AlNiCuPdAu、AlNiCuPdAuCoFe、AlNiCuMoCoFe 的纳米多孔高熵合金[120],该材料在低铂负载量的情况下相比商业 Pt/C (20 wt%)对氧还原反应性能提升了大约十倍,且具有优异的活性保持率。同年,该课题组又通过一种简单的合金化—脱合金方法,将 Ir(≈20 at%)与另外四种不同的金属元素均匀地混合到一个纳米结构中得到一种超细纳米配体尺寸约为 2 nm 的五元 AlNiCoIrMo 纳米多孔高熵合金[121],实现了高析氧活性(55.2 mV/dec)。

4.2.6 金属化合物

由于过渡金属具有较高的反应活性,因此,在脱合金过程中,易与环境或腐蚀溶液等发生反应而生成相应的化合物,主要包括金属氧化物、金属硫化物、金属磷化物等。金属化合物拥有价态多样、物理化学性能丰富等特点,结合脱合金法易制备、体系可调的工艺特点使其成为催化、储能领域的重要材料[122,123]。

金属氧化物:采用脱合金法制备纳米多孔金属的过程中,产物金属或合金表面容易与水发生反应原位形成薄层氧化物,如 CuAl、NiAl 体系在碱性溶液中脱合金处理获得的纳米多孔铜、镍材料表面通常存在这类现象。如果产物金属本身足够活泼,则甚至可能在脱合金过程中完全被水氧化生成金属氧化物纳米材料。例如 Xu 等人报道了 FeAl、CoAl、MnAl、TiAl 合金经 NaOH 溶液腐蚀生成 Fe_3O_4、Co_3O_4、Mn_3O_4 纳米八面体颗粒和纳米多孔 TiO_2 结构,且产物的特征尺寸和晶型结构在一定范围可调[124]。Wang 等人以 $Cu_{17}Ge_{1.3}Al_{81.7}$ 共晶合金条带为原料,采用化学脱合金法制备了三维多孔 $GeO_2/Cu/Cu_2O$ 复合氧化物[125](图 4-25),随着脱合金时间的延长,网状韧带逐渐变薄,$GeO_2/Cu/Cu_2O$ 多孔网络表现出连续多孔特征,特征孔径主要分布于 2～6 nm 和 20～60 nm 范围内。Fan 等人[126]采用类似的方法制备了纳米多孔 SnO_xSb 化合物,具有连续孔道结构和交叉的片状结构,片状物的厚度约为 40 nm。以上材料的结构设计与组分调控,保证了高的电子/离子导电性、高的锂离子迁移率和较好的结构完整性,为开发实用的合金型储能电极提供了新的思路。此外,纳米铸造能够制备出具有结晶壁和有序多孔结构的多种多孔金属氧化物[127],通过对模板孔的部分填充,可制备具有双模孔径分布的纳米多孔金属氧化物[128]。

金属硫化物/磷化物:原位反应合成法是一种重要的金属基复合材料的制备方法,在适

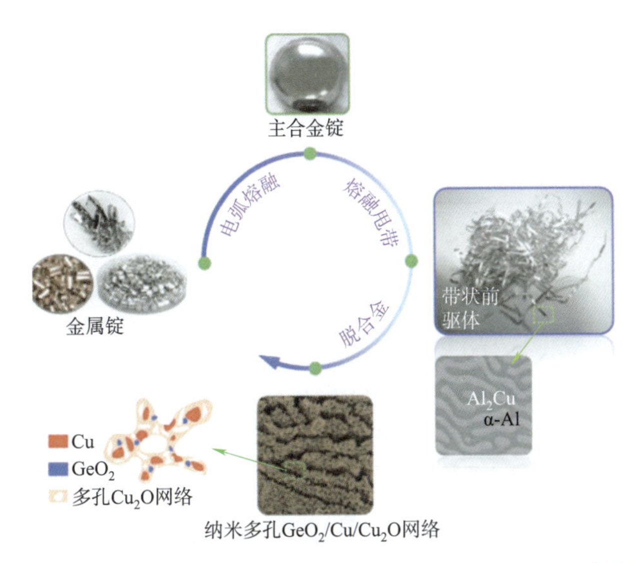

图 4-25　纳米多孔 GeO_2/Cu/Cu_2O 样品制作过程示意图[125]

当条件下，通过一定的化学反应，借助于基体金属/合金和化合物之间的化学反应，在金属基底上原位生成具有纳米尺度，分布均匀的新材料，保持基底原有多孔结构，实现结构与性能的集成与提升。Yang 等人[129]通过泡沫铜进行阳极氧化制备一层 $Cu(OH)_2$，进一步硫化处理后获得表面 Cu_2S 纳米线沉积的多孔化合物（图 4-26）。Peng 等人[130]在泡沫铜基底上用类似的方法制备了 Cu_2O-NWs@Cu 复合材料，其较好地保持了泡沫铜的三维多孔结构与骨架中铜的良好导电性，用于锂离子电池集流体中，在电化学剥离/电镀锂过程中枝晶生长得到抑制，近零体积膨胀，可实现高库仑效率的高稳定循环，表现出优异的电化学性能，极大地提高了器件的循环稳定性。

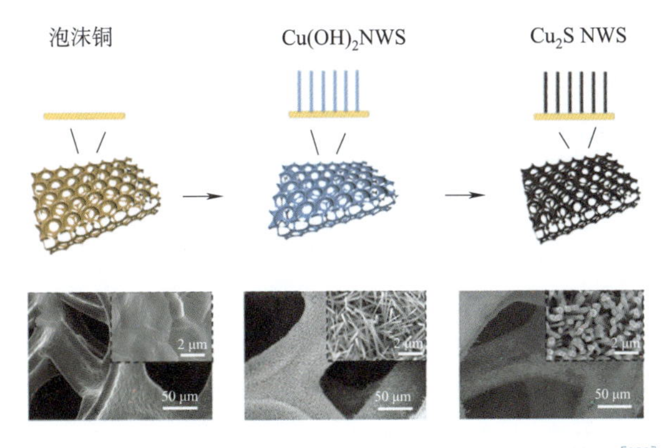

图 4-26　Cu_2S NWs/Cu 生长过程示意图及扫描电镜图[129]

随着对纳米多孔金属复合材料研究的不断深入，其种类和数量也在不断增加，应用领域越来越广。总体而言，这些材料的核心研发思路都是基于多孔金属的高孔隙率、高电子传导率和良好的机械性能以及复合材料所能赋予的其他物理化学特性，通过有效协同、取长补短，使复合材料中各组分的良好特性得到更大程度的发挥，这将是领域研究者们需要不断探索的问题，也是纳米多孔金属复合材料研究面临的挑战和机遇。

参考文献

[1] DING Y，ZHANG Z. Nanoporous metals for advanced energy technologies[M]. Berlin：Springer International Publishing，2016.

[2] SIERADZKI K，DIMITROV N，MOVRIN D，et al. The dealloying critical potential[J]. Journal of the Electrochemical Society，2002，149(8)：B370-B377.

[3] ERLEBACHER J，AZIZ M J，KARMA A，et al. Evolution of nanoporosity in dealloying[J]. Nature，2001，410(6827)：450-453.

[4] MCCUE I，BENN E，GASKEY B，et al. Dealloying and dealloyed materials[J]. Annual Review of Materials Science，2016，46(1)：263-268.

[5] JUAREZ T，BIENER J，WEISSMüLLER J，et al. Nanoporous metals with structural hierarchy：a review[J]. Advanced Engineering Materials，2017，19(12)：1700389-1700411.

[6] YU J S，DING Y，XU C X，et al. Nanoporous metals by dealloying multicomponent metallic glasses [J]. Chemistry of Materials，2008，20(14)：4548-4550.

[7] DING Y，KIM Y J，ERLEBACHER J. Nanoporous gold leaf："Ancient technology"/advanced material [J]. Advanced Materials，2004，16(21)：1897-1900.

[8] BIENER J，HODGE A M，HAYES J R，et al. Size effects on the mechanical behavior of nanoporous Au[J]. Nano Letters，2006，6(10)：2379-2382.

[9] SNYDER J，ASANITHI P，DALTON A B，et al. Stabilized nanoporous metals by dealloying ternary alloy precursors[J]. Advanced Materials，2008，20(24)：4883-4886.

[10] QIU H J，PENG L，LI X，et al. Using corrosion to fabricate various nanoporous metal structures [J]. Corrosion Science，2015，92：16-31.

[11] WANG Z F，LIU J Y，QIN C L，et al. Dealloying of Cu-based metallic glasses in acidic solutions：products and energy storage applications[J]. Nanomaterials，2015，5(2)：697-721.

[12] JONAH E. An atomistic description of dealloying[J]. Journal of the Electrochemical Society，2004，151(10)：C614-C626.

[13] HUANG J F，SUN I W. Fabrication and surface functionalization of nanoporous gold by electrochemical alloying/dealloying of Au-Zn in an ionic liquid，and the self-assembly of L-Cysteine monolayers[J]. Advanced Functional Materials，2005，15(6)：989-994.

[14] LU L. Nanoporous noble metal-based alloys：A review on synthesis and applications to electrocatalysis and electrochemical sensing[J]. Microchim Acta，2019，186(9)：664-684.

[15] 赵红娟. 多孔金的形成与演化[D]. 济南：山东大学，2007.

[16] ZHANG Z H，WANG Y，QI Z，et al. Generalized fabrication of nanoporous metals (Au，Pd，Pt，Ag，and Cu) through chemical dealloying[J]. Journal of Physical Chemistry C，2009，113(29)：12629-12636.

[17] CHAUVIN A, HORAK L, DUVERGER-NéDELLEC E, et al. Effect of the substrate temperature during gold-copper alloys thin film deposition by magnetron co-sputtering on the dealloying process [J]. Surface & Coatings Technology, 2020, 383: 125220-125227.

[18] SCAGLIONE F, RIZZI P, CELEGATO F, et al. Synthesis of nanoporous gold by free corrosion of an amorphous precursor[J]. Journal of Alloys and Compounds, 2014, 615: S142-S147.

[19] DING Y, ERLEBACHER J. Nanoporous metals with controlled multimodal pore size distribution [J]. Journal of the American Chemical Society, 2003, 125(26): 7772-7773.

[20] SUN L, CHIEN C L, SEARSON P C. Fabrication of nanoporous nickel by electrochemical dealloying[J]. Chemistry of Materials, 2004, 16(16): 3125-3129.

[21] HAN J H, LI C, LU Z, et al. Vapor phase dealloying: a versatile approach for fabricating 3D porous materials[J]. Acta Materialia, 2019, 163: 161-172.

[22] MCCUE I, GASKEY B, GESLIN P A, et al. Kinetics and morphological evolution of liquid metal dealloying[J]. Acta Materialia, 2016, 115: 10-23.

[23] WANG Z B, WANG Y, GAO H, et al. 'Painting' nanostructured metals-playing with liquid metal [J]. Nanoscale Horizons, 2018, 3(4): 408-416.

[24] WITTSTOCK A, BIENER J, BAUMER M. Nanoporous gold: a new material for catalytic and sensor applications[J]. Physical Chemistry Chemical Physics, 2010, 12(40): 12919-30.

[25] 瞿静. 以可溶性气凝胶为模板的纳米多孔金属制备方法研究[D]. 绵阳:西南科技大学, 2016.

[26] MALGRAS V, ATAEE-ESFAHANI H, WANG H J, et al. Nanoarchitectures for mesoporous metals[J]. Advanced Materials, 2016, 28(6): 993-1010.

[27] BARTLETT P N, MARWAN J. Electrochemical deposition of nanostructured (H_1-e) layers of two metals in which pores within the two layers interconnect[J]. Chemistry of Materials, 2003, 15(15): 2962-2968.

[28] WANG H J, ISHIHARA S, ARIGA K, et al. All-metal layer-by-layer films: bimetallic alternate layers with accessible mesopores for enhanced electrocatalysis[J]. Journal of the American Chemistry Society, 2012, 134(26): 10819-10821.

[29] REBBECCHI T A, CHEN Y. Template-based fabrication of nanoporous metals[J]. Journal of Materials Research, 2017, 33(1): 2-15.

[30] HASHIMOTO T, TSUTSUMI K, FUNAKI Y. Nanoprocessing based on bicontinuous microdomains of block copolymers: nanochannels coated with metals[J]. Langmuir, 1997, 13(26): 6869-6872.

[31] HSUEH H Y, HUANG Y C, HO R M, et al. Nanoporous gyroid nickel from block copolymer templates via electroless plating[J]. Advanced Materials, 2011, 23(27): 3041-3046.

[32] SHIN K, LEACH K A, GOLDBACH J T, et al. A simple route to metal nanodots and nanoporous metal films[J]. Nano Letters, 2002, 2(9): 933-936.

[33] JIANG B, LI C L, DAG O, et al. Mesoporous metallic rhodium nanoparticles[J]. Nature Communications, 2017, 8: 15581-15588.

[34] SHIN H C, DONG J, LIU M. Nanoporous structures prepared by an electrochemical deposition process[J]. Advanced Materials, 2003, 15(19): 1610-1614.

[35] CHEREVKO S, CHUNG C H. Direct electrodeposition of nanoporous gold with controlled multimodal pore size distribution[J]. Electrochemistry Communications, 2011, 13(1): 16-19.

[36] OTT A, JONES L A, BHARGAVA S K. Direct electrodeposition of porous platinum honeycomb structures[J]. Electrochemistry Communications, 2011, 13(11): 1248-1251.

[37] CHEREVKO S, CHUNG C H. Impact of key deposition parameters on the morphology of silver foams prepared by dynamic hydrogen template deposition[J]. Electrochimica Acta, 2010, 55(22): 6383-6390.

[38] CHEREVKO S, KULYK N, CHUNG C H. Nanoporous palladium with sub-10 nm dendrites by electrodeposition for ethanol and ethylene glycol oxidation[J]. Nanoscale, 2012, 4(1): 103-105.

[39] ZHANG J T, LI C M. Nanoporous metals: fabrication strategies and advanced electrochemical applications in catalysis, sensing and energy systems[J]. Chemical Society Reviews, 2012, 41(21): 7016-7031.

[40] STEIN A, LI F, DENNY N R. Morphological control in colloidal crystal templating of inverse opals, hierarchical structures, and shaped particles[J]. Chemistry of Materials, 2008, 20(3): 649-666.

[41] BARTLETT P N, BIRKIN P R, GHANEM M A. Electrochemical deposition of macroporous platinum, palladium and cobalt films using polystyrene latex sphere templates[J]. Chemical Communications, 2000(17): 1671-1672.

[42] Rebbecchi Jr T A, Chen Y. Template-based fabrication of nanoporous metals[J]. Journal of Materials Research, 2018, 33(1): 2-15.

[43] MASUDA H, FUKUDA K. Ordered metal nanohole arrays made by a two-step replication of honeycomb structures of anodic alumina[J]. Science, 1995, 268(5216): 1466-1468.

[44] SHAHBAZI P, KIANI A. Nanoporous Ag and Pd foam: Redox induced fabrication using electrochemically deposited nanoporous Cu foam with no need to any additive[J]. Electrochimica Acta, 2011, 56(25): 9520-9529.

[45] WANG H J, JEONG H Y, IMURA M, et al. Shape- and size-controlled synthesis in hard templates: sophisticated chemical reduction for mesoporous monocrystalline platinum nanoparticles[J]. Journal of the American Chemistry Society, 2011, 133(37): 14526-14529.

[46] WANG CC, CHEN Q. Reduction-Induced Decomposition: Spontaneous Formation of Monolithic Nanoporous Metals of Tunable Structural Hierarchy and Porosity[J]. Chemical of Materials, 2018, 30, 3894-3900.

[47] LU L Q, ANDELA P, DE HOSSON J T M, et al. Template-free synthesis of nanoporous nickel and alloys as binder-free current collectors of Li ion batteries[J]. ACS Applied Nano Materials, 2018, 1(5): 2206-2218.

[48] LU X, BISCHOFF E, SPOLENAK R, et al. Investigation of dealloying in Au-Ag thin films by quantitative electron probe microanalysis[J]. Scripta Materialia, 2007, 56(7): 557-560.

[49] SEARSON P C. Single nanoporous gold nanowire sensors[J]. Journal of Physical Chemistry B, 2006, 110(9): 4318-4322.

[50] PUGH D V, DURSUN A, CORCORAN S G. Formation of nanoporous platinum by selective dissolution of Cu from $Cu_{0.75}Pt_{0.25}$[J]. Journal of Materials Research, 2003, 18(1): 216-221.

[51] PARK S, SONG Y J, BOO H, et al. Arrayed hybrid nanoporous Pt pillars[J]. Electrochemistry Communications, 2009, 11(11): 2225-2228.

[52] MA Z, CANO Z P, YU A P, et al. Enhancing oxygen reduction activity of Pt-based electrocatalysts: from theoretical mechanisms to practical methods[J]. Angewandte Chemie International Edition, 2020, 59(42): 18334-18348.

[53] XU C X, SUN F L, GAO H, et al. Nanoporous platinum-cobalt alloy for electrochemical sensing for ethanol, hydrogen peroxide, and glucose[J]. Analytica Chimica Acta, 2013, 780: 20-27.

[54] TIAN X L, ZHAO X, SU Y-Q, et al. Engineering bunched Pt-Ni alloy nanocages for efficient oxygen reduction in practical fuel cells[J]. Science, 2019, 366(6467): 850-856.

[55] STRASSER P, KOH S, ANNIYEV T, et al. Lattice-strain control of the activity in dealloyed core-shell fuel cell catalysts[J]. Nature Chemistry, 2010, 2(6): 454-460.

[56] HAN B H, XU C X. Nanoporous PdFe alloy as highly active and durable electrocatalyst for oxygen reduction reaction[J]. International Journal of Hydrogen Energy, 2014, 39(32): 18247-18255.

[57] XU C X, LIU Y Q, HAO Q, et al. Nanoporous PdNi alloys as highly active and methanol-tolerant electrocatalysts towards oxygen reduction reaction[J]. Journal of Materials Chemistry A, 2013, 1(43): 13542-13548.

[58] XU C X, ZHANG Y, WANG L Q, et al. Nanotubular Mesoporous PdCu Bimetallic Electrocatalysts toward Oxygen Reduction Reaction[J]. Chemistry of Materials, 2009, 21(14): 3110-3116.

[59] WITTSTOCK A, WICHMANN A, BIENER J, et al. Nanoporous gold: a new gold catalyst with tunable properties[J]. Faraday Discuss, 2011, 152: 87-98.

[60] ZHANG W Q, HE J, LIU S Y, et al. Atomic origins of high electrochemical CO_2 reduction efficiency on nanoporous gold[J]. Nanoscale, 2018, 10(18): 8372-8376.

[61] ZHANG Q W, HE J, GUO R J, et al. Assembling highly coordinated Pt sites on nanoporous gold for efficient oxygen electroreduction[J]. ACS Applied Materials Interfaces, 2018, 10(46): 39705-39712.

[62] TIAN M M, SHI S, SHEN Y L, et al. PtRu alloy nanoparticles supported on nanoporous gold as an efficient anode catalyst for direct methanol fuel cell[J]. Electrochimica Acta, 2019, 293: 390-398.

[63] LIU P P, GE X B, DING Y, et al. Facile fabrication of ultrathin Pt overlayers onto nanoporous metal membranes via repeated Cu UPD and in situ redox replacement reaction[J]. Langmuir, 2009, 25(1): 561-567.

[64] LI J, YIN H M, LI X B, et al. Surface evolution of a Pt-Pd-Au electrocatalyst for stable oxygen reduction[J]. Nature Energy, 2017, 2(8): 17111-17119.

[65] GUO H, YIN H, YAN X, et al. Pt-Bi decorated nanoporous gold for high performance direct glucose fuel cell[J]. Scientific Reports, 2016, 6: 39162-3970.

[66] SMITH A J, TRAN T, WAINWRIGHT M S. Kinetics and mechanism of the preparation of Raney (R) copper[J]. Journal of Applied Electrochemistry, 1999, 29(9): 1085-1094.

[67] HAYES J R, HODGE A M, BIENER J, et al. Monolithic nanoporous copper by dealloying Mn-Cu[J]. Journal of Materials Research, 2006, 21(10): 2611-2616.

[68] AN Y L, FEI H F, ZENG G F, et al, Vacuum distillation derived 3D porous current collector for stable lithium-metal batteries[J]. Nano Energy, 2018, 47: 503-511.

[69] COOK J B, DETSI E, LIU Y J, et al. Nanoporous tin with a granular hierarchical ligament morphology as a highly stable Li-ion battery anode[J]. ACS Applied Materials Interfaces, 2017, 9(1): 293-303.

[70] LIU X Z, ZHANG R, YU W, et al. Three-dimensional electrode with conductive Cu framework for stable and fast Li-ion storage[J]. Energy Storage Materials, 2018, 11: 83-90.

[71] YANG W, ZHENG X G, WANG S G, et al. Nanoporous aluminum by galvanic replacement: dealloying and inward-growth plating[J]. Journal of the Electrochemical Society, 2018, 165(9): C492-C496.

[72] CORSI J S, FU J T, WANG Z Y, et al. Hierarchical bulk nanoporous aluminum for on-site generation of hydrogen by hydrolysis in pure water and combustion of solid fuels[J]. ACS Sustainable Chemistry & Engineering, 2019, 7(13): 11194-11204.

[73] OKULOV I V, LAMAKA S V, WADA T, et al. Nanoporous magnesium[J]. Nano Research, 2018, 11(12): 6428-6435.

[74] LIU J R, WANG H, YUAN Q X, et al. A novel material of nanoporous magnesium for hydrogen generation with salt water[J]. Journal of Power Sources, 2018, 395: 8-15.

[75] LEE J H, GALLI G A, GROSSMAN J C. Nanoporous Si as an efficient thermoelectric material[J]. Nano Letters, 2008, 8(11): 3750-3754.

[76] AN Y L, FEI H F, ZENG G F, et al. Green, scalable, and controllable fabrication of nanoporous silicon from commercial alloy precursors for high-energy lithium-ion batteries[J]. ACS Nano, 2018, 12(5): 4993-5002.

[77] WADA T, ICHITSUBO T, YUBUTA K, et al. Bulk-nanoporous-silicon negative electrode with extremely high cyclability for lithium-ion batteries prepared using a top-down process[J]. Nano Letters, 2014, 14(8): 4505-4510.

[78] LUO W, WANG X F, MEYERS C, et al. Efficient fabrication of nanoporous Si and Si/Ge enabled by a heat scavenger in magnesiothermic reactions[J]. Scientific Reports, 2013, 3: 2222-2228.

[79] MA W Q, LIU X Z, WANG X, et al. Crystalline Cu-silicide stabilizes the performance of a high capacity Si-based Li-ion battery anode[J]. Journal of Materials Chemistry A, 2016, 4(48): 19140-19146.

[80] GUO R Q, HUANG B L. Thermal transport in nanoporous Si: Anisotropy and junction effects[J]. International Journal of Heat and Mass Transfer, 2014, 77: 131-139.

[81] SUN D, RILEY A E, CADBY A J, et al. Hexagonal nanoporous germanium through surfactant-driven self-assembly of zintl clusters[J]. Nature, 2006, 441(7097): 1126-1130.

[82] KIM C, SONG G, LUO L L, et al. Stress-tolerant nanoporous germanium nanofibers for long cycle life lithium storage with high structural stability[J]. ACS Nano, 2018, 12(8): 8169-8176.

[83] CAVALCOLI D, IMPELLIZZERI G, ROMANO L, et al. Optical properties of nanoporous germanium thin films[J]. ACS Applied Materials & Interfaces, 2015, 7(31): 16992-16998.

[84] LIU S, FENG J K, BIAN X F, et al. Nanoporous germanium as high-capacity lithium-ion battery anode[J]. Nano Energy, 2015, 13: 651-657.

[85] LIU S, FENG J K, BIAN X F, et al. The morphology-controlled synthesis of a nanoporous-antimony anode for high-performance sodium-ion batteries[J]. Energy & Environmental Science, 2016, 9(4): 1229-1236.

[86] AN Y L, TIAN Y, CI L J, et al. Micron-sized nanoporous antimony with tunable porosity for high-performance potassium-ion batteries[J]. ACS Nano, 2018, 12(12): 12932-12940.

[87] CHEN L Y, GUO X W, HAN J H, et al. Nanoporous metal/oxide hybrid materials for rechargeable lithium-oxygen batteries [J]. Journal of Materials Chemistry A, 2015,3: 3620-3626.

[88] ROSCHNING B, WEISSMÜLLER J. Nanoporous-Gold-Polypyrrole Hybrid Materials for Millimeter-Sized Free Standing Actuators [J]. Advanced Materials Interfaces, 2020, 7: 2001415.

[89] 李健. 纳米多孔核壳结构氧还原电催化剂的制备、表征与性能研究[D]. 天津:天津理工大学, 2017.

[90] KONG Q Q, LIAN L X, LIU Y, et al. Hierarchical porous copper materials: fabrication and characterisation [J], Micro & Nano Letters, 2013, 8(8): 432-435.

[91] LI G S, LEUNG M K H. Template-free synthesis of hierarchical porous SnO_2[J], Journal of Sol-Gel Science and Technolog, 2010, 53(3): 499-503.

[92] ZHANG Z H, WANG Y, QI Z, et al. Fabrication and characterization of nanoporous gold composites through chemical dealloying of two phase Al-Au alloys[J]. Journal of Materials Chemistry, 2009, 19: 6042-6050.

[93] BRYCE C T, STEPHEN A S, ERIK P L. Nanoporous Metal Foams[J]. Angewandte Chemie International Edition, 2010, 49(27): 4544-4565.

[94] JIA F, YU C, ZHANG L. Hierarchical nanoporous gold film electrode with extra high surface area and electrochemical activity[J]. Electrochemistry Communications, 2009, 11(10): 1944-1946.

[95] ZHAO B, COLLINSON M M. et al. Hierarchical porous gold electrodes: preparation, characterization, and electrochemical behavior[J]. Journal of Electroanalytical Chemistry, 2012, 684:53-59.

[96] LEE M N, SANTIAGO-CORDOBA M A, HAMILTON C E, et al. Developing monolithic nanoporous gold with hierarchical bicontinuity using colloidal bijels[J]. Journal of Physical Chemistry Letters, 2014, 5(5): 809-812.

[97] ZHU C, QI Z, BECK V A, et al. Toward digitally controlled catalyst architectures: Hierarchical nanoporous gold via 3D printing[J]. Science Advances, 2018, 4(8): 9459-9467.

[98] KONG Q, LIU Y, LIAN L, et al. Hierarchical porous copper materials: fabrication and characterisation [J]. Micro and Nano Letters, 2013, 8(8): 1-1.

[99] ZHU P C, WU Z N, ZHAO Y Y. Hierarchical porous Cu with high surface area and fluid permeability [J]. Scripta Materialia, 2019, 172: 119-124.

[100] Fang C, Föll H, Carstensen J. Electrochemical pore etching in germanium [J]. Journal of Electroanalytical Chemistry, 2006, 589(2): 259-288.

[101] 杜晶晶. 纳米多级孔镍合金复合电极的制备及电催化析氢性能研究[D]. 长沙:中南大学, 2014.

[102] 段雅龙. 脱合金法制备多级孔钛膜以及电化学与电催化性能的研究[D]. 天津:天津工业大学, 2019.

[103] 曹祯. Fe/Co/Ni 基纳米多孔催化剂的设计、构筑及氧析出性能研究[D]. 天津:天津理工大学,2020.

[104] WANG Y, WU B. Formation and evolution of nanoporous dendrites during dealloying of a ternary Al-Ag-Au precursor[J]. CrystEngComm, 2013, 16(3): 479-485.

[105] LU Q, HUTCHINGS G S, YU W T, et al. Highly porous non-precious bimetallic electrocatalysts for efficient hydrogen evolution [J]. Nature Communications, 2015, 6: 6567.

[106] NEWMAN R, CORCORAN S, ERLEBACHER J, et al. Alloy corrosion[J]. MRS Bulletin, 1999, 24(7): 24-28.

[107] JIA C C, YIN H M, MA H Y, W et al. Enhanced Photoelectrocatalytic Activity of Methanol Oxidation on TiO_2-Decorated Nanoporous Gold[J], Journal of Physical Chemistry C, 2009, 113 (36), 16138-16143.

[108] ZHANG W Q, ZHAO Y F, HE K, et al. Ultrathin nanoporous metal-semiconductor heterojunction photoanodes for visible light hydrogen evolution[J], Nano Research, 2018, 11: 2046-2057.

[109] GE X, CHEN L, ZHANG L, et al. Nanoporous metal enhanced catalytic activities of amorphous molybdenum sulfide for high-efficiency hydrogen production[J]. Advanced Materials, 2014, 26: 3100-3104.

[110] AN C H, WANG Z F, XI W, et al. Nanoporous Cu@Cu_2O hybrid arrays enable photo-assisted supercapacitor with enhanced capacities[J]. Journal of Materials Chemistry A, 2019, 7(26): 15691-15697.

[111] JUAREZ T, BIENER J, WEISSMÜLLER J, et al. Nanoporous Metals with Structural Hierarchy: A Review[J]. Advanced Engineering Materials. 2017, 19(12): 1700389.

[112] GRIFFITHS E, WILMERS J. BARGMANN S, et al. Nanoporous metal based composites: Giving polymers strength and making metals move[J], Journal of the Mechanics and Physics of Solids, 2020(137): 103848.

[113] SNYDER J, FUJITA T, CHEN M W, et al. Oxygen reduction in nanoporous metal-ionic liquid composite electrocatalysts[J]. Nature Materials, 2010, 9(11): 904-907.

[114] MENG F H, DING Y. Sub-micrometer-thick all-solid-state supercapacitors with high power and energy densities[J]. Advanced Materials, 2011, 23(35): 4098-4102.

[115] LANG X Y, ZHANG L, FUJITA T, et al. Three-dimensional bicontinuous nanoporous Au/polyaniline hybrid films for high-performance electrochemical supercapacitors[J]. Journal of Power Sources, 2012, 197 (1): 325-329.

[116] ZHANG C, ZENG G M, HUANG D L, et al. Combined removal of di(2-ethylhexyl)phthalate (DEHP) and Pb(ii) by using a cutinase loaded nanoporous gold-polyethyleneimine adsorbent [J], RSC Advances, 2014 (4): 55511-55518.

[117] GNEGEL S, LI J, MAMEKA N, et al. Numerical Investigation of Polymer Coated Nanoporous Gold[J], Materials 2019, 12(13): 2178.

[118] HU Y C, WANG Y Z, SU R, et al. A highly efficient and self-stabilizing metallic-glass catalyst for electrochemical hydrogen generation[J]. Advanced Materials, 2016, 28(46): 10293-10297.

[119] JIAO W, LIU P, LIN H J, et al. Tunable nanoporous metallic glasses fabricated by selective phase dissolution and passivation for ultrafast hydrogen uptake[J]. Chemistry of Materials, 2017, 29 (10): 4478-4483.

[120] QIU H J, FANG G, WEN Y, et al. Nanoporous high-entropy alloys for highly stable and efficient catalysts[J]. Journal of Materials Chemistry A, 2019, 7(11): 6499-6506.

[121] JIN Z Y, LV J, JIA H L, et al. Nanoporous Al-Ni-Co-Ir-Mo high-entropy alloy for record-high water splitting activity in acidic environments[J]. Small, 2019, 15(47): 1904180-1904186.

[122] LUC W, JIAO F. Synthesis of nanoporous metals, oxides, carbides, and sulfides: beyond nanocasting [J]. Accounts of Chemical Research, 2016, 49(7): 1351-1358.

[123] DING Y, ZHANG Z. Nanoporous Metals, Springer Handbook of Nanomaterials[M]. Berlin Heidelberg:

Springer-Verlag, 2013, 779-818.

[124] XU C X, WANG R Y, ZHANG Y, et al. A general corrosion route to nanostructured metal oxides [J]. Nanoscale, 2010, 2: 906-909.

[125] WANG Z F, ZHANG X M, YAN Y H, et al. Nanoporous $GeO_2/Cu/Cu_2O$ network synthesized by dealloying method for stable Li-ion storage[J]. Electrochimica Acta, 2019, 300: 363-372.

[126] FAN W, LIU X Z, WANG Z F, et al. Synergetic enhancement of the electronic/ionic conductivity of a Li-ion battery by fabrication of a carbon-coated nanoporous SnOxSb alloy anode[J]. Nanoscale, 2018, 10(16): 7605-7611.

[127] TIAN B Z, LIU X Y, SOLOVYOV L A, et al. Facile synthesis and characterization of novel mesoporous and mesorelief oxides with gyroidal structures[J]. Journal of the American Chemical Society, 2003, 126(3): 865-875.

[128] TÜYSÜZ H, LEHMANN C W, BONGARD H, et al. Direct imaging of surface topology and pore system of ordered mesoporous Silica (MCM-41, SBA-15, and KIT-6) and nanocast metal oxides by high resolution scanning electron microscopy[J]. Journal of the American Chemical Society, 2008, 130(34): 11510-11517.

[129] HUANG Z J, ZHANG C, LV W, et al. Realizing stable lithium deposition by in situ grown Cu_2S nanowires inside commercial Cu foam for lithium metal anodes[J]. Journal of Materials Chemistry A, 2019, 7(2): 727-732.

[130] MA Y, GU Y T, YAO Y Z, et al. Alkaliphilic Cu_2O nanowires on copper foam for hosting Li/Na as ultrastable alkali-metal anodes [J]. Journal of Materials Chemistry A, 2019, 7(36): 20926-20935.

第5章 多孔金属的工程应用

多孔金属是由孔隙与金属基体组成的一类结构功能一体化材料，它既具有金属材料本身的特性，如耐高温、抗热震、高强度、导电、导热等，又因孔隙的存在而产生一系列功能特性，如过滤与分离、换热、吸声降噪、电磁屏蔽、发汗冷却等，已成功应用于化工、交通运输、电子机械、建筑、生物医疗等行业，成为国民经济和国防建设不可或缺的关键材料之一。

5.1 化工行业

5.1.1 过滤与分离

多孔金属应用最多的是过滤与分离领域。由 Pall 公司研发的金属丝网过滤器自 20 世纪 80 年代起被用于催化裂化油浆的分离并得到广泛认可，目前已成功应用于保护固定床催化反应器和改善加氢裂化反应等其他催化裂化过程。采用的滤芯为多层 Rigimesh K 型编织烧结不锈钢网，滤孔分布均匀，可以形成较均匀的滤饼，过滤效率较高。过滤器采用由外向内的错流过滤和气体脉冲式反冲洗工艺，进口油浆黏度要求为 $0.8\times10^{-3}\sim4\times10^{-3}$ Pa·s，反冲洗滤液中固体质量分数可高达 30%，由于油浆中含沥青质物质，需要在反冲洗过程中加入溶剂浸泡以充分再生。该过滤器自 1998 年引入以来，已在中石油大连石化分公司、大庆石化公司炼油厂、中石化镇海炼化公司等广泛应用，分离效果良好，脱除率可达到 97%以上，但仍然存在堵塞问题[1]。

过氧化氢制备过程中采用折叠设计的大流量金属纤维滤芯（图 5-1），增大了滤芯的过滤面积，相对于聚酯滤袋，该滤芯的纳污量、使用寿命都成倍增加。直接氧化法生产环氧丙烷过程中采用两级过滤：第一级采用 Selfclear 过滤系统，将大直径没有失活的催化剂拦截后送回反应釜继续参与反应，细小失活的催化剂随反应液流入装有金属膜芯的二级过滤器，被拦截排出系统。

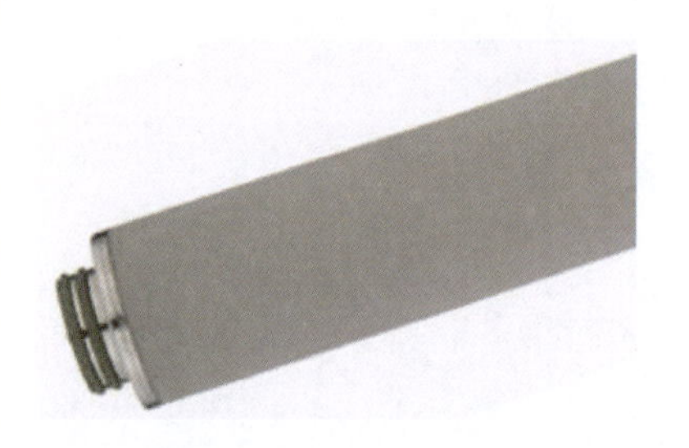

图 5-1 金属纤维滤芯

5.1.2 换热器

随着现代科学技术的发展，节能降耗已经成为石油化工、冶金、热电等高能耗行业的主要控制指标。通过强化传热提高换热设备的换热效率是降低能耗最为重要的途径，也是历来强化传热的研究重点。高通量管换热器是用于强化沸腾传热的高效换热器(图 5-2)，其主要特征是在金属光壁管的外表面或内表面制造金属多孔层，提供大量的毛细空穴，为沸腾传热提供大量汽化核心。与光滑表面相比，多孔表面的气泡发射频率高、活化孔数量多、气泡跃离直径大，可实现低温差下的高效传热和能源的梯级利用，提高能源利用率，减少废热排放[2]，适用于具有相变的沸腾传热场合，即汽化器、蒸发器、再沸器和冷凝器等。

图 5-2 高通量管换热器[2]

高通量管换热器具有以下优点[3]：

(1)传热系数高。由于沸腾始终保持泡核沸腾状态，沸腾传热系数为光壁管的 3～8 倍，提高了沸腾设备的总传热系数，有效减少了热能损耗。

(2)传热温差小。在相同热负荷下传热温差仅为普通表面的 1/7～1/4，特别是在 0.6～1.0 ℃传热温差下即可开始沸腾，且小温差下的强化效果更为明显。

(3)防结垢能力强。高通量管是多孔表面管，最大优势是流体在多孔表面的循环量为光壁管的 10～15 倍，大量的液体循环对换热管表面起到清洗作用，与光壁管相比抗污特性更强，且不易结焦。

(4)临界热负荷高。多孔表面管的临界热负荷比光壁管高 1.5～2.0 倍，可大幅提高热能利用效率。

根据不同工况及用户需求，高通量管可加工成管内高通量管、管外高通量管和双面强化型高通量管；基管的材质可采用碳钢、奥氏体不锈钢、铜合金、铝合金、钛合金等。高通量换热器可适用的介质包括低碳烯烃、乙二醇、制冷剂、液氧、液氮。

高通量管按照加工方式可分为表面烧结型、机加工性、电化学腐蚀型和热喷涂型[2,4,5]。烧结型高通量管是指采用粉末冶金法在普通换热管表面烧结一定厚度且具有特定结构的多孔表面高效换热管，其表面多孔层的凹穴与孔隙相互连通，可以显著强化沸腾传热，传热效果为光壁管的3～10倍，是迄今为止换热系数最高的管式传热元件，具有高效沸腾换热（比常规换热器的总传热系数高4倍以上）、低温差沸腾（为普通光壁管的1/15～1/10）、高临界热流密度（为光壁管的2倍左右）和良好的反堵塞能力等特点。图5-3为西北有色金属研究院开发的金属纤维烧结型高通量管。机加工型高通量管是在普通光壁管表面进行机械加工螺旋环T型槽道，以此来增大管体表面的粗糙度，其换热效率处于中等水平。电化学腐蚀型与与热喷涂型造价较低，换热效率也较低。

图5-3　金属纤维烧结型高通量管[5]

烧结型表面多孔管的研究始于20世纪60年代。1956年工程师Milton进行了烧结多孔薄层应用于换热结构的研究，并于1968年申请了烧结型表面多孔材料的第一个专利。相似的专利相继于1973年、1974年、1977年获得批准，使烧结工艺渐渐成熟。美国UOP公司收购了该四项专利，推出著名的High-Flux商用烧结型多孔铜基高通量换热器（BFe10-1-1），占据了该类型换热器的国际市场的大部分份额。国内新建或改造的重要石化装置大量进口该产品。1996～2006年我国石化行业进口了数百吨High-Flux高通量换热管，在国内制成换热器，用于新建芳烃、乙二醇、焦化装置及其扩容改造。2008年，我国进口高通量换热管/换热器达44台，占到世界新增用量的88%。2009年，无锡化工装备股份有限公司与华东理工大学、中石化扬子石油化工有限公司联合开发出了6 m长钢管外表面烧结铜基合金粉末多孔层，制造出了第一台采用国产烧结型表面多孔管的换热器，在扬子石化炼油厂催化装置进行了工业化应用。据报道，中国石化扬子石油化工有限公司一大型石化装置采用一台国产高通量换热器，价格仅比原先使用的普通光壁管换热器增加了几十万元，但每年节省高压蒸汽消耗400多万元[6]。

5.2　交通运输行业

5.2.1　减　　振

金属橡胶是一种弹性多孔材料，既具有金属材料固有的特性，又具有类似橡胶大分子材料的空间网状结构，因此具有其他多孔材料无法比拟的特性，如高阻尼、高弹性、刚度可设计、环境适应性强、耐高低温、抗老化、不挥发等，可广泛应用于航空航天、交通运输、工业管道等领域的减振行业[7,8]，典型的金属橡胶减振/隔振结构如图 5-4 所示。

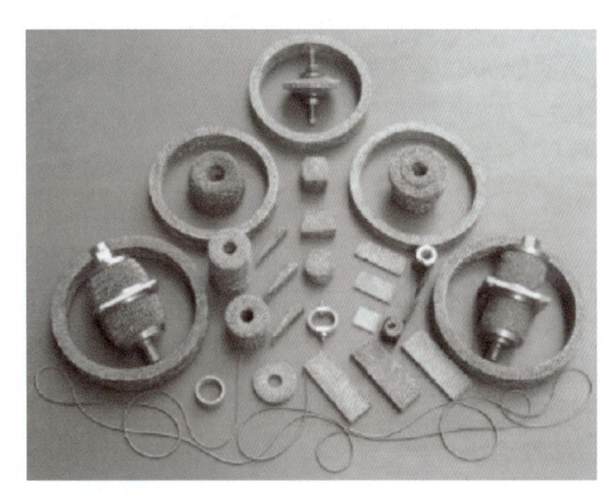

图 5-4　典型金属橡胶减振/隔振结构[7]

早在 1977 年，金属橡胶便被用于解决航天飞行器涡轮泵转子系统的动力学稳定性问题[9]，到目前为止仍然是低温环境中转子支承阻尼结构的最佳选择[10]。近年来，随着（无油）转子支承结构日益受到重视，国际上部分学者尝试将动压气体轴承与金属橡胶相结合，以解决其面临的承载能力、初始静载及稳定性等一系列问题，成为新一代高速转子的非接触支承。此类研究的典型案例是美国 Texas A&M 大学[11]研制的带金属橡胶自适应外环的箔片式动压气体轴承（图 5-5）。此外，航天器的仪表板缓冲垫、火箭发动机压力信号发生器隔振装置、太阳能帆板减振器、月球着陆器等多种设备中均采用金属橡胶作为减振/隔振元件。一台俄制或国产航空发动机往往在近百个位置采用金属橡胶进行振动抑制，如发动机安装节、外部管路弹性支承、导线插头支座、航行灯座、成附件系统等。另外，飞机光电吊舱中也有金属橡胶隔振器的应用。

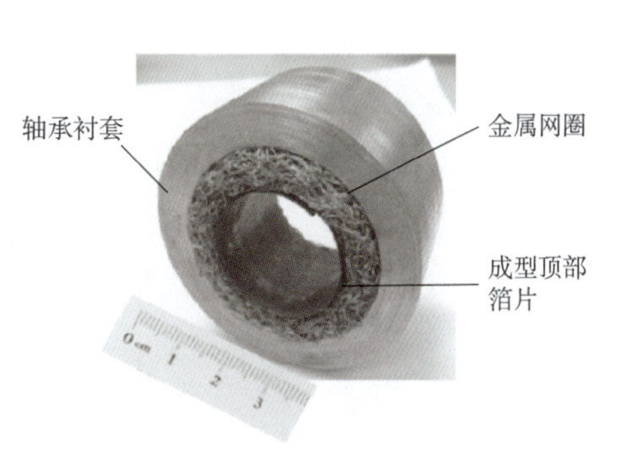

图 5-5　金属橡胶气体轴承[11]

随着金属橡胶制备技术的发展，其应用领域由军用逐步进入民用。如汽车工程领域的环形车用金属橡胶隔振环、汽车发动机隔振器等；机械加工领域的传输辊筒、冷锯机等；土木工程领域的高架桥梁缓冲器、剪力墙抗振器等。

除金属橡胶外，泡沫金属也可用于减振领域，然而纯泡沫金属的减振效果稍逊于金属橡胶。许多学者采用泡沫铝和高分子黏弹性材料制备高阻尼的泡沫铝复合材料，所采用的黏弹性材料包括硅橡胶、环氧树脂、聚氨酯等[12]。沙全友向 Zn-Al27 泡沫金属中浸渗高分子黏弹性材料，其阻尼性能提高一个数量级，基本达到黏弹性材料的水平[13]。为了使磁流体阻尼器能够用于稍高频率的振动控制，李明章[14]将磁流体与泡沫金属结合，提出了一种新型磁流体阻尼器，该阻尼器既发挥了磁流体的阻尼耗能作用，又发挥了泡沫金属缓冲减振的性能。同济大学李小龙等人[15]设计研制了一种桥梁用新型泡沫金属黏滞阻尼器(图 5-6)，使黏滞液体通过高孔隙率的泡沫金属，解决了普通油阻尼器的“真空”或“顶死”现象。小振幅时，黏滞液体的流动即可产生足够的阻尼力；大振幅时，将同时利用泡沫金属的阻尼特性实现耗能。

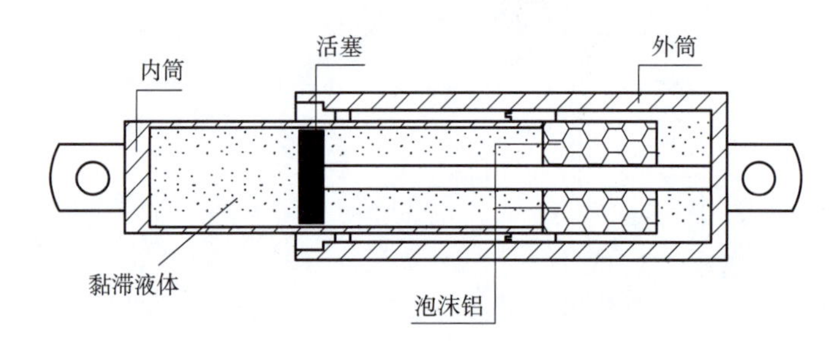

图 5-6　泡沫金属黏滞阻尼器[15]

此外，具有负泊松比效应的金属蜂窝基座能够满足承载要求且其减振性能远优于传统设备基座，更重要的是，蜂窝基座在提升减振性能的同时可大幅降低其自身重量[16]。

5.2.2　轻量化

在汽车轻量化方面[17,18]，根据结构用途和主要功能的差别，泡沫铝可分为三类：泡沫铝铸造零件、泡沫铝夹芯板、泡沫铝填充结构。

1. 泡沫铝铸造零件

铸造时适当配合使用发泡剂在模具中直接发泡可以生产出多孔轻质的泡沫铝铸件(图 5-7)，这些零件具有轻质、高刚度、高强度的特点，用于取代原来的实心铸件，能起到良好的减重作用[19]。Simancik 等人利用粉末冶金技术制备了以泡沫铝为基础材料的受力轴承，可显著降低重量，同时还能吸收运转时的振动能量和噪声[20]。

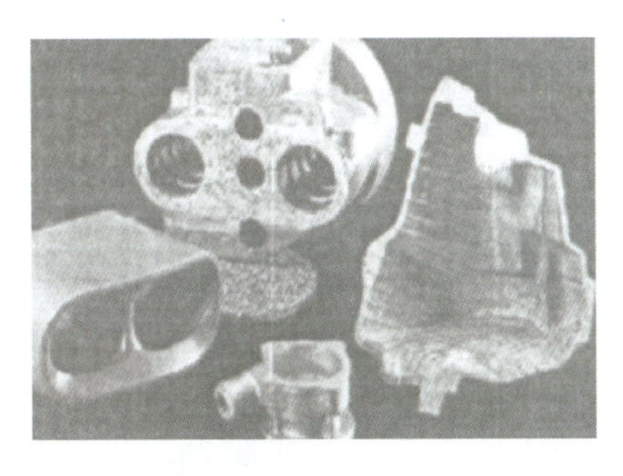

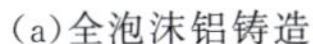

(a)全泡沫铝铸造

(b)部分泡沫铝铸造

图 5-7　泡沫铝铸造零件[19]

2. 泡沫铝夹芯板

泡沫铝夹芯板(aluminum foam sandwich,AFS)主要应用于车身覆盖件,相比原来的钢板,能够明显减轻车身重量,同时还能大幅提升覆盖件的刚度和强度。图 5-8 所示为卡曼汽车公司设计的轻便轿车,覆盖件采用了 AFS 后,重量减轻了四分之一,刚度却达到了原来钢板的近 8 倍。

图 5-8　覆盖件为夹芯铝的轿车

Baumeister 等人研究了复合泡沫铝三明治夹芯材料在纯电动汽车电池仓轻量化上的应用,取得了减重 10%～15%的效果,同时该材料还可以在碰撞时对电池包起保护作用[21]。

3. 泡沫铝填充结构

泡沫铝填充结构在减重的同时,还具备优良的静动态特性。通过调整板材的厚度或使用更薄的轻质材料,并在其内部填充泡沫铝可以起到很好的减重效果和更坚固的结构。奥迪 A8 的车身结构中(图 5-9)[19],主要支柱、纵梁、门槛梁和保险杠等多处填充了泡沫铝,其异常坚固而且更轻。

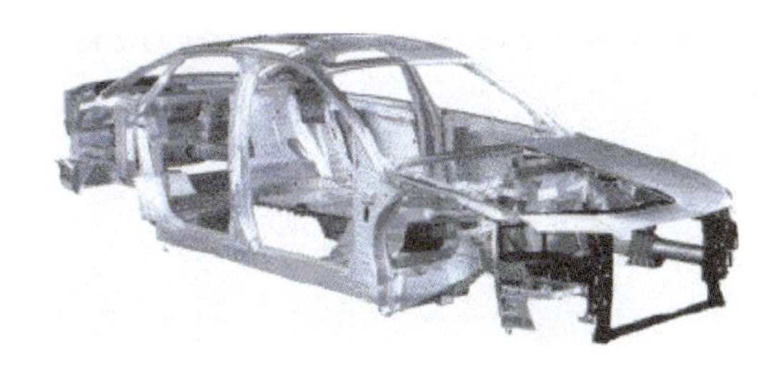

(a)奥迪 A8 白车身

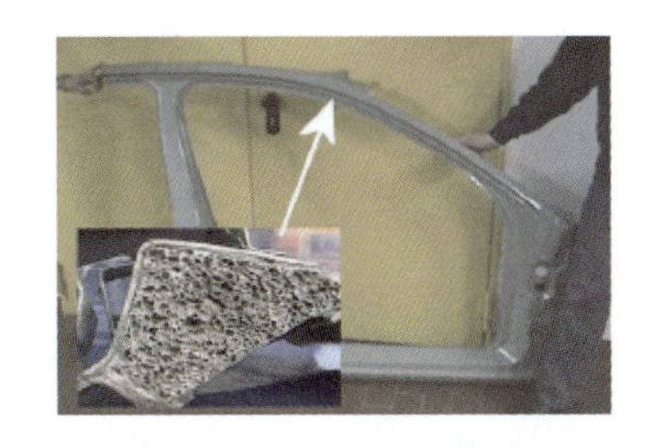

(b)内部填充结构细节

图 5-9　奥迪 A8 车身结构[19]

金属蜂窝材料的比强度高于泡沫金属，而制作成本又低于点阵金属材料。Resilient Tech 公司发明了一种用金属蜂窝材料作为轮辐的非充气轮胎（图 5-10），即使发生变形也可以正常行驶，保证了车辆在发生事故时的安全[22]。

(a)应用　　(b)结构

图 5-10　金属蜂窝轮胎的应用和结构[22]

2010 年，科尼赛克汽车股份有限公司推出 CCXR 版科尼赛克跑车（图 5-11）的底盘由碳纤维和铝蜂窝结构材料制成，底盘与油箱整体成形，可以获得最优化的重量分布和安全性能，该跑车车身由预浸料碳纤维/凯夫拉（Kevlar）及轻质的蜂窝夹层增强材料制成[23]。

图 5-11　底盘为铝蜂窝结构的科尼赛克跑车[23]

扬州亚星客车股份有限公司在 2010 年对铝蜂窝板用于客车地板进行了研究和应用[24]。根据铝蜂窝板的结构特点，采用了 20 mm 厚的铝蜂窝板。此外，飞机发动机托架也可采用蜂窝结构实现轻量化[25]。

5.2.3　含油轴承

烧结金属含油轴承是利用烧结体的多孔性，在孔隙内含浸润滑油，能够自行供油的一类滑动轴承。烧结金属含油轴承主要有铜基、铁基与铜铁基三大类，其结构中含有众多相互连通的开孔，孔隙率约为 10%～40%。烧结金属含油轴承比滚珠轴承噪声小、振动小，且制备工艺简单，大部分粉末烧结金属含油轴承可一次成形、孔隙率可调，基本不用切削加工，适合批量生产，价格低廉，耗油量小，不需要特殊的给油设备，可长久无给油运转。

烧结金属含油轴承主要应用于机械运输中，如汽车的雨刷电动机、电动窗用电动机、后视镜用电动机、洗窗器用电动机、燃料桶抽油用电动机、牵引器用电动机、水箱用清洗电动机、天线电动机、送风机用电动机、遮阳板用电动机、电动椅用电动机、引导皮带用电动机、调整车高用电动机，以及摩托车的启动、冷却用电动机等[26]。

台湾保来得公司开发的微型含油轴承(图 5-12)已占据显著的市场份额，月产能达 2 亿件，应用于奔驰等高级轿车的座椅调整器、福特汽车的自动挡变速箱等[27]。

图 5-12　台湾保来得公司开发的微型含油轴承[27]

江苏鹰球集团开发的粉末冶金铜基、铁基、铁铜基含油轴承(图 5-13)在日本、美国、东南亚等国家和地区占有一定的市场份额，其超微小含油轴承的尺寸精度较高，内径小于 0.8 mm，最小产品单件重量不足 0.01 g，年产值超 10 亿元[28]。

图 5-13　江苏鹰球集团开发的含油轴承[28]

浙江恒立粉末冶金有限公司开发的含油轴承(图 5-14)在常温下润滑油的浸润体积百分比可达 14%～18%，含油轴承和衬套密度小且具有多孔性，具备一定弹性抗冲击能力和缓冲能力，可广泛应用于国内外各品牌挖掘机和装载机等设备的机械关节部位[29]。

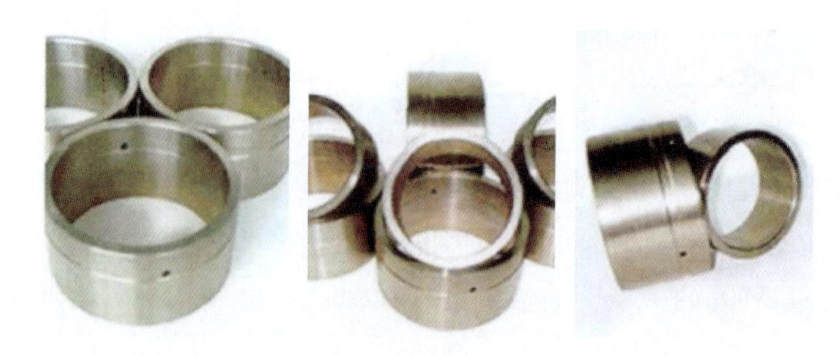

图 5-14 浙江恒立生产的粉末冶金含油轴承[29]

5.2.4 发汗材料

发汗冷却技术作为仿生技术，是利用生物为了生存对所处环境（温度）进行自身调节的一种能力和技术，即材料在高温环境下工作时，通过自身“出汗”以降低自身温度，进而达到热防护的目的。

按发汗冷却的自发性分类，可分为自发汗冷却和强迫发汗冷却。自发汗冷却材料通常为粉末冶金材料制品，以高熔点金属材料作为基体，在内部加入低熔点金属粉末颗粒作为冷却剂，在高温下汽化蒸发带走基体热量以降低材料温度。作为基体的高熔点相有 W、Mo、SiC、ZrB_2、TiB_2 等，低熔点相有 Cu、Al 等，但 W/Cu、Mo/Cu 等传统合金材料由于密度大、抗氧化性差、低温脆性等问题，在应用上受到限制[30,31]。相对于自发汗冷却材料，强迫发汗冷却材料是以气体或者液体为冷却介质。

目前，国外广泛用于航空发动机涡轮叶片的冷却技术主要有气膜冷却、冲击冷却、发汗冷却、肋壁强化换热、绕流柱强化换热等。图 5-15 所示为常用典型涡轮叶片的冷却结构[32]。发汗冷却叶片由骨架和金属丝网制成。骨架承担叶片所承受的应力，而由高温合金编织成的多层致密丝网形成叶片所需的气动力外形。这种丝网制成的叶片表面具有大量的细微小孔，冷却气流便从这些小孔渗出而在叶片外围形成连续而均匀的“保护毯”，从而把燃气与叶片表面隔开，大大削弱燃气对叶片的加热而起到隔热作用[33]。

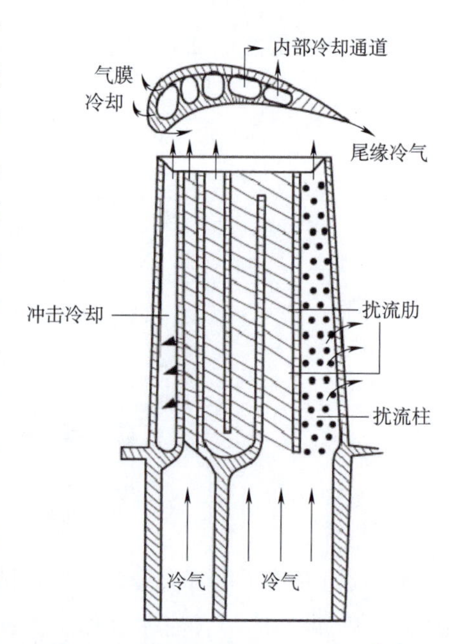

图 5-15 典型涡轮叶片冷却结构[32]

Vikulin 等人建立了烧结不锈钢纤维多孔材料制成的发汗冷却系统的研究模型，其几何特征取决于材料的孔隙率。该模型是带有进气喷嘴的管道，多孔结构由烧结不锈钢纤维材料制成，且多孔材料沿试验段形成纵向通道。研究表明，该发汗冷却实施方案为燃气轮机最高允许温度提高到 2 200 K 提供了支持[34]。

5.3　电子机械行业

烧结金属纤维多孔材料兼具多孔吸声材料的特性和良好的耐候性、刚性，是一种具有巨大发展潜力的吸声降噪材料，特别适用于航空航天、船舶、电子机械等特殊领域。针对航空器、电子器件及工业装备等领域对降噪或噪声防护的需求，西北有色金属研究院开展了超薄烧结金属纤维多孔材料及多孔-致密复合吸声结构的制备研究，开发出梯度结构烧结金属纤维多孔材料，可在限域空间内实现对宽频段、高声强噪声的高效吸收。采用厚度仅为 1.5 mm 的金属纤维梯度多孔吸声材料和 1 mm 厚的致密金属板制备的复合吸声结构，较传统隔声结构的隔声性能提高 12 dB，使电子器件输出信号的噪声信号电压降低了 52%，有效降低了外界噪声对电子器件的影响(图 5-16)，显著提高了电子器件的工作精度和可靠性，降低了配套系统的复杂程度。

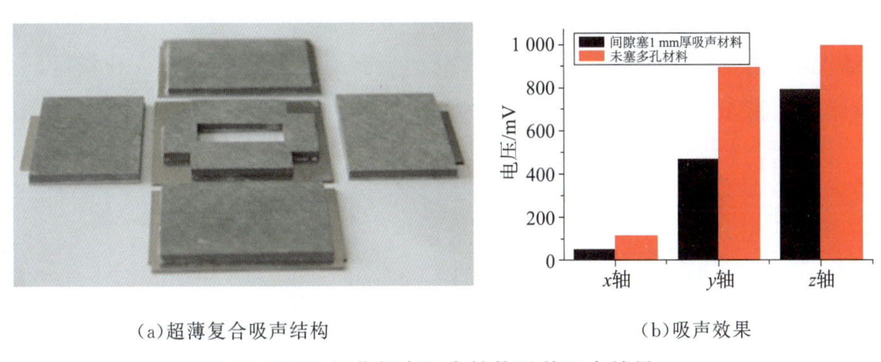

(a)超薄复合吸声结构　　(b)吸声效果

图 5-16　超薄复合吸声结构及其吸声效果

5.4　建 筑 行 业

门窗作为建筑节能的薄弱环节，目前采用的窗框材料主要为塑钢和断桥铝合金两种。但这两种材料均有相应的缺点：PVC 塑钢型材用于日照时间较长的地区或建筑外表面时，由于自身导热系数较低，致使日照一侧的表面温度过高，加之紫外线的作用，容易导致 PVC 型材老化发黄、变脆，甚至粉化，严重影响门窗的耐久性和建筑美观。断桥铝合金虽然较塑钢窗框耐久性好，导热性也较普通铝合金窗框小，但是其传热系数比 PVC 塑钢窗框高出一倍，隔热性能较差。泡沫铝合金制成的夹芯结构材料(图 5-17)，再结合断桥处理，不仅隔热性能优异，耐老化性好，而且轻质高强，兼具吸声隔声功能，是节能门窗的理想材料[35,36]。

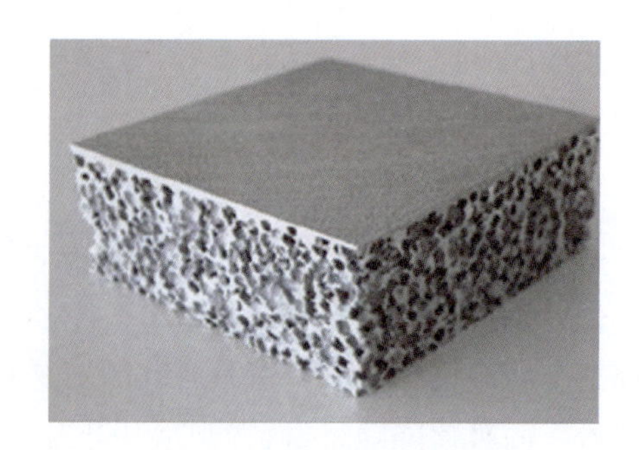

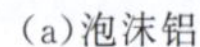

(a)泡沫铝　　(b)泡沫铝夹芯结构

图 5-17　泡沫铝及其夹芯结构[35]

多孔金属板材既可用于办公室和会议室的移动隔断，发挥吸声隔声功能，减少相互干扰，还可用作高速公路、地铁、高速铁路的声屏障(图 5-18)，减少车辆行驶噪声对附近居民的干扰。另外，多孔金属板还可作为超高层建筑的围护结构和轻质隔墙板，减轻建筑自重，并利用其特有的装饰效果美化建筑外观。采用多孔金属材料(如泡沫钢)直接与 H 型钢、T 型钢等构件组成复合钢结构，或者利用表面加工技术直接在型钢表面制备一层多孔钢结构，可有效提高钢结构的耐火性能，同时减轻结构自重。以多孔金属夹层板作为嵌入墙板，可在满足强度的情况下，避免使用钢板剪力墙板、内藏钢板混凝土预制剪力墙板和带竖缝混凝土剪力墙，减少结构用钢量、减轻自重、提高结构抗振性，同时兼顾保温和隔声性能。

(a)声屏障泡沫铝　　(b)声屏障泡沫铝工程应用

图 5-18　泡沫铝及其工程应用

5.5　生物医疗行业

多孔钛和钛合金、多孔镁、多孔钽由于具有低弹性模量、高比强度、优异的耐蚀性和良好的生物相容性，被广泛用作生物医疗植入物。

1. 多孔钛[37-39]

α 和近 α 钛合金作为第一代生物医学植入物，在室温下强度低、耐磨性差；第二代($\alpha+\beta$ 型)

钛合金的模量明显高于骨骼，并含有害元素（Al 和 V）。因此，无毒且具有低弹性模量的β型钛合金在近二十年获得了长足发展。基于钛的形状记忆合金因具有超弹性和形状记忆效应，也经常被用作生物医疗材料。图 5-19 所示为 3D 打印钛合金植入物。

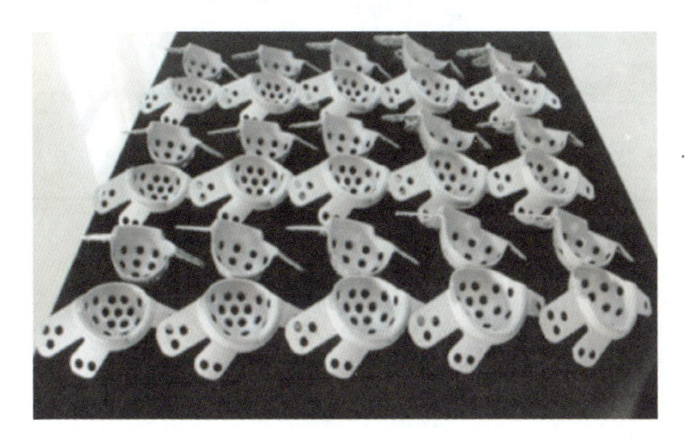

（a）标准化

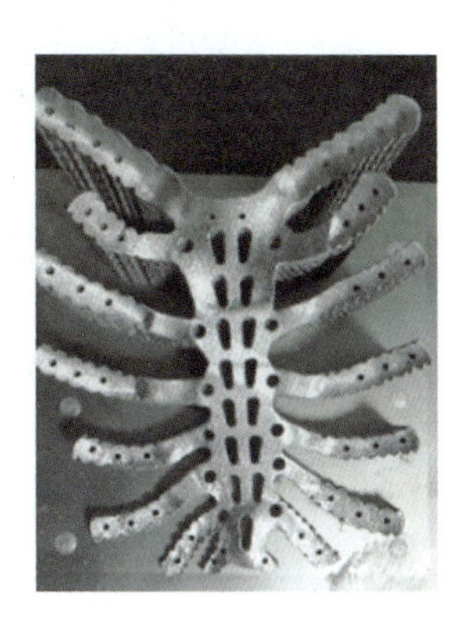

（b）定制化

图 5-19　电子束 3D 打印的钛合金标准化和定制化植入物

2. 多孔镁[40]

镁是人体的重要组成元素。镁支架由于其生物降解性，在体内会逐渐溶解，可在组织愈合后被吸收或排出体外，因此可以避免二次手术。镁的密度约为 1.74 g/cm^3，接近皮质骨的密度（1.75 g/cm^3）。多孔镁具有较高的比强度和比刚度，通过调节其孔隙率和孔径可以获得与人骨相近的弹性模量，主要用于取代骨组织的工程支架。此外，多孔镁的制备温度相对较低、发泡剂用量较少，因此具有显著的成本优势。

目前，多孔镁的制备方法主要有粉末冶金法、渗流铸造法、定向凝固法、发泡法和空心球铸造法等。

3. 多孔钽[41]

钽具有“亲生物”金属之称，具有极佳的生物惰性和生物相容性。由于纯钽与骨组织弹性模量相差较大，不利于骨结合，然而多孔钽却在提供力学强度的同时降低了应力屏蔽效应，有利于骨生物力学传导和骨骼再生后的塑形。同时，多孔钽可吸引骨组织和血管组织向多孔钽内生长。基于上述特性，多孔钽广泛应用于股骨头坏死、关节置换、骨缺损等骨科领域，并取得了理想疗效。因此，多孔钽被认为是目前最为理想的骨科植入材料。然而，由于人体结构的差异性、骨缺损部位解剖外形的随机性，如骨肿瘤患者、畸形患者等，标准化多孔钽的制备工艺已经不能满足患者个性化治疗的需求。从临床医学发展趋势看，发展个性化植入体将是更好的选择（图 5-20）。

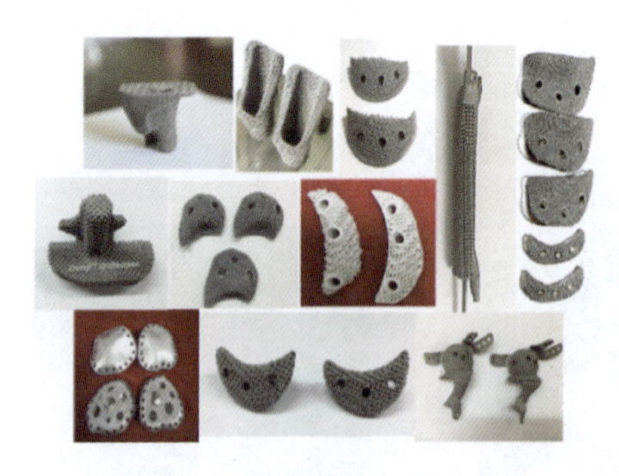

(a)个性化多孔钽植入体

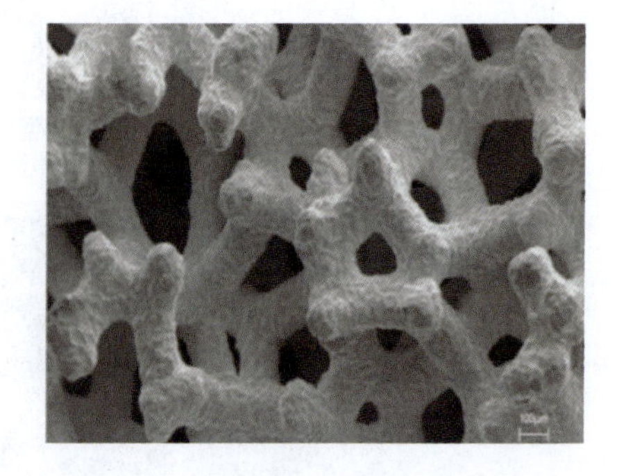

(b)个性化多孔钽植入体的微观形貌

图 5-20　临床医学中的个性化植入体[41]

参考文献

[1]　张晓方,卜亿峰,门卓武. 过滤技术在油浆分离中的应用[J]. 化工进展,2016(12):3746-3754.

[2]　赵洋,任淑彬,王凤林,等. 铜基高通量换热管内多孔层的制备及性能研究[J]. 粉末冶金技术,2018,(3):170-176.

[3]　郭晓园. 高通量管换热器在乙苯装置中的应用[J]. 当代石油化工,2024,32(1):37-41.

[4]　刘建书,曹洪海,袁云中,等. 烧结型表面多孔高通量换热器简介[J]. 化工设备与管道,2009,46(增刊1):39-42.

[5]　汤慧萍,王建忠. 金属纤维多孔材料—孔结构及性能[M]. 北京:冶金工业出版社,2016.

[6]　刘京雷,徐宏,王学生,等. 高通量换热器的产业化研发[C]. 全国第四届换热器学术会议,合肥,2011:50-53.

[7]　张大义,夏颖,张启成,等. 金属橡胶力学性能研究进展与展望[J]. 航空动力学报,2018,33(6):1433-1445.

[8]　白鸿柏,路纯红,曹凤利,等. 金属橡胶材料及工程应用[M]. 北京:科学出版社,2014.

[9]　CHILDS D W. The space shuttle main engine high pressure fuel turbopump rotordynamic instability problem[J]. Journal of Engineering for Gas Turbines and Power, 1977, 100(1): 48-57.

[10]　OKAYASU A, OHTA T, AZUMA T, et al. Vibration problem in the LE-7 LH2 turbo pump[J]. Orlando: The 26th Joint Propulsion Conference, 1990.

[11]　ANDRES L S, CHIRATHADAM T A, KIM T H. Measurement of structural stiffness and damping coefficients in a metal mesh foil bearing[J]. Journal of Engineering for Gas Turbines and Power, 2010, 132(3): 763-771.

[12]　轩鹏. 高性能泡沫铝减振机理及力学性能试验研究[D]. 南京:东南大学,2016.

[13]　沙全友. ZA27泡沫金属基复合材料的制备工艺及阻尼和力学性能研究[D]. 洛阳:洛阳工学院,1999.

[14]　李明章,焦映厚,涂奉臣,等. 磁流体-泡沫金属阻尼器减振性能的研究[J]. 哈尔滨工业大学学报,2006,38(2):177-179.

[15]　李小龙,孙利民. 桥梁减振用新型泡沫金属粘滞阻尼器,中国,ZL201420152424.5[P]. 2014.

[16]　张相闻. 船舶宏观负泊松比效应蜂窝减振及防护结构设计方法研究[D]. 上海:上海交通大学,

2017.
[17] 胡清寒. 适用于更轻量化车辆的泡沫铝材料[J]. 汽车工艺与材料,2008(5):28-32.
[18] 毛春升,钟绍华. 泡沫铝技术及其在车辆中的应用[J]. 汽车工艺与材料,2006(5): 6-9.
[19] 庄维. SUV车架纵梁填充泡沫铝的轻量化效果及碰撞安全性研究[D]. 广州:华南理工大学,2016.
[20] SIMANCIK F. Alulight-aluminum foam for lightweight construction[C]. Detroit, United States, SAE International, 2000: 031-039.
[21] JOACHIM B, JÖRG W, EVA H, et al. Applications of aluminum hybrid foam sandwiches in battery housings for electric vehicles[C]. 8th International Conference on Porous Metals and Metallic Foams,Procedia Materials Science, 2014, 4(1): 317-321.
[22] RHYNE T, CRON S M. Development of a non-pneumatic wheel[J]. Tire Science and Technology Journal, 2006, 34(3): 150-169.
[23] 刘金龙. 铝蜂窝复合材料客车底板性能研究及应用[D]. 广州:华南理工大学,2012.
[24] 张德平. 铝蜂窝板在客车地板上的应用研究[J]. 客车技术与研究,2010(4): 41-42.
[25] 谭立忠,方芳. 3D打印技术及其在航空航天领域的应用机[J]. 战术导弹技术,2016(4): 1-7.
[26] 贾成厂. 烧结金属含油轴承[J]. 金属世界,2011(1): 28-34.
[27] 台湾保来得股份有限公司. 产品介绍—含油轴承零件[EB/OL]. https://www.porite.com.tw/tw/html/product/index.php? cid=49.
[28] 江苏鹰球集团有限公司. 粉末冶金精密含油轴承—超微小精密含油轴承系列[EB/OL]. http://www.jsyq.cn/list.asp? classid=19.
[29] 何启华,严超群. 浙江恒立合金含油轴承[J]. 工程机械,2016, 47(2): 83.
[30] 丁亮. 烧结多孔介质材料发汗冷却的研究[D]. 合肥:中国科学技术大学,2012.
[31] 吉洪亮,张长瑞,曹英斌. 发汗冷却材料研究进展[J]. 材料导报,2008, 22(1): 1-3.
[32] 卫海洋,徐敏,刘晓曦. 涡轮叶片冷却技术的发展及关键技术[J]. 飞航导弹,2012(2): 61-64.
[33] 倪萌,朱惠,裘云,等. 航空发动机涡轮叶片冷却技术综述[J]. 燃气轮机技术,2005, 18(4): 25-33.
[34] VIKULIN A V, YAROSLAVTSEV N L, ZEMLYANAYA V A. Investigation into transpiration cooling of blades in high-temperature gas turbines[J]. Thermal Engineering, 2019, 66(6): 397-401.
[35] 耿城. 金属多孔材料在建筑领域的应用展望[J]. 中国金属通报,2016(6): 21-22.
[36] 魏剑,桑国臣. 金属多孔材料在建筑领域的应用展望[J]. 热加工工艺,2009, 38(22): 59-64.
[37] ZHANG L, CHEN L. A review on biomedical titanium alloys: Recent progress and prospect[J]. Advanced Engineering Materials, 2019, 21(4):1-29.
[38] WIRIA F, MALEKSAEEDI S, HE Z. Manufacturing and characterization of porous titanium components [J]. Progress in Crystal Growth and Characterization of Materials, 2014, 60(3/4): 94-98.
[39] HARUN W, KAMARIAH M, MUHAMAD N, et al. A review of powder additive manufacturing processes for metallic biomaterials[J]. Powder Technology, 2018, 327:128-151.
[40] QIN J, CHEN Q, YANG C, et al. Research process on property and application of metal porous materials[J]. Journal of Alloys & Compounds, 2016, 654: 39-44.
[41] 杨柳,王富友. 医学3D打印多孔钽在骨科的应用[J]. 第三军医大学学报,2019, 41(19): 1859-1866.

第6章 多孔金属的功能应用

由于其优异的物理和机械特性，多孔金属作为结构材料已在诸多领域得到应用。近年来，能源、环境等领域的快速发展对新材料的开发提出了新的要求，围绕多孔金属的特点进一步开发其功能特性已成为发展趋势。基于多孔金属表面和界面特性并结合各类结构调控手段，多孔金属材料已在催化、电催化、能源、光学与传感等领域展现了越来越多的应用潜力，逐渐成为一类独特的结构功能一体化材料。

6.1 催化与电催化

在化学反应中，催化剂与反应物分子的相互作用可导致反应途径的改变，从而影响反应的活性和选择性。催化剂的表面组分和结构很大程度上决定了催化剂的热力学反应活性，而电子、离子的传递，各类反应物、中间物种以及产物的输运则影响整个反应的动力学快慢（图6-1）。因此，具有良好导电和传质特性的多孔金属是天然的催化剂和电催化剂。

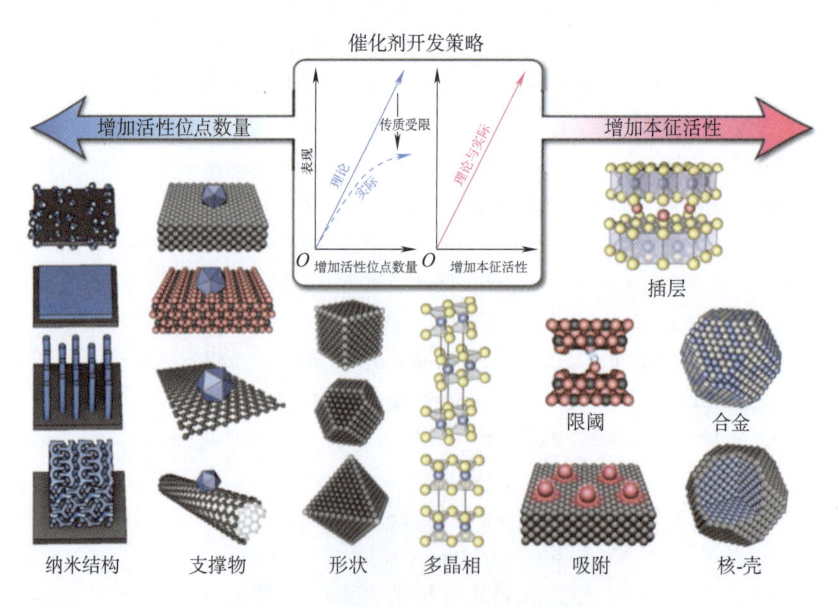

图6-1 异相催化剂的设计策略[1]

6.1.1　工业催化

多孔金属在元素选择方面有较大的灵活性，因此，理论上可适用于众多催化反应。然而，由于许多金属价格较为昂贵，为了提升其使用效率，金属催化剂通常以负载型颗粒的方式来呈现。因此，多孔金属在实际工业催化中的应用例子较少，主要集中在泡沫金属和雷尼金属等少数几个种类。

通过各类发泡造孔技术制备的泡沫金属，如镍、铜、银等单质材料以及镍铁铬铝、镍铬铝、铁铬铝等合金材料，其孔径通常在几微米至几毫米之间，具备孔隙率较高、密度低、传质性能好等一系列优点，在工业上常作为催化剂载体和电极材料被使用。与泡沫金属相比，基于脱合金方法制得的多孔金属的孔径在纳米级，比表面积可达几十甚至上百平方米每克，因此本身就可以作为高效催化剂被直接使用。常见的纳米级多孔金属催化剂有雷尼镍、雷尼铜、雷尼钴等，其中雷尼镍应用最为广泛，在工业上常应用于加氢、异构、脱硫等催化反应。

6.1.1.1　泡沫金属的应用

1. 催化剂载体

根据经典催化理论，异相（亦称多相）催化剂在化学反应中的作用主要取决于其表面结构和活性表面积的大小。因此，将催化剂加工成多孔结构或者将催化剂负载在具有较大比表面积的载体上，可以增大催化剂的比表面积，从而提高催化效率。此外，与常见的颗粒型非金属和氧化物相比，泡沫金属具有高导电、高导热和良好的机加工特性，可针对不同应用加工成各种形状。尤其是在一些对传质要求较为苛刻的气体和液体催化反应中，泡沫金属的孔道结构体现了独特的优势[2]。

与当前广泛应用的多孔陶瓷类似，泡沫金属也可以作为催化剂载体参与反应过程[3]。例如镍铬或镍铬铝基泡沫金属可同时作为热交换反应器和催化剂载体实现高效的甲烷催化氧化[4]。泡沫金属也已在甲烷蒸汽重整、甲烷化、脱氢、乙烯氧化、水汽变换、NO_x 消除等重要反应中作为催化剂载体发挥作用，通常体现了良好的机械稳定性和抗热冲击特性[5]。利用热沉积法和化学沉积法将铂、钯以及其他过渡金属氧化物负载在泡沫金属上，可用于催化降解废气和汽车尾气，其物化性能、气体动力学和催化活性优于传统的颗粒状和蜂窝状催化剂[6]。

2. 催化剂

泡沫金属也可作为催化剂直接应用于化工生产，如小分子的碳链加氢、氧化等。Pestryakov 等人利用泡沫银和泡沫铜实现了甲醇、乙醇和乙二醇的部分氧化[7]。泡沫铜应用于水煤气变换反应也体现了较好的催化性能[8]。研究发现，这种泡沫金属催化剂具有较高透气性、机械强度和耐热性，催化效果远胜于传统的结晶状和颗粒状金属催化剂。特别是高孔隙泡沫金属具有互通开放的孔道，在流体反应中可显著改善传质阻力，反应中单位压力损失显著低于颗粒状催化剂。

除此之外，泡沫金属也可以直接作为电极应用于各类电催化反应中。例如，使用泡沫镍可增加电流密度，从而提高电催化苯甲醇氧化性能[8]。结合金属的氧化还原性，泡沫金属在去除水中污染物尤其是重金属离子方面也具有优势。例如，泡沫铝可用于还原Cr(Ⅵ)离子，从而达到净化水的目的[10]。

6.1.1.2 雷尼金属的应用

1. 雷尼镍(又译兰尼镍)

20世纪20年代，工程师莫里·雷尼(Murray Raney, 1885.10—1966.03)使用比例为1∶1的硅镍混合物作为前躯体，经过氢氧化钠溶液处理去除硅形成具有多孔结构的镍。这种方法制得的多孔镍对棉籽油的氢化催化反应活性比传统的镍催化剂高出数倍。随后，他发现用比例为1∶1的镍铝合金通过相同方法制得的多孔镍催化剂的催化活性更高。1926年，雷尼为此方法申请了题为“Method of producing finely-divided nickel”的专利(US1628190，图6-2)。时至今日，他当初使用的组成比例(1∶1)仍被认为是生产多孔镍催化剂的最优配比，用此类方法制备的多孔镍催化剂也因此被业界统称为雷尼镍。

Patented May 10, 1927. 1,628,190

UNITED STATES PATENT OFFICE.

MURRAY RANEY, OF CHATTANOOGA, TENNESSEE.

METHOD OF PRODUCING FINELY-DIVIDED NICKEL.

No Drawing. Application filed May 14, 1926. Serial No. 109,169.

This invention relates to a method of preparing catalytic or finely divided material.

The principal object of the invention is 5 the production of metallic nickel in a catalytic state such as may be used in the hydrogenation of oils, fats, waxes and the like.

To this end the invention contemplates the alloying of metallic nickel with metals such 10 as silicon and aluminum in various proportions, and then dissolving the aluminum and silicon from the alloy by means of a solvent which will not attack the nickel, whereupon the nickel remains in a finely 15 divided state.

In this condition the nickel may be extremely catalytic, these properties apparently being intensified by the treatment.

The steps pursued in the treatment of the 20 nickel are as follows:—

the invention is not to be restricted to the proportions given.

The solvent may be of any desired strength, dependent upon the rapidity with which it is desired to remove the aluminum, 60 or the aluminum and silicon. In the dissolving action a considerable amount of hydrogen is liberated, and this may be saved and used for other purposes, or not, as found convenient and expedient. 65

After having dissolved out the aluminum or the aluminum and silicon the resulting finely divided nickel may be dried at atmospheric temperature or in any other way exposed to the air, as a result of which the 70 nickel does not have catalytic properties, but this substance is in this form suitable for many purposes.

I have gotten efficient results in the nickel

图6-2 Murray Raney及其申请的雷尼镍专利[11]

除了优异的催化活性和热稳定性，雷尼镍还具有密度较高和不溶于除无机酸外的常用溶剂的特点，从而使其在反应结束后可以很方便地从反应液中被分离出来而省去了复杂的后处理程序[14]。近百年来，雷尼镍催化剂被广泛应用于各类有机还原反应以及医药、合成纤维、香料、染料、油脂等领域，主要的反应类型包括炔烃、芳烃、硝基等催化加氢和饱和烃的氢解、异构、环化等[13]。由于雷尼镍的催化活性受制备条件的影响较大，目前通常按W-1至W-7编号对其活性进行分级，催化活性与编号数值成正比[14]。此外，其催化活性也可通过在制备镍铝合金时加入适量的其他金属甚至非金属元素来进行调控。当然，活性的提高通常也会伴随副反应的发生，因此有报道称，一些工业反应过程中会加入适量的亚硫酸盐来对催化剂进行毒化处理，以适度降低雷尼镍的催化活性来降低其他副反应的产生[15]。

自20世纪发明以来，雷尼镍催化剂的应用不断拓展。据统计，2017年全球产能接近2.8万吨。根据其用途和形态，主要可以分为浆状雷尼镍、粉末雷尼镍和固定床雷尼镍催化剂三个类别。传统的浆状或粉末雷尼镍催化剂存在容易粉化流失而失活、反应完毕后需要过滤分离催化剂等缺点，适于小批量生产。从20世纪70年代起，工业界开始探索能够应用于固定床加氢的雷尼型催化剂。作为专用于固定床连续加氢工艺开发的新一代催化剂，其特点为无需过滤、寿命可以长达几年、低温活性好[16]。

在工业催化中，雷尼镍主要用于不饱和化合物、芳香化合物、杂环化合物，碳基、羧基、含硫、含卤化合物，碳氮键、碳氧键等加氢还原(表6-1)[17]，反应机制主要包含加氢脱硫、加氢脱卤、加氢异构、氢解等。闵恩泽、宗保宁等人研发的非晶态雷尼镍催化剂用于己内酰胺加氢精制、苯甲酸加氢、葡萄糖加氢及药物中间体合成等[18]；迅凯化工开发的固定床雷尼镍催化剂用于己内酰胺、1,4-丁二醇的加氢精制等[16]；大连通用化工开发的固定床雷尼镍催化剂用于金陵石化乙二醇加氢精制、四川天华1,4-丁二醇加氢精制、浙江龙盛混硝基苯加氢精制、东北制药淀粉糖加氢、益海嘉里脂肪腈加氢、山东海力己内酰胺加氢、吉华H酸加氢精制等[16]；格蕾斯公司开发的催化剂用于1,4-丁炔二醇加氢[19]；德固赛雷尼固定床催化剂已用于马来酸酐加氢以及三甲基六亚甲基二胺、2-(3-氨甲基)-3,5,5-三甲基环己基1,3-丙二胺、2-(3,3,5-三甲基环己基1,3-丙二胺等精细化学品生产[16]。此外，雷尼镍催化剂应用于苯加氢生成环己烷也是代表性工业应用之一[20]，所得的环己烷可用于合成己二酸，而己二酸是合成纤维尼龙66(聚己二酰己二胺)的重要原料。

表6-1 雷尼镍催化的部分工业反应

反应	原料	产物
硝基化合物加氢	2,4-二硝基苯 2-硝基丙烷	2,4-二氨基苯 异丙胺
烷基加氢	3-二氧噻吩烯	环丁砜
羰基加氢	右旋糖 2-乙基己醛	山梨糖 2-乙基己醇
氰基加氢	硬脂腈 己二腈	硬脂胺 1,6-己二氨
醇胺解	1,6-己二醇	1,6-己二氨
炔烃加氢	1,4-丁炔二醇	1,4-丁二醇
芳环加氢	苯 苯酚	环己烷 环己醇
烷基还原	十二烷胺+甲醛	N,N-二甲基十二烷胺
甲烷化	合成气($CO/CO_2/H_2$)	甲烷

雷尼镍催化剂除了用于加氢反应外，还可用于氨化、环化等反应。例如大连通用化工开发的催化剂已应用于正大聚乙二醇氨化生产聚醚胺的氨化反应[16]。

2. 其他雷尼金属(雷尼铜和雷尼钴)

采用雷尼镍类似的制备方式,可以得到其他多孔金属催化剂,如雷尼铜和雷尼钴,然而有关其工业催化应用的报道相对较少。雷尼铜可以用于CO氧化、水煤气变换、甘油氢解、低温合成甲醇、甲醇脱水制甲酸甲酯、甲酸烷基酯水解制醇、糠醛加氢、CO_2及碳酸盐氢化制备甲酸等反应[21-24]。其中,在水煤气变换反应及低温合成甲醇反应中,雷尼铜可替代工业$CuO\text{-}ZnO\text{-}Al_2O_3$催化剂,因此具有很好的工业应用前景[17]。对于甘油氢解制丙二醇,格雷斯公司报道雷尼铜催化剂具有优异的性能,甘油转化率在80%以上[22]。

雷尼钴催化剂则可用于腈类和醛酮类加氢、异佛尔酮二胺合成等反应。例如,杜邦公司在采用两步法合成异佛尔酮二胺中,利用雷尼钴催化剂将异佛尔酮腈亚胺加氢转化为异佛尔酮二胺,可得到纯度为90%的产品[25]。住友公司采用雷尼钴催化剂在釜式反应中可得到纯度大于90%的异佛尔酮二胺产品[26]。德固赛公司和联碳公司通过水合肼合成异佛尔酮二胺,采用雷尼镍和雷尼钴催化剂,最终异佛尔酮二胺的产率达到89%[27]。

6.1.2 精细有机合成

限于20世纪初的研究条件,莫里·雷尼在发现雷尼镍催化剂的时候显然并不了解其确切的形成机制、形貌结构、催化作用方式等。实际上,雷尼镍本质上是镍基合金经过碱液脱合金过程形成的纳米多孔镍。随着材料加工工艺与处理技术的进步,近年来越来越多的纳米多孔金属及相关复合材料被开发,并已在诸多领域被探索和应用[28]。通过调控其组成、形态、孔道等关键结构参数,纳米多孔金属催化剂已在一系列有机合成反应中被用于制备高价值精细化学品[29]。

6.1.2.1 纳米多孔金属催化氧化反应

针对精细化学品合成领域长久以来存在的生产工艺成本高与环境污染大等问题,开发经济、绿色、高效的合成手段备受关注。纳米多孔金属催化剂的系列优良特性可望为以上问题提供解决方案[30]。

Yamamoto和Asao研究团队发现,使用纳米多孔金催化剂(NPAu)可在液相无添加剂的情况下利用氧气作为氧化剂实现一级醇和二级醇的选择性部分氧化(图6-3)。在氧气氛围下,使用10% NPAu催化1-苯基丁醇在60 ℃甲醇溶液中反应可生产相应的酮产物,收率可达96%。该催化剂重复使用四次无活性损失,且由于催化剂薄片的宏观形态特点,对其回收利用简单快捷。该催化氧化反应体系可兼容一系列芳香醇与脂肪醇,使之高效转化为相应的酮与醛产物[31]。此外,他们还发现,在氧气氛围下使用含3%银的纳米多孔金催化初级胺衍生物在甲醇溶液(60 ℃)中反应可生成相应的甲酰化产物[32]。值得注意的是,使用铝-金合金腐蚀产生的多孔金催化剂几乎没有催化氧化活性,说明痕量的银对于反应有着至关重要的影响,该现象可能与银表面催化分子氧解离作用有关。

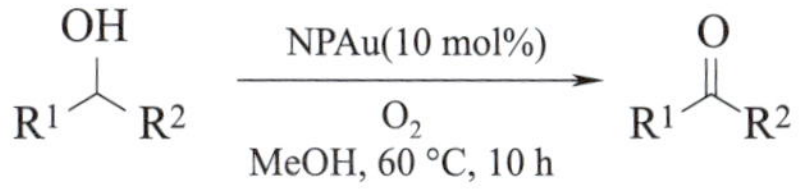

$$R^1CH(OH)R^2 \xrightarrow[\text{MeOH, 60 °C, 10 h}]{\text{NPAu(10 mol\%)},\ O_2} R^1C(=O)R^2$$

R^1：烷基，芳基；R^2：烷基，芳基，H.

图 6-3　纳米多孔金催化醇氧化制备酮醛化合物[31]

非均相催化硅氢烷与水氧化反应制备相应的硅醇是最经济、绿色的硅醇合成手段，其副产物为无毒氢气，且催化剂可回收利用[33]。然而，传统的非均相催化体系有很多缺陷，例如生成二硅氧烷副产物导致硅醇合成效率与选择性较低，反应温度过高等问题[34]。Yamamoto 和 Asao 研究团队使用纳米多孔金在常温下催化硅氢烷与水反应，专一选择性地生成相应的硅醇并放出氢气副产物(图 6-4)，该反应对于碳碳双键、三键官能团有良好的兼容性且部分反应产物收率可达 100%[35]。

$$\text{R-Si-H} + H_2O \xrightarrow[\text{丙酮,1-5 h,rt}]{\text{NPAu(1 mol\%)}} \text{R-Si-OH} + H_2$$

图 6-4　纳米多孔金催化硅氢烷与水反应制备硅醇[35]

葡萄糖是一种重要的医药原料，Ding 课题组发现将氧气通入含有纳米多孔金催化剂的葡萄糖溶液中，其分子结构中的醛基团可高效选择性氧化生成相应的医药中间体葡萄糖酸[36](图 6-5)。该研究发现，pH 与催化剂的孔径对反应产生重要影响，使用 pH 为 9、孔径约为 30 nm 的纳米多孔金体现了最高的催化效率。

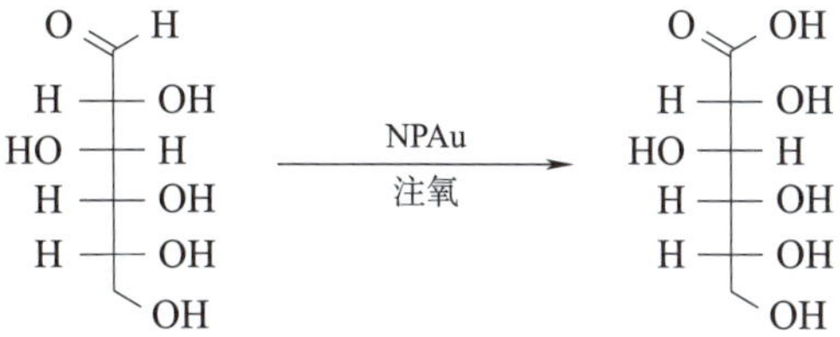

```
  O   H                          O   OH
   \\ /                           \\ /
 H --+-- OH                     H --+-- OH
HO --+-- H        NPAu         HO --+-- H
 H --+-- OH   ----------->      H --+-- OH
 H --+-- OH       注氧          H --+-- OH
     \                              \
      OH                             OH
```

图 6-5　纳米多孔金催化氧化葡萄糖制备葡萄糖酸[36]

6.1.2.2　纳米多孔金属催化还原反应

不饱和有机化合物，如烯、炔及羰基衍生物的催化还原为社会生产提供了广泛的化石燃料、日用化学品及医药原料[37]。不断开拓新型催化体系，降低生产成本及生产过程的环境污染是当前合成化学中的重要问题。近十年来，使用无负载纳米多孔金属，尤其是纳米多孔金(NPAu)在催化探索不饱和化合物还原反应中也取得了长足进步，相较于传统非均相催化剂，其在催化活性、选择性、循环利用等方面具有明显优势[38]。

纳米多孔金催化硅氢烷与水反应可释放氢气，这为还原不饱和化合物提供了重要的氢源(图 6-4)。利用硅氢烷与水作为氢源，使用纳米多孔金作为还原剂实现了对炔类(碳碳三键)化合物向烯烃的还原(图 6-6)[39]。该反应对于脂肪类炔和芳香炔都有很高的反应活性,并且在内炔的还原中,其顺式烯烃产物选择性可达 100%。值得注意的是,DMF 溶剂对于该类反应有特殊的效果,可能由于其在反应过程中原位产生了胺类化合物(如三甲胺、二甲胺等),这些胺类小分子可抑制反应中氢气的释放。此外,Asao 团队发现使用甲酸作为氢源,纳米多孔金也可在 DMF 溶液中催化对炔类化合物向烯烃的还原反应,该纳米多孔金催化剂经过滤重复使用五次没有损失催化活性且保持了其纳米孔结构[40]。

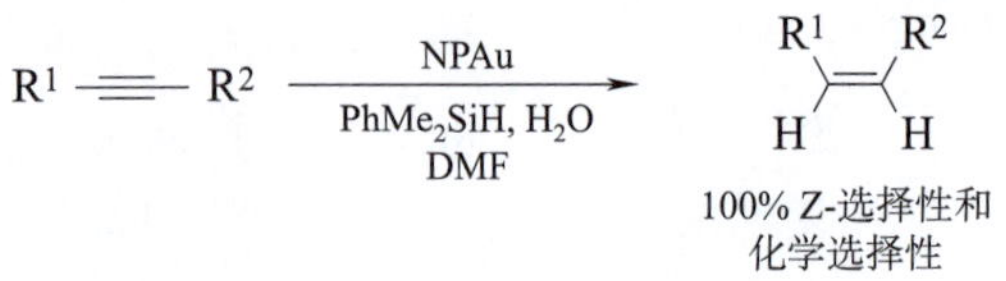
R1
R2
NPAu
PhMe2SiH, H2O
DMF
R1
R2
H
H
100% Z-选择性和
化学选择性

图 6-6　纳米多孔金高效选择性还原内炔[39]

2013 年,Yamamoto 课题组报道了使用纳米多孔金催化喹啉衍生物还原制备相应的四氢喹啉产物[41],该类骨架结构化合物作为生物活性分子在医药开发中有广泛应用[42]。相较于传统加氢还原反应中的高压、高温条件[43],使用纳米多孔金作为催化剂,有机硅氢烷/水作为氢源,在甲苯溶液中反应可高效制备四氢喹啉衍生物(图 6-7)。该反应条件温和,操作安全,反应效率较高且催化剂可重复使用,契合绿色化学的要求。

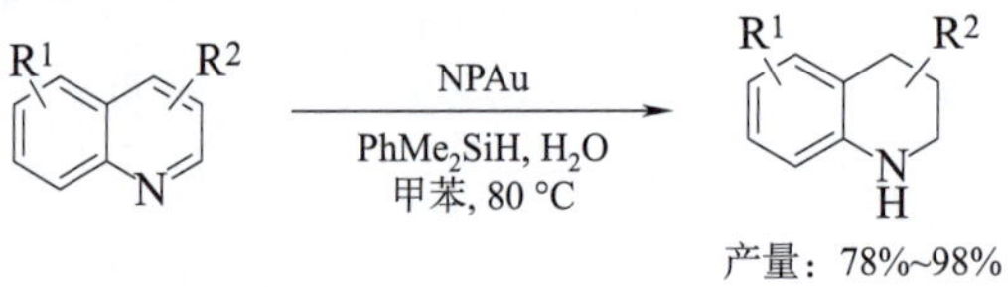
R1
R2
N
NPAu
PhMe2SiH, H2O
甲苯, 80 °C
R1
R2
N
H
产量: 78%~98%

图 6-7　纳米多孔金催化还原喹啉衍生物[43]

不饱和化合物催化加氢反应制备精细化学品是有机合成的重要手段[44],因此开发新型的催化剂实现高效加氢还原有着实际应用价值。根据文献报道,相较于其他过渡金属,金表面对氢气的吸附及解离能力较弱,因此金催化剂加氢反应常需要高温高压条件,这限制了金催化剂在催化加氢合成中的应用[45]。Yamamoto 和包明研究团队发现,使用含银 1%的纳米多孔金可在温和条件下进行系列不饱和化合物,如醛、炔的加氢还原,该反应适用底物范围较广且具有极高的活性与选择性(图 6-8)[46]。对于含有多个官能团的复杂底物分子,如肉桂醛衍生物,该反应体系可实现羰基还原的 100%化学选择性而不破坏碳碳双键。

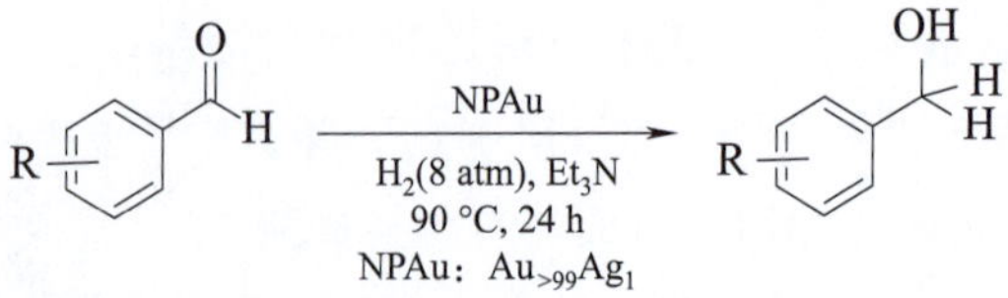
O
H
R
NPAu
H2(8 atm), Et3N
90 °C, 24 h
NPAu: Au>99Ag1
OH
H
H
R

图 6-8　纳米多孔金催化加氢还原醛类化合物[46]

6.1.2.3　纳米多孔金属催化偶联

作为合成精细化学品的重要手段，偶联反应通常借助于过渡金属配合物进行均相催化反应实现分子间的选择性交叉偶联[47]。将均相反应异相化可便于催化剂的高效回收并重复利用进而降低工艺成本，且有利于反应产物的分离提取[48]。目前，纳米多孔金属在非均相催化偶联反应中的研究与应用尚处于初级阶段，考虑到该类催化剂在制备与使用方面的优势，该方向值得深入探索。

纳米多孔钯作为非负载型催化剂已被用于交叉偶联反应[49]。Yamamoto 课题组率先报道了纳米多孔钯催化碘苯与烯进行 Heck 反应得到了很高的偶联产物收率（部分产物可达 99%），该催化剂重复使用四次，催化效率没有任何损失（图 6-9）[50]。相较于商业化的炭载钯（Pd/C）与钯黑（Pd black），纳米多孔钯（NP-Pd）在相同条件下催化效率最高，贵金属浸出量最少，这为进一步拓宽其在有机催化领域的应用提供了研究动力。

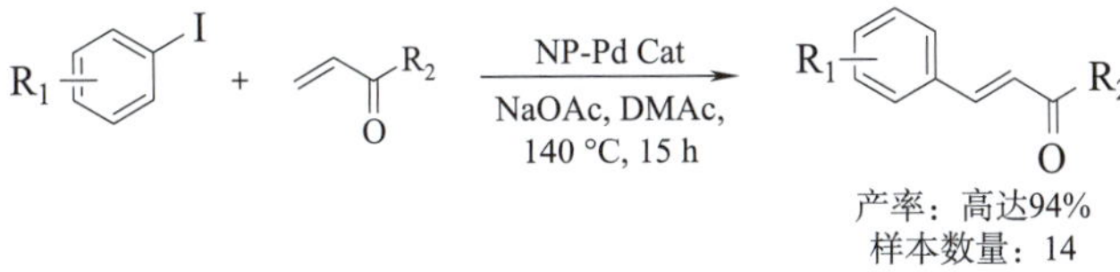

R_1　I　+　R_2　O　NP-Pd Cat　NaOAc, DMAc, 140 °C, 15 h　R_1　R_2　O

产率：高达94%
样本数量：14

图 6-9　纳米多孔钯非均相催化 Heck 反应[50]

近年来，使用过渡金属与氧化剂催化亲核试剂之间进行脱氢氧化偶联作为新型的合成手段受到越来越多的关注[51]。Yamamoto 课题组使用可重复利用的纳米多孔金催化剂在氧化剂（O_2 或过氧化叔丁醇）存在的条件下进行胺类小分子与多种亲核试剂的偶联反应[52]。该反应可在邻氮饱和碳 SP3 C-H 位置引入新的官能团以实现区域选择性转化（图 6-10）。

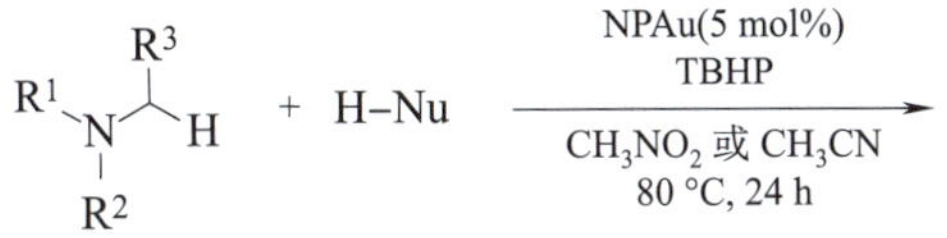

R^1　R^3　N　H　R^2　+　H–Nu　NPAu(5 mol%)　TBHP　CH_3NO_2 或 CH_3CN　80 °C, 24 h　R^1　R^3　N　Nu　R^2

图 6-10　纳米多孔金催化氧化偶联反应[52]

纳米多孔金在催化硼烷试剂的解离活化并与不饱和有机小分子偶联转化中也有较高的活性，可用于制备有重要价值的有机合成砌块即官能团分子[53]。特别值得关注的是，纳米多孔金作为特殊的非均相催化剂对于烯基环丙烷衍生物开环双硼化反应有非常高的活性与完全选择性（图 6-11），该类反应产物对于后续进行相关官能团转化提供了便利条件[54]。通过计算化学模拟并结合实验研究，纳米多孔金催化烯基环丙烷衍生物 C—C 键的解离可增强其亚丙基活性中间体的电负性，其进一步亲核进攻硼烷试剂 $B_2(Pin)_2$ 生产相应的产物。这项研究进一步拓展了纳米多孔金属催化剂涉及亚丙基类衍生物的转化应用范围。

$$R^1R^2C{=}\text{(cyclopropylidene)} + B_2(Pin)_2 \xrightarrow[\text{甲苯, 100 °C}]{\text{NPAu}} R^1R^2C{=}C(CH_2BPin)(CH_2BPin)$$

图 6-11 纳米多孔金催化烯基环丙烷双硼化反应[54]

此外，纳米多孔铜在催化炔与重氮盐进行点击反应方面也取得了一定进展。使用40 nm孔径的纳米多孔铜作为催化剂，可将端炔与重氮盐在甲苯溶液中转化为相应的三氮环化产物，脂肪炔与芳香炔都可以较好地兼容反应条件，产物收率可达99%[55]。

纳米多孔金属催化剂在多类精细有机合成反应中显示了优良的反应活性与选择性，而且相较于传统均相催化剂与负载型异相催化剂，纳米多孔金属催化剂更易于回收再利用。目前，纳米多孔金属材料在精细有机合成方面仅局限于金、钯、铜等少数几种元素，其适用的反应类型有待进一步开发研究。考虑到多孔金属尤其是基于脱合金法制得的纳米多孔金属在催化剂开发成本方面的优势及其易于回收再利用的特点，进一步拓展并开发经济、高效、有产业化潜力的新型化学反应对于精细有机合成的改进与完善有着重要价值。

6.1.3 电解水

当前世界各国对能源的需求越来越迫切，对不可再生的化石燃料的开采与使用也在快速增加。化石燃料的过度使用进一步导致酸雨、雾霾和全球变暖等一系列环境气候问题。为此，可将不便利用的间歇性电能转化为化学能的电化学能源转换技术应运而生。这些技术中，电解水被认为是最具潜力的技术之一。这项技术之所以值得称道不仅因为它所需原料来自清洁的水资源，还因为电解水得到的 H_2 被消耗后可以再次回归为水，从而形成完美闭环[56]。氢能具有常规燃料中最高的质量能量密度，且燃烧产物为水，因此被认为是终极理想能源。在众多的制氢技术中，电解水制氢能够利用太阳能、风能等可再生能源产生的间隙性、低品质电能及峰谷电能，产生的氢气纯度高，尤其适合于配合燃料电池来使用。

电解水反应由两个半反应组成：阴极的氢析出反应(hydrogen evolution reaction，HER)和阳极的氧析出反应(oxygen evolution reaction，OER)。电解水总反应及在不同酸碱性溶液中的电极反应如下[57]：

总反应：$H_2O \longrightarrow H_2 + 1/2O_2$

在酸性溶液中：

阴极：$2H^+ + 2e^- \longrightarrow H_2$

阳极：$H_2O - 2e^- \longrightarrow 2H^+ + 1/2O_2 + 2e^-$

在中性或碱性溶液中：

阴极：$2H_2O + 2e^- \longrightarrow H_2 + 2OH^-$

阳极：$2OH^- - 2e^- \longrightarrow H_2O + 1/2O_2$

6.1.3.1　氢析出反应

氢析出反应(HER)是电解水过程的一个关键半反应，目前 HER 在碱性介质中的作用机制仍不明确，而其在酸性介质中一般涉及三个可能的反应步骤。第一个步骤是所谓的 Volmer 步骤：$H^+ + e^- \longrightarrow H_{ads}$，即电子与质子的反应在电极表面产生一个被吸附的氢原子(H_{ads})。生成 H_{ads} 后，可以通过 Tafel 步骤($2H_{ads} \longrightarrow H_2$)或 Heyrovsky 步骤($H_{ads} + H^+ + e^- \longrightarrow H_2$)生成氢气。无论反应通过什么途径发生，$H_{ads}$ 总是作为中间体参与析氢反应。因此，氢吸附的自由能(Δ_{GH})被广泛认为是氢演化物质的描述子。例如，Pt 的 Δ_{GH} 近似为零，而 Pt 是最好的固态析氢催化剂。如果 Δ_{GH} 较大且为正，则 H_{ads} 与电极表面紧密结合，使初始的 Volmer 步骤容易，而后续的 Tafel 或 Heyrovsky 步骤困难。如果 Δ_{GH} 较大且为负，则 H_{ads} 与电极表面的相互作用较弱，导致较慢的 Volmer 过程，从而限制了整体效率。因此，一个催化活性优良的 HER 催化剂应具有合适的表面结构，使其具有接近零的 Δ_{GH}[57,58]。

1. 贵金属及其复合材料的应用

常见贵金属包括金、银及铂族金属(钌、铑、钯、锇、铱、铂)，其中铂族金属已被证明是优良的析氢催化剂，尤其是铂在酸性及碱性电解液中都能展现高效稳定的 HER 特性。考虑到规模应用对成本的要求，研究者提出了以下三种主要的策略进一步改善铂基电催化剂的性能：

(1)使催化剂表面择优暴露高反应活性位点并增加其数量；

(2)在低成本衬底材料表面沉积超薄表面铂层，提高铂的比表面积或使用效率；

(3)将铂族金属与其他廉价金属元素形成合金以增加反应活性。

设计催化剂的微纳米结构是提高催化剂表面积的有效途径。由于电解水反应发生在催化剂表面，而纳米催化剂具有更大的比表面积来容纳更多的活性位点，同时有利于电子、离子的传导以及电解质和产物分子的扩散。作为一个典型例子，Zhang 等人合成了八面体 $Pt_1Cu_{1.1}$ 纳米晶锚固在氮掺杂多孔碳上，在电流密度 J 为 10 mA · cm^{-2} 时，其过电位为 13 mV，比工业铂炭催化剂活性高，稳定性也更好[59]。而在多孔金属方面，Wu 等人采用脱合金法制备了一种纳米多孔铜钌合金，通过筛选合金的比例，他们发现比例为 53∶47 的纳米多孔铜钌合金在中性和碱性电解液中均体现出比商业 Pt/C 更低的过电位，且该材料可显著减少铂族金属的用量从而降低成本(图 6-12)[60]。

许多研究表明，Pt(110)表面对 HER 的活性高于(111)或(100)表面[61,62]，源于其对氢不同的吸附能力：Pt(111)＞Pt(100)＞Pt(110)[63]。因此，对铂的表面晶体结构进行控制是提高其催化性能的有效手段。通过合成和表面修饰手段发展晶面可控的铂基催化剂不仅能提高催化比活性，还可以提高反应选择性。

为了最大限度降低铂的使用量，可以核壳结构的方式将铂族元素沉积生长在电催化剂

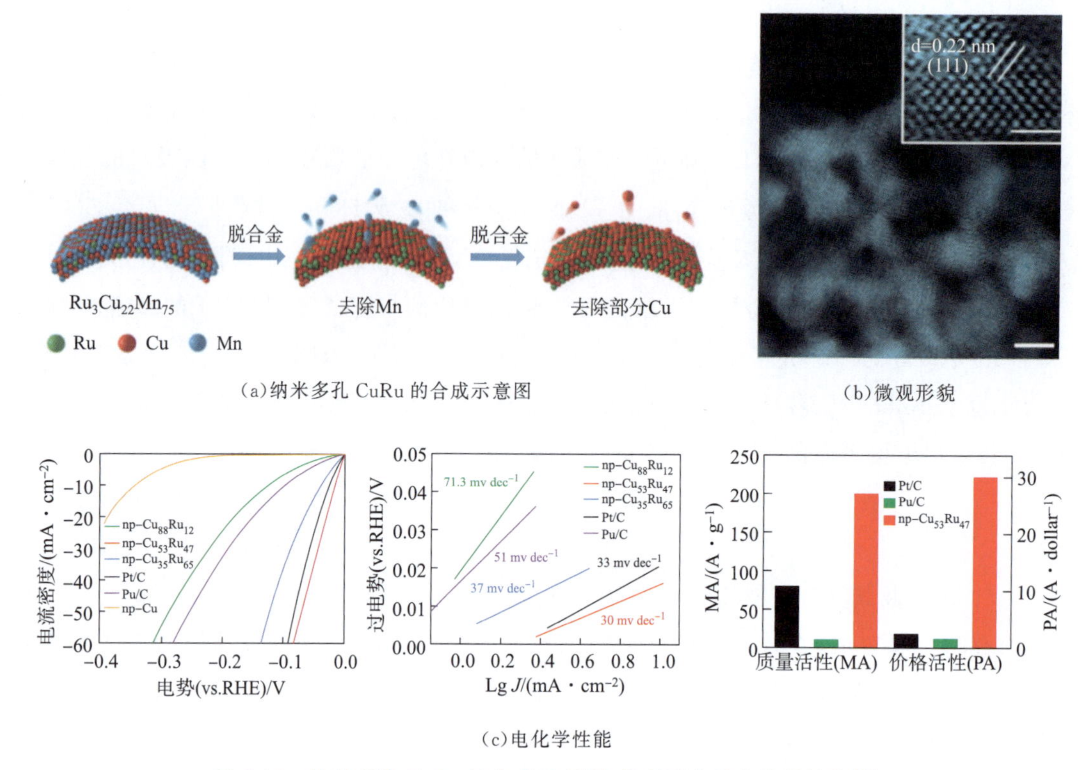

(a)纳米多孔 CuRu 的合成示意图

(b)微观形貌

(c)电化学性能

图 6-12　纳米多孔 CuRu 的合成示意图、微观形貌及电化学性能[60]

的表层，而内部的衬底（即核）则使用较低成本的替代材料。Leonard 等人在不同过渡金属碳化物上沉积铂，发现碳化钼和碳化钨是理想的支撑物[64]。密度泛函理论（DFT）计算表明，碳化钨和碳化钼与铂具有相似的电子性质，因此它们之间具有相容性。近年来开发了新型铂-碳化钨和铂-碳化钼复合材料，它们的活性和稳定性与块状铂相当。因此，在低成本材料上对铂进行改性，不仅可以降低贵金属含量，还可以通过相互改性和强化提高活性[65]。相似的策略原则上也适用于构筑其他反应类型的多孔金属电极材料。

2. 非贵金属及复合材料的应用

近年来，研究人员也广泛探索了各类非贵金属催化剂。考虑到非贵金属的 HER 活性及稳定性相对较差，相关电极材料往往需要特殊结构设计才能体现较好的催化性能。例如 Arun 等人制备了多孔铝电极，该电极具有三维通道和锯齿状边缘，可改善 HER 反应动力学，Tafel 斜率达到 43 mV/dec，十分接近过渡金属的性能[66]。Lu 等人报道了分级纳米孔铜钛双金属电催化剂，其 HER 催化活性是 Pt/C 催化剂的两倍[67]。Cu 和 Ti 原子被认为创造了一个独特的 Cu-Cu-Ti 空穴位点，该空穴位点具有类似铂的氢键能。Miles 和 Thomason[58]用循环伏安法测定了 31 种金属的催化活性，发现非贵金属的催化活性顺序为 Ni＞Mo＞Co＞W＞Fe＞Cu，为发展过渡金属基 HER 电催化剂提供了有益的借鉴。Wang 等人在氨气气氛中，通过电沉积和退火工艺在大孔泡沫镍上制备了多孔的氮化镍钴纳米片[68]。从金属氢氧化物到金属氮化物的转变可以有效地提高析氢反应的电解性能。所制备的氮化镍钴电催化剂对 HER 和 OER 均表现出良好的稳定性和优异的催化性能。

在碱性体系工业水电解工艺中，镍基合金及复合材料因其成本低、活性好、耐碱性强等优点而成为最受欢迎的阴极材料[69]。Raj 用电沉积技术在低碳钢基体上制备了二元镍基合金[70]。极化结果表明，合金的催化活性符合 NiMo＞NiZn＞NiCo＞NiW＞NiFe＞NiCr。NiMo 合金不仅具有最高的催化活性，而且具有最佳的稳定性。在此基础上，Zhang 等人采用等离子体氮化处理 NiMo 合金，在碳布上制备了三维多孔镍钼合金（NiMoN）[71]（图 6-13）。等离子体处理使双金属氮化物的合成时间大大缩短，反应温度大大降低。由于粗糙度高、电子传递速度快，以及镍、钼、氮的协同效应，制备的 NiMoN 催化剂过电位约为 109 mV，并具有优异的循环性能。Yoshikazu 等人研究了多孔 NiMo 合金的形成条件[72]，发现具有较大表面积的导电多孔 NiMo 合金作为电解水的阴极，可在 1 mol · L^{-1} KOH 电解液中保持催化活性 12 天以上。

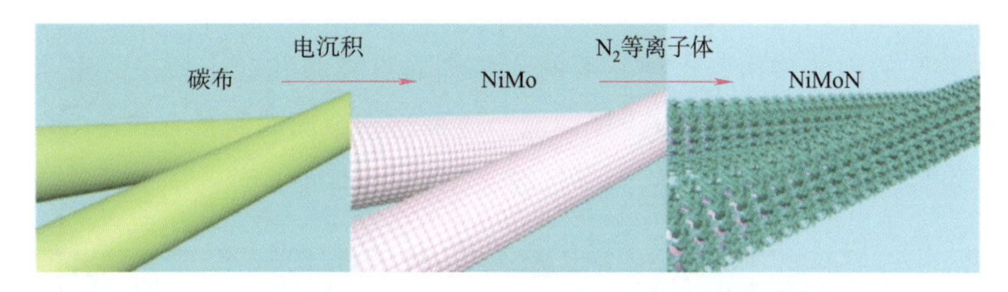

(a)三维多孔镍钼合金(NiMoN)制造工艺原理图

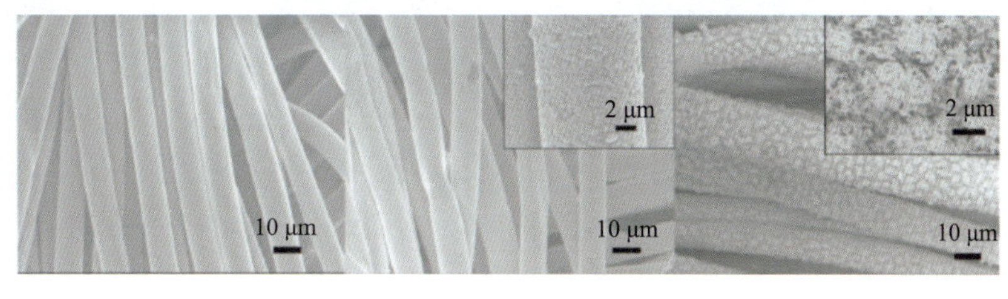

(b)碳布　(c)NiMo 合金沉积　(d)NiMoN 在 N_2 等离子体下处理 15 min 的 SEM 图像

图 6-13　在碳布上制备三维多孔镍合金[71]

6.1.3.2　氧析出反应

相对于两电子的 HER，OER 需要更为苛刻的反应条件，因为它需要从两个水分子中去除四个氢以产生一个氧分子，包含四个电子的传输步骤并涉及 O—O 键的形成，因此导致反应需要较大的过电位，制约着整个电解水过程的总体效率[73]。尽管 OER 存在种种困难，多孔金属材料在 OER 的基础研究领域依然表现出良好的发展趋势。其中，两大门类的多孔金属——泡沫金属和纳米多孔金属，近年来的贡献都异常突出，不仅深入地推进了理论上的认知,还在产氧性能上有了极大的突破[74]。

1. 泡沫金属在OER中的应用

催化剂的比表面积直接影响着OER的性能,由于泡沫金属具有低密度和高表面积的特点,使它们在应用于电催化OER时表现出先天的优势。以市场上销售的泡沫镍为例,将它直接应用于OER时,便能够展现可观的析氧性能。但泡沫金属几十甚至上百微米级的骨架以及毫米级的孔道所对应的比表面积对于OER的应用来说依然太小。因此,可以通过在泡沫金属表面修饰一层纳米结构的活性材料来提升性能[75]。另外,也可以在泡沫金属如泡沫镍表面镀一层易被后续去除的金属如铝、锌、铜等,通过退火实现表面合金化,然后结合脱合金处理,来优化泡沫镍骨架的表面形貌。这两种手段都可以达到增加泡沫金属的表面积以及表面活性位点数量的目的[76]。

除了直接使用和改进市售泡沫金属的方式,也有科研工作者致力于开发新型泡沫金属来提升OER性能。中山大学采用电沉积法制备出一种新型泡沫铜电极[77](图6-14)。电沉积过程中,利用电极表面析出的H_2气泡为软模板,使电化学沉积的Cu在气泡的空隙间填充,最后形成多孔的泡沫结构。这种新颖的泡沫金属直接将孔径由原来的毫米级降到了几十微米,更大的表面积导致增强的OER性能。这种泡沫金属的制备方式还可以通过控制沉积条件以协调产物的表面氧化层,从而可精准调控OER性能。

(a)不同放大倍数Cu_2O-Cu泡沫金属的SEM图像

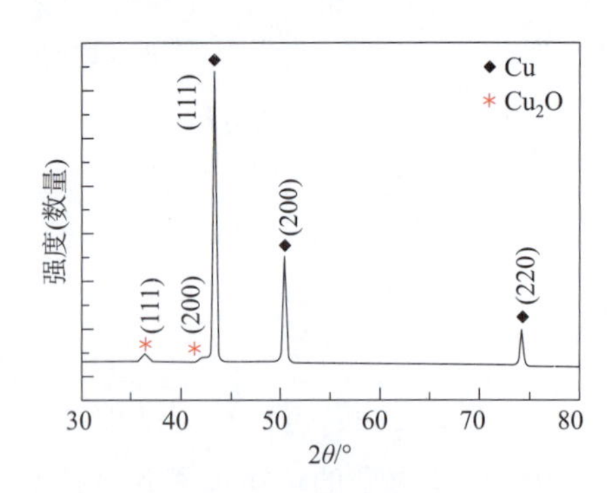

(b)Cu_2O-Cu泡沫金属的XRD图

图6-14 采用电沉积法制备泡沫铜电极[77]

泡沫金属不仅可以直接应用于OER,也可以作为载体电极来使用。泡沫金属良好的开孔分层结构，有助于减小离子的扩散长度，从而增强离子和电子传导率，进而加强反应的性能。已有大量报道证明，包括纳米薄膜、纳米片、纳米颗粒、纳米线、纳米棒和纳米阵列在内的多种催化活性材料都可以生长在泡沫金属上，并展现出卓越的电催化性能[78]。Zhao 等人在泡沫镍表面修饰系列超薄纳米片结构的 $NiM(OH)_x$ 复合电极，研究了 Fe、Zn 掺杂对 OER 性能的影响（图 6-15）[79]。

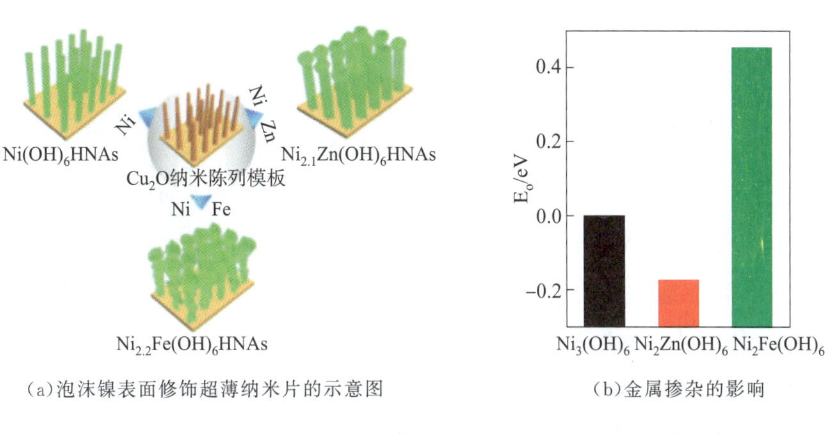

（a）泡沫镍表面修饰超薄纳米片的示意图　　（b）金属掺杂的影响

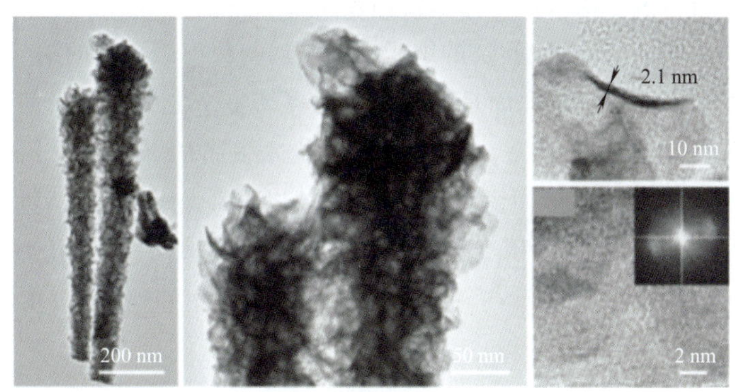

（c）微观结构图

图 6-15　Fe、Zn 掺杂对 OER 性能的影响[79]

为了展示泡沫金属基 OER 电极的优势，通过与光伏电池串联，可直接利用光照产生的电能完成产氢和产氧，为泡沫金属走向电解水实际应用迈出了坚实的一步[80]。

尽管将泡沫金属用于 OER 的研究已经被证明具有相当的优势和一定的应用前景，但仍然存在一些问题值得关注。首先，目前已商业化的泡沫金属大都局限于镍、铜、铝等少数几种金属元素，材料体系有限且大都不适合用于酸性体系水电解过程。另外，利用这些泡沫金属作为基材时，在处理和应用过程中难以避免产生基材的腐蚀，导致表面或界面结构改性并产生金属离子，这将对反应体系造成污染，同时也影响对电极材料作用机制的判断。

2. 纳米多孔金属在 OER 中的应用

相比于微米孔径、比表面积一般小于 $1\ m^2 \cdot g^{-1}$ 的泡沫金属，以脱合金法制得的纳米多孔金属其比表面积以及结构可调性等方面的优势显而易见。例如,利用弱酸选择性腐蚀得到的 NiFeMn 基纳米多孔金属/金属氧化物电极,其韧带和平均孔径均为 10 nm 左右,比表面积可以达到 43 m^2/g,是一种非常高效稳定的 OER 电极[81](图 6-16)。利用纳米多孔金属电极搭建两电极电解池的研究也已被实施,展示了其走向实际应用的可能性[82]。

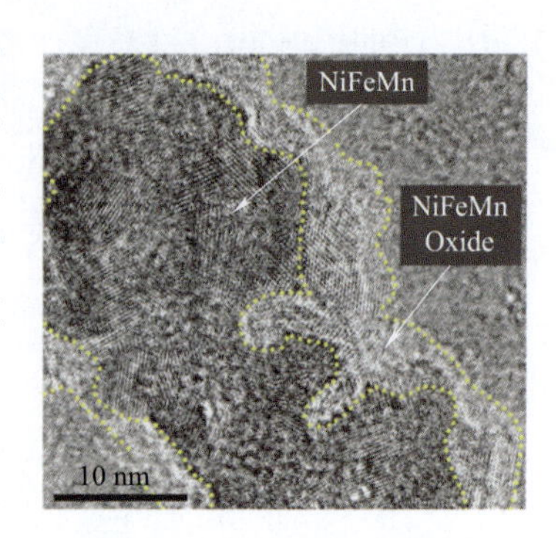

图 6-16　NiFeMn 基催化剂的 HRTEM 图像[81]

多孔金属韧带和孔道尺寸的减小可显著增加材料的比表面积,从而可暴露更多的表面活性位点。在电化学反应过程中通常呈现出电流密度增加,性能加强的情况[83]。但持续减小孔道尺寸也会带来新的问题,主要体现为电解质和产物气体分子在孔道中的传输阻力会显著增加[84],尤其是孔道尺寸降低至几个纳米时会产生显著的双电层重叠,表面能导致的浸润性受限以及气泡阻塞等问题。针对这些问题,一个通用的策略是通过构筑分级结构纳米多孔金属的方式来解决。分级结构纳米多孔金属可以在一种材料内兼容不同尺寸维度的孔道,既可以保留微介孔以保持暴露的表面活性位点数量,又可以通过大孔来协调传质的问题。Zhao 等人通过制备分级纳米多孔 Co 证实了其可行性,具有分级孔道的纳米多孔金属与仅有微介孔的纳米多孔金属的本征活性相同,而其性能更加优越的原因是分级结构能提高整个电极反应的动力学过程[85]。分级结构也可以通过其他方式来体现。例如,用脱合金法制备的 Ni-Fe-O 多孔纳米线,纳米线之间的堆积间隙可用于高效传质,而线上的纳米孔又可以提供大量的表面活性原子[86](图 6-17)。同样的脱合金方式也可以制备可用于酸性介质 OER 的贵金属 Ir 基多孔纳米线[87]。除了一维多孔纳米线,超薄二维[88]和三维[89]纳米多孔金属也能够很好地体现 OER 性能。

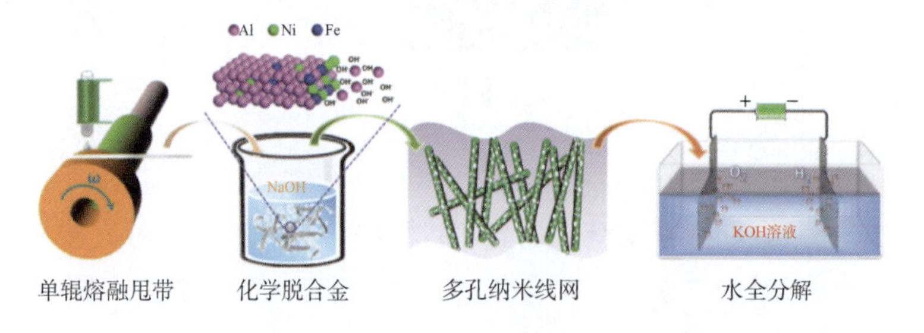

图 6-17　Ni-Fe-O 多孔纳米线催化剂的合成路线及电化学催化性能示意图[86]

OER 作为一个氧化反应,在酸性条件下即使稳定的贵金属也会存在一定的溶解损失[90],但此时导电性不会受到太多影响。在碱性条件下,许多过渡金属单质、合金及化合物在高电位的状态下会发生表面氧化[91],随着氧化层逐渐变厚,电极的导电性能会受到影响。为了改善这个问题,Li 等人通过热解金属有机框架材料(MOFs)得到过渡金属 $CoFe_2O_4$ 的多孔纳米棒,其外层具有很薄的碳壳用于导电,它所展现的 OER 性能远优于无导电碳壳的多孔材料[92]。另一种策略是选用高比表面和导电性优异的纳米多孔金作为载体，在其表面负载 Cr-NiFe 基活性材料。由于非导电活性层的厚度在纳米尺度，其电子传递可直接由纳米多孔金载体来实现，因此这种复合电极能够表现出极佳的 OER 活性[93]。

近年来，系列二维材料的出现为发展新型电催化剂提供了新思路。例如，对于一些单原子层或者单晶胞层厚度的二维材料，其表面原子的暴露数量理论上已达到极限。最近有研究表明，对这类超薄二维材料表面造孔可创造更多的边界位点，而这种边界位点和普通的表面原子活性位有着本质区别，其存在更高比例的空位和悬空键。有研究发现，多孔超薄 β-$Ni(OH)_2$ 比致密超薄 β-$Ni(OH)_2$ 的 OER 性能有数量级的提升[94]（图 6-18）。因此，构筑纳米孔不仅仅是传统意义上比表面积的增加，而是创造了新的反应活性位点从而改进了 OER 的本征活性。

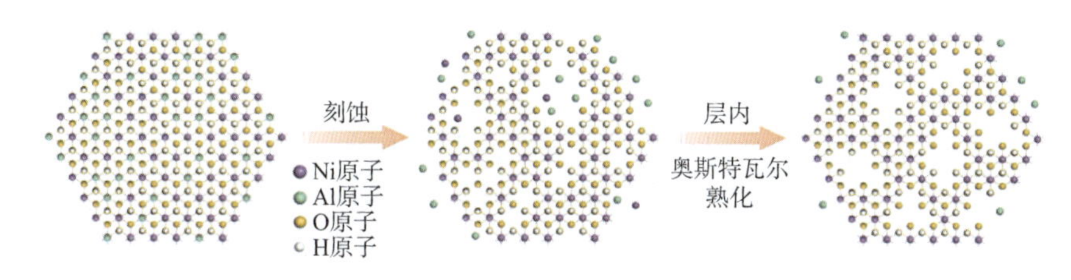

图 6-18　多孔超薄 $Ni(OH)_2$ 的合成示意图[94]

6.1.4　电催化小分子还原

以水、二氧化碳和氮气等无机小分子为基础原料，借助各类催化过程并引入外界能量如光、电、热等，可转化为各种有价值的燃料及化学品。其中，备受关注的电催化还原反应主要有氧还原（ORR）、二氧化碳电还原（CO_2RR）、氮还原（NRR）等。

ORR 作为燃料电池的阴极反应被广泛研究，同时过氧化氢是制浆造纸漂白和水处理工业中的一种基础性化学品[95]，也可以从 ORR 中获得，从电化学过程可以知道，前者主要涉及一个完整的 4 电子过程，而后者则经历一个部分还原的 2 电子过程。从大气或各类工业过程吸收捕获的二氧化碳也可以通过 CO_2RR 过程来制备各种含碳燃料、化学品以及聚合物等。同样，NRR 过程理论上可以取代或补充高温高压哈伯-博施（Haber-Bosch）工艺产氨，进而用于生产肥料。实现这些电还原反应的关键是研发高效和高选择性的电催化剂[96]。而多孔金属固有的各类结构特性使其在以上小分子电催化还原反应过程中体现了良好的适用性[97]。

6.1.4.1　氧还原反应（ORR）

燃料电池是通过电化学过程将含能分子中的化学能直接转换成电能的装置，其阴阳两极从功能角度都包含催化活性单元、导电导离子单元以及传质通道单元。在阳极侧，不同的燃料分子对应于不同的电化学氧化过程和电催化剂门类，而阴极侧则大都使用氧气或者空气。目前,发展可高效催化 ORR,尤其是可实现直接 4 电子反应生成水的电极材料是燃料电池领域广受关注的核心技术。随着 21 世纪以来氢能技术得到各国政府越来越多的支持,学术界和产业界对发展氢燃料电池相关技术给予了极大热情,尤其是有关 ORR 电催化剂的理论和实验研究成果层出不穷。在理论研究方面,通过密度泛函理论等计算方法围绕各类模型催化剂开展晶面、配位数、表面与近表面合金、应变等基本结构单元对含氧中间体的吸附能以及反应途径之间的依赖关系研究,已在相当程度上阐明了铂基电催化剂表面微结构和 ORR 性能之间的火山图关系。与此相对应,合成化学领域近 20 年的蓬勃发展已能够实现对各类纳米材料与结构的精准合成与组装。各类尺寸、形貌、组成及微结构高度规整的纳米电催化剂已被合成出来,与商业 Pt/C 催化剂相比体现了优异的 ORR 性能[98]。在各类纳米电催化剂中,纳米多孔金属除了拥有与颗粒性纳米材料相似的可调控表面结构外,其丰富的孔道结构使其适合于直接作为电极应用于燃料电池催化层的构筑,因此得到了广泛关注。

1. Pt 基纳米多孔金属在氧还原反应中的应用

Pt 基纳米合金因具有优异的 ORR 活性,相关研究最多。2011 年,Li 等人对化学法合成的双金属 Pt 基合金颗粒进行脱合金,首次制备了 Pt 基纳米多孔粒子[99]。该方法随后被推广到 Pt-Co、Pt-Cu、Pt-Ni 等合金体系[100]。Ding 等人设计了 PtNiAl 三元合金,经过碱液和酸液两步脱合金过程,制备了韧带尺寸约为 3 nm 的具有双连续结构的纳米多孔 PtNi 催化剂,通过调控 Pt/Ni 比例及表面层结构,产物展现出优异的 ORR 性能(图 6-19)[101]。此外,通过调控 Pt*M* 合金组分及活泼元素 *M* 的溶出过程制备具有核壳结构的纳米多孔金属 Pt*M*(*M*=Pd,Cu,Fe,Ti,Al,…)等合金催化剂也是重点研究对象[102]。利用其他纳米材料,如纳米多孔金、纳米多孔银、纳米多孔铜甚至银纳米线,作为衬底或牺牲模板,也可以制备出具有开放孔道结构的 Pt 基纳米多孔合金电极材料,它们通常能够呈现优异的 ORR 活性及稳定性[103-105]。

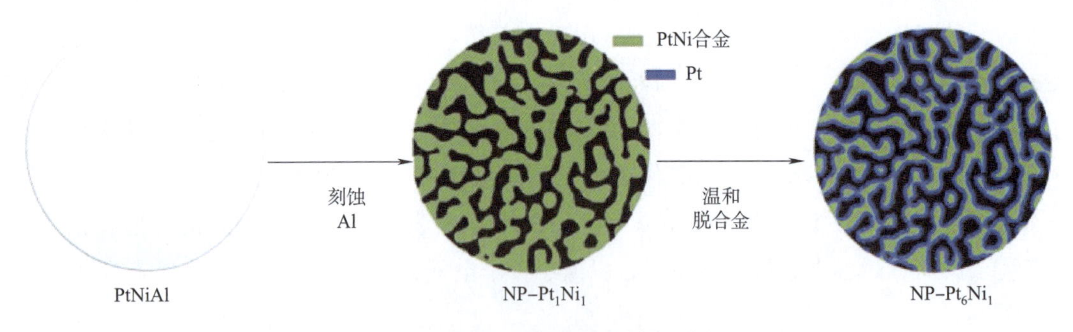

(a)纳米多孔 PtNi 合金催化剂合成示意图

图 6-19

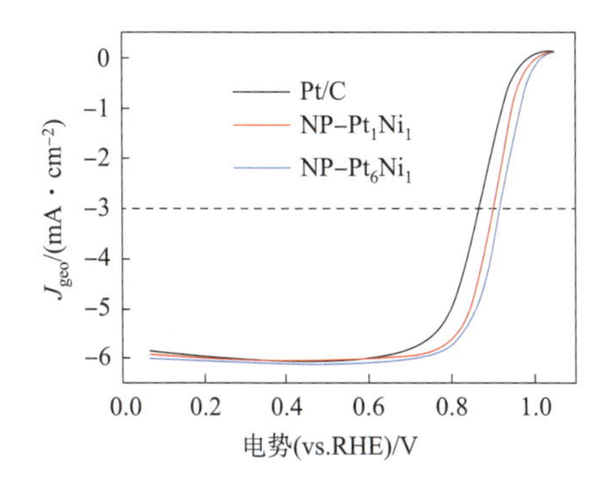

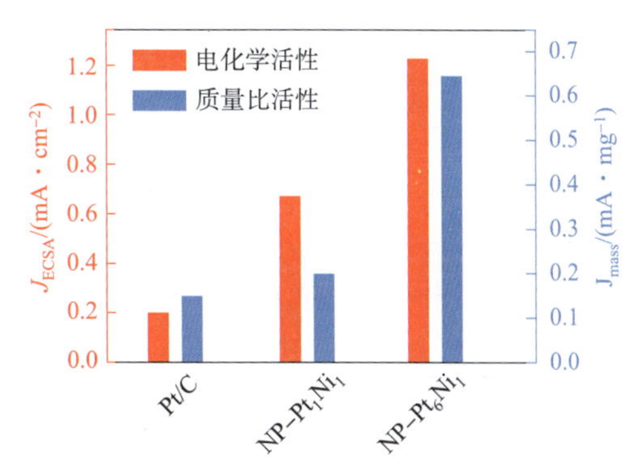

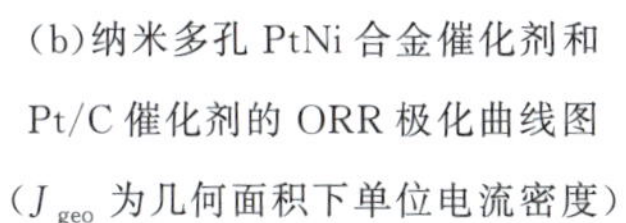

(b)纳米多孔 PtNi 合金催化剂和 Pt/C 催化剂的 ORR 极化曲线图（J_{geo} 为几何面积下单位电流密度）

(c)0.9 V(vs. RHE)处质量活性和面积活性对比[101]（J_{ECSA} 为电化学比表面积下单位电流密度；J_{mass} 为单位质量的电流密度）

图 6-19　纳米多孔 PtNi 的合成及其相关性能

2. 非 Pt 基多孔金属催化剂在氧还原反应中的应用

考虑到 Pt 资源的匮乏性，其他非 Pt 多孔金属催化剂也有较多报道。例如，Erlebacher 等人研究了纳米多孔 Au 的 ORR 催化活性，发现其可以通过两步 2 电子过程先生成 H_2O_2，再生成 H_2O[106]。在酸性条件下，各类单质金属中 Pd 的 ORR 活性比较接近 Pt。通过对含 Pd 多元合金进行脱合金腐蚀可得到 PdCu、PdFe、PdCo、PdNi、PdTi 等结构组分可控的纳米多孔 Pd 基合金催化剂，测试发现它们对 ORR 活性和稳定性的改善均有明显效果[97]。此外，碱性条件下，纳米多孔 Ag、Ni、Cu 等金属及合金也能体现较好的 ORR 电催化活性和稳定性，它们相较于铂族金属具有显著的经济性[107]。

6.1.4.2　二氧化碳电还原(CO_2RR)

CO_2 的资源化对于缓解当前备受关注的温室气体导致的全球变暖问题具有重要意义。相比于传统的热催化工艺，以电化学手段注入能量将二氧化碳转化为含能分子如 CO、CH_4、CH_3OH、HCOOH 等具有显见的价值(表 6-2)。电还原以及对于二氧化碳电还原过程，根据现有的理论主要分为三步(图 6-20)[108]：第一步是反应物 CO_2 分子在催化剂表面的吸附过程，这意味着具有较高比表面积的纳米结构催化剂可以增加 CO_2 在表面的吸附量；第二步是 CO_2 在催化剂内部的传输，同时发生电子和质子的转移，从而激活 CO_2 分子；第三步是产物在催化剂表面的脱附。因此，催化剂的选择是提高 CO_2RR 效率以及选择性的关键，而泡沫金属和纳米多孔金属因具有诸多结构特性被探索用于 CO_2RR 电还原并体现了一定的应用价值。

表 6-2 CO_2 电还原可能发生的过程

$CO_2+e^-\longrightarrow CO_2^-$	$E^0_{redox}=-1.90$ V	$E(1)$
$CO_2+2H^++2e^-\longrightarrow HCOOH$	$E^0_{redox}=-0.61$ V	$E(2)$
$CO_2+2H^++2e^-\longrightarrow CO+H_2O$	$E^0_{redox}=-0.53$ V	$E(3)$
$CO_2+4H^++4e^-\longrightarrow HCHO+H_2O$	$E^0_{redox}=-0.48$ V	$E(4)$
$CO_2+6H^++6e^-\longrightarrow CH_3OH+H_2O$	$E^0_{redox}=-0.38$ V	$E(5)$
$CO_2+8H^++8e^-\longrightarrow CH_4+2H_2O$	$E^0_{redox}=-0.24$ V	$E(6)$

注：E^0_{redox} 的含义是标准还原电势。

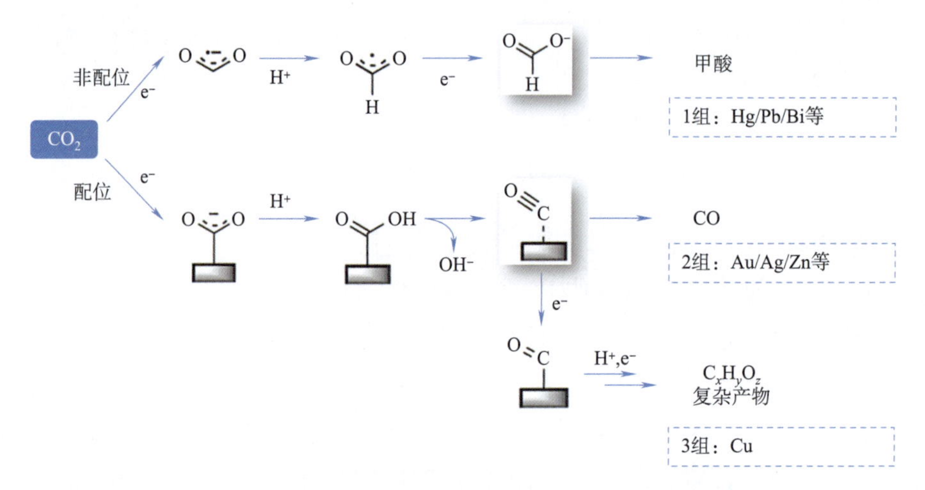

图 6-20 CO_2 在金属催化剂表面发生电化学反应的三种可能路径[108]

1. 泡沫金属

泡沫金属具有自带的多孔结构和较大的比表面积，可直接或间接用作 CO_2RR 电极材料，且催化效果远高于传统的体相和颗粒型金属催化剂。如泡沫 Cu、Ag 等可用于 CO_2RR 催化生产一氧化碳（CO）、甲酸（HCOOH）、甲烷（CH_4）、乙烯（C_2H_4）、乙烷（C_2H_6）等产物[109]。同时对泡沫金属进行表面修饰及改性后也可直接用作电极进行电催化反应。例如，对泡沫银进行臭氧、等离子体等处理可以增加电极表面粗糙度并调控表面化学状态，从而提高其催化性能。此外，有研究通过电化学沉积法、模板辅助电沉积法等制备三维多孔泡沫 Ag 电极，应用于 CO_2RR 产 CO 有较好的催化活性以及产物转化选择性，催化活性的提高归因于表面积增加和多孔泡沫结构内存在的大量活性位点；而开放的孔道结构也促进了反应物以及产物在电催化剂内的传输[97]。

2. 纳米多孔金属

与泡沫金属相比，纳米多孔金属具有更小且更容易调控的纳米级孔径，因此具有更大的比表面积，且增加大量活性位点。此外，纳米多孔结构的金属催化剂因其无需载体可以有效避免衬底的影响和纳米颗粒的团聚，比传统的负载型金属纳米颗粒电极具有更好的机械性能，且结构更为明确、制备工艺简单，从而在 CO_2RR 领域具有较广的应用前景。其中，纳米多孔金属单质、合金、氧化物等各类结构均可经过 CO_2RR 过程高效生成不同含碳还原产物。例如，2014 年 Jiao 等人通过脱合金法制备了纳米多孔银（np-Ag），在低电压下将 CO_2 还原为 CO，法拉第效率>80%（图 6-21）[110]。此外，纳米多孔 Au 也被发现能够将 CO_2 还原为 CO[111]，纳米多孔 Pb、Sn、Pd 等金属电极催化产 HCOOH，而纳米多孔 Cu 基催化电极则能够将 CO_2 还原为碳氢化合物及醇类等产物，且具有较高的催化性能。

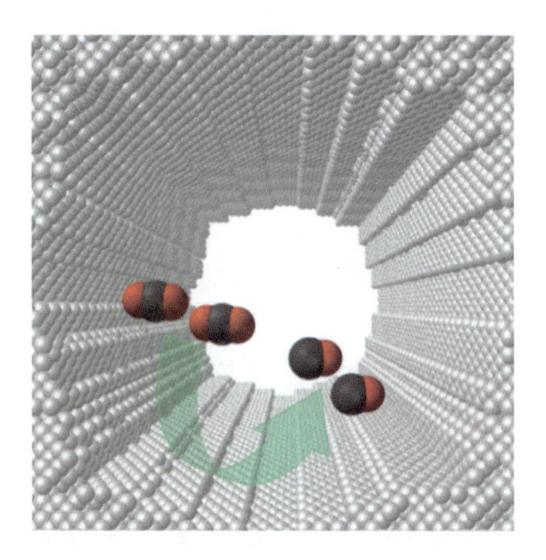

（a）纳米多孔银用于电化学还原 CO_2 制备 CO 的示意

（b）纳米多孔银的扫描电子显微镜图片

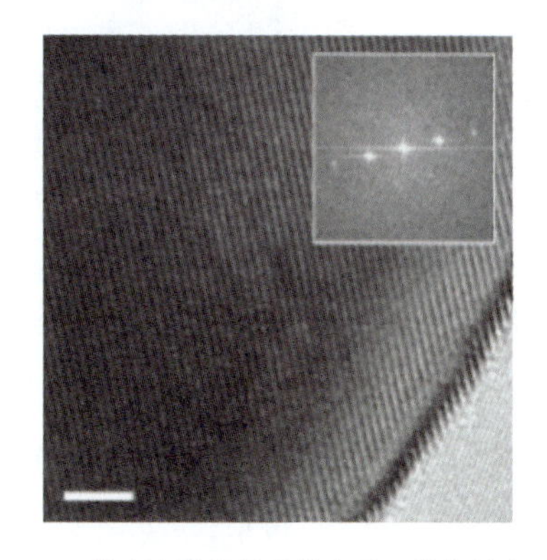

（c）纳米多孔银的透射电子显微镜图片

图 6-21　脱合金法制备的纳米多孔银[110]

6.1.4.3　氮还原（NRR）

氨作为一种能源载体，在化肥生产中有着广泛的应用，是最重要的化工原料之一。目前，氨的工业生产主要依靠高温高压 Haber-Bosch 工艺。近年来，电催化和光催化固氮技术因成本低廉、环境友好而成为生产氨类产品的绿色替代途径，然而该技术目前的转换效率与实际应用还有较大的距离。自 NRR 技术报道以来，高效电催化剂的设计已成为该领域最受关注的前沿课题。与 CO_2RR 技术类似，氮在催化剂上的还原主要分为氮在异相催化剂上的还原，包括以下几个步骤（图 6-22）[112]：(1)氮气在催化剂表面的化学吸附；(2)氮氮键的解离和氢原子的还原加成；(3)氨从催化剂表面解吸。

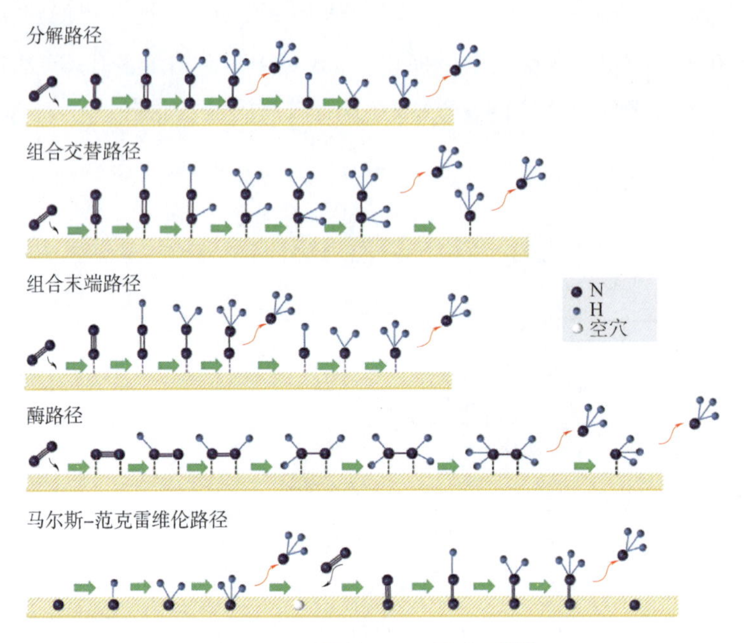

图 6-22　可能的 N_2 还原过程[112]

NRR 的主要挑战是 N_2 吸附和 N≡N 裂解，这在很大程度上取决于电催化剂的组成和结构；同样，多孔金属材料因具备电极材料的各项优势而被应用于 NRR 反应[113]。如以泡沫镍为还原剂和基质载体，通过胶束辅助置换方法在其表面原位制备了自支撑介孔 Au_3Pd 膜。因为其高导电性、自支撑性及机械韧性等特点，该无黏结剂介孔双金属结构表现出优异的电催化 NRR 性能。显然，以泡沫金属材料为基底制备各类自支撑型多孔电极材料具有很好的适用性和体系可拓展性，因此在包括 NRR 在内的许多电化学应用中前景广阔。而具有更高比表面积的纳米多孔金属则在催化效率以及活性方面更有优势。如一锅还原法直接合成的双金属 Ag_3Cu 多孔网络结构催化剂表现出较优异的电催化性能，在宽电位范围内均有较高的产氨效率[114]；通过简单的脱合金法制备的纳米多孔金电极因其较大的比表面积、利于反应物质传输的孔道结构以及丰富的低配位表面原子结构而对 NRR 产氨呈现出远高于金纳米粒子的催化性能[115]。

6.1.5　环境催化

随着工业快速发展与社会需求的不断提升，各种环境问题日益突出，寻求科学合理的可持续发展方案势在必行。除了从源头上提倡绿色生产和适度消费外，发展并利用新材料进行环境检测与治理也是一条有效途径。在这个方面，具有各类功能特性的纳米多孔金属材料已在环境治理与催化多个领域发挥了其特殊作用，包括有害物的检测、有毒有害废弃物无害化转化处理、水体净化等。

6.1.5.1　有害物检测

电化学检测手段在测试环境水样时具有便捷快速的优点，而开发合适的电极材料是提升电化学检测手段准确性的关键。基于金属纳米材料高比表面积、高导电性等特点发展的电化学传感器具有选择性高、重现性好、灵敏度高、检出下限较低的优势，已在水系物质检测等方面发挥了重要作用[116,117]（图 6-23）。硝基酚及其衍生物作为工业生产的重要原料，在农药、染料及药物合成中被广泛使用。然而，含有硝基酚类化合物的废弃物排放到水、土壤中等，将产生严重的环境污染[118,119]。因此，检测水环境中硝基酚类化合物的含量在保护环境和维护人类健康方面显得尤为重要，各类经过功能化设计与修饰的多孔金属电极有望在这些领域发挥积极作用。

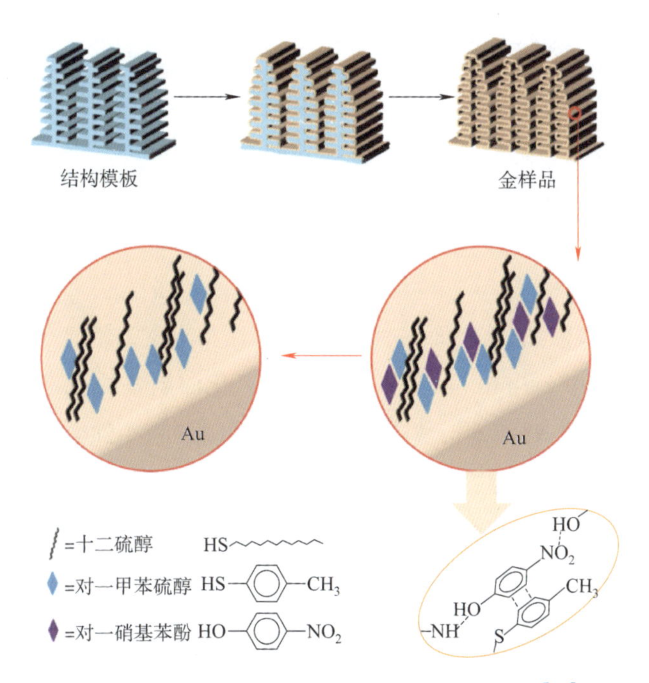

图 6-23　层状脊金的制备和表面分子印迹原理[117]

6.1.5.2　煤洁净

燃煤在我国能源结构中占有很大比例，相应的有害气体排放带来了严重的环境污染问题。开发煤的高效燃烧和清洁转化利用技术可极大改善环境问题。目前提倡的洁净煤技术中的关键是将固体煤进行气化，进而高效燃烧利用。纳米多孔金属材料特殊的孔道结构与良好的韧性以及金属本身较好的耐热特性为该过程提供了表面催化活性中心与气体净化所需的孔道。FeCrAl、NiAl 等多元合金多孔材料良好的传热、透气性能可增加燃烧反应面积，进而提高燃烧效率[120]。

6.1.5.3 水处理

水体安全问题随着近年来各类成分复杂的污水排放量的逐年增长，得到越来越多的关注。提高人们环保意识的同时，以科技手段进行污染水体治理是一个具有重要意义的课题。目前，处理水体污染的一个重要手段是使用过滤材料，在此基础上各种新方法、新材料不断被尝试并开发。多孔金属作为一种新型的过滤材料，其化学稳定性好、力学性能高，过滤精度较高，使之适合在不同 pH 值体系下进行过滤。良好的结构韧性也让其可以兼容超声波、高压气以及各类水和溶剂清洗条件。如微孔钛管组成的过滤系统在家庭饮用水净化方面的效果远强于砂滤芯；此外，多孔钛在海水净化方面也起到了重要作用[121]。

6.1.5.4 汽车尾气净化

随着生活水平的提高，我国汽车拥有量逐年提升，相应的尾气排放构成了当前我国大气污染物的主要来源之一。汽车尾气主要成分为碳氢化合物、硫氧化合物、氮氧化合物及部分固体颗粒物等，加装三元催化器净化尾气是目前治理汽车尾气的主要手段之一。其中，催化剂作为该催化器的关键材料直接决定了尾气处理的效果。据报道，基于 FeCrAl 多孔合金载体的铂负载催化剂在尾气净化方面已实现了商业化应用[123]。

6.1.6 光催化

纳米多孔金属具有较大的比表面积、良好的导电性和丰富的活性位点，可作为有效的光催化剂或光催化助剂使用。Schmuki 等人采用阳极氧化法制备的有序 TiO_2 纳米孔阵列材料去浸润修饰 AuAg 薄膜，管两端形成了有序的离子组态（图 6-24）[124]，再通过脱合金去除 Ag，形成纳米多孔金的原位锚定。该方法可以对金属纳米粒子的大小、形状和分布进行精细调控。所得的纳米多孔 Au/TiO_2 催化剂在乙醇/水混合体系中显示出增强的光催化制氢性能。

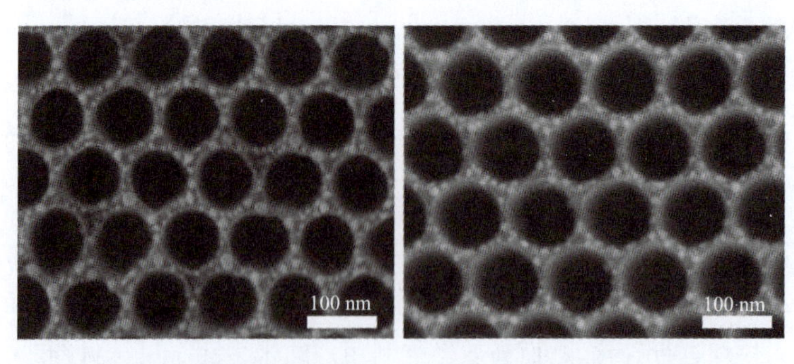

(a)脱合金前 SEM 图　　(b)脱合金后 SEM 图

图 6-24

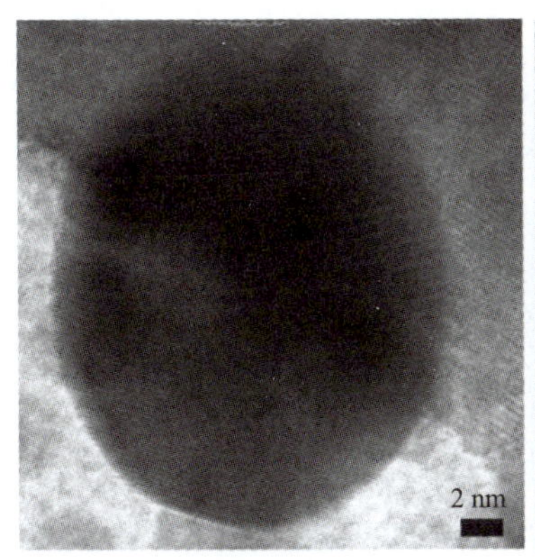

(c)脱合金前 TEM 图

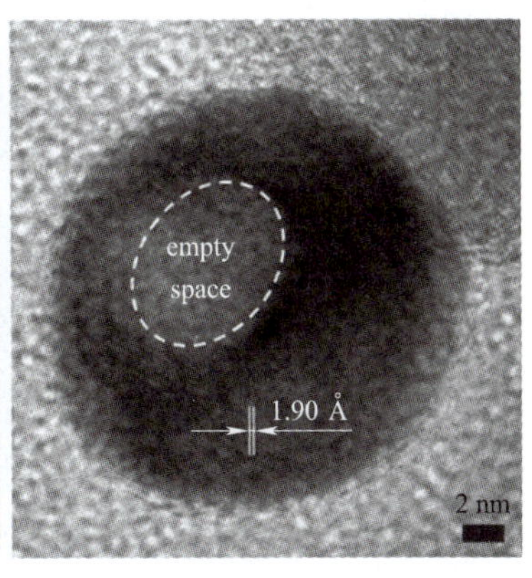

(d)脱合金后 TEM 图

图 6-24　修饰了 Au-Ag 合金及其脱合金后的 TiO_2 纳米管的 SEM 与 TEM 图[124]

Che 等人提出了一种新型的多孔 Au-Ag 合金颗粒镶嵌 AgCl 膜作为等离子激元催化界面，具有实时原位表面增强拉曼光谱(SERS)监测功能[125]。半导体成分 AgCl 和贵金属 Au-Ag 颗粒的设计实现了对有机污染物的催化还原和可见光驱动的光催化活性。反应 8 min 后，4-硝基苯酚(5×10^{-5} mol · L^{-1})还原效率约 94%；12 min 后，罗丹明 6G(10^{-5} mol · L^{-1})得到完全降解。6 个反应循环后，仍可以实现 4-硝基苯酚至 4-氨基苯酚 85%的转化率和 90%的罗丹明 6G 降解。利用在激光激发下 Au-Ag 纳米颗粒表面产生的 SERS 信号，对催化反应过程的原位监测体现了优异的灵敏度和线性。总体而言，Au-Ag 颗粒镶嵌 AgCl 膜能够提供 SERS 监测有机污染物的催化和可见光驱动的光催化转化，以及温和经济的制造方法，对于深入了解光催化反应机理，发展便携式、多功能和集成式催化传感装置具有重要意义。

Shi 等人在泡沫镍基底上制造出多孔 g-C_3N_4 纳米片[126]，所制备的多孔 g-C_3N_4 复合电极在可见光($\lambda >$ 420 nm)下具有比本体样品高约 31 倍的光催化水分解活性(1 871.09 μmol · h^{-1} · g^{-1})。其出色的性能源自高比表面积(240.34 m^2 · g^{-1})和中孔结构，使其具有更多的活性位点，有助于高效分离激子、延长载流子寿命。此外，材料导带的明显上移导致光催化质子还原过程更大的热力学驱动力。

Shi 等人基于 Al-Si-Ti 和 Al-Si-Ti-Pt 合金前驱体分别制备了纳米多孔二氧化钛(TiO_2)和 Pt/TiO_2 复合材料，该结构具有大比表面积、小孔径和大的孔体积等特点[127]。纳米多孔 TiO_2 在甲基橙(MO)的降解中具有良好的光催化性能。对于 Pt/TiO_2 纳米复合材料，98% 的 MO 溶液可在 50 min 内降解完成。除了较大的比表面积外，TiO_2 与金属 Pt 的协同作用可降低 TiO_2 的带隙，从而扩大光吸收范围。此外，Pt/TiO_2 复合材料界面处的肖特基势垒的形成降低了电子-空穴(e^--h^+)对的复合速率，有助于提高光催化性能。

Ding 等人采用两步法制备了多孔 AgCl/Ag 纳米复合材料，首先将 AgAl 合金脱合金形成纳米多孔银(NPS)，然后在包含 H_2O_2 和 HCl 的混合溶液中进行表面氯化[128]。该多孔

AgCl/Ag 复合纳米结构继承了 NPS 的双连续海绵状形态，Ag 的存在极大地促进了可见光的吸收能力。在 420 nm 单色光照射下，多孔 AgCl/Ag 纳米复合材料对甲基橙(MO)染料的降解速率可高达 0.75 $mg \cdot min^{-1} \cdot g_{cat}{}^{-1}$。

Wittstock 等人采用腐蚀金银合金的方法制备了片状和粉末状纳米多孔金(NPG)[129]。通过具有叠氮基已基硫酸酯的自组装单层(SAM)修饰表面，然后使用点击化学使锌(Ⅱ)酞菁(ZnPc)衍生物官能化。结合分子氧作为光氧化催化剂的非均相杂化体系，以 1,3-二苯基异苯并呋喃(DPBF)的光氧化作为选择性单线态氧猝灭剂定量并优化了 NPG-ZnPc 杂化系统的照明表面积和 ZnPc 的覆盖范围。研究发现，NPG 的等离子体共振和光敏剂 ZnPc 之间的协同效应表现为选择性辐照和单纯的酞菁激发，NPG 载体的等离子体共振和两个吸收带同时发生，导致光氧化活性增强近一个数量级。

Lei 等人在非均相体系中构建了 0D/3D Cu-NPs/g-C_3N_4 泡沫(Cu/CF)复合光催化剂，可显著提高 CO_2 的光催化还原性能[130]。通过结合模板法和微波法，该 Cu/CF 复合光催化剂由于其三维微米孔隙而表现出优异的 CO_2 吸附和扩散性能，CO_2 吸附量达到 0.179 $mmol \cdot g^{-1}$，在 273.15 K 大约是纯 g-C_3N_4 粉末的 2.63 倍。同时，在 g-C_3N_4 与 Cu-NPs 之间形成纳米肖特基势垒使 Cu-NPs 表面积累光生电子，抑制了光生 e^--h^+ 的复合。CO 产率可达到 10.247 $\mu mol \cdot g^{-1} \cdot h^{-1}$，是纯 g-$C_3N_4$ 泡沫和 g-C_3N_4 粉末的 2.56 和 6.34 倍。较高的光催化效率可归因于 CO_2 吸附和电荷分离效率的提高。

Ding 等人通过电沉积法将硫化镉(CdS)纳米层涂覆到超薄纳米多孔金(NPG)膜上，集成三维(3D)光电极[131]。NPG 的局部表面等离子体激元共振(LSPR)和光电极的直接接触界面和高导电骨架结构增强了电子-空穴对的产生和分离。相对于可见光照射下的 SCE(饱和甘汞电极)，在 0 V 时，光电极相对于沉积在金(Au)箔或氟掺杂的氧化锡(FTO)上的 CdS 表现出明显增强的光电流密度和氢释放速率。

6.2 其他应用

多孔金属材料具有轻质、高强、大比表面积、良好能量吸收性和导电性等优点，除了在催化、电催化、光催化等方面的应用外，在表面增强拉曼光谱、吸附、传感和传热等其他领域也具有应用前景[132]。

6.2.1 表面增强拉曼光谱

表面增强拉曼散射(surface enhanced raman scattering，SERS)通常指具备特殊表面结构的金属材料可体现局域电磁场增强效应，在光激发条件下，其表面吸附分子的拉曼散射信号相比普通条件下呈现显著增强的现象。该技术具有灵敏度高、选择性好等特点，既是研究表面反应的重要工具，也已应用于生物医学、环境监测和催化等领域[133]。表面增强拉曼效应的强弱主要取决于基体材料，由于纳米孔隙导致的表面间隙和粗糙度的提高使纳米多孔金属可以作为 SERS 的基底[132]。Kucheyev 等人发现纳米多孔金可以成为高活性、高稳定性、高生物相容性和可重复使用的 SERS 基底[134]。Qian 等人[135]进一步发现纳米多孔金的孔径越小，表面越粗糙，分子吸附的活性位点越多，电磁增强越明显，且表面镀银可以进一步增强 SERS 效应。Li 等人使用电化学腐蚀非晶 Ag-Mg-Ca 三元体系得到纳米多孔银条带，其 SERS 性能良好[136]。Chen 等人研究发现，纳米多孔铜的 SERS 响应可以通过改变韧带尺寸来调节[137]。在最佳孔径下，纳米多孔铜的 SERS 增强因子与纳米多孔金相当。

6.2.2 传　　感

6.2.2.1 DNA 传感器

基因检测适合于临床诊断、环境控制和法医等应用[132,139]。近年来，开发高灵敏度和高选择性的 DNA 传感器以降低检测极限引起科学家们的关注，使用纳米材料作为信号放大的介质为推进生物分子和基因检测提供了许多机会[103,140]。纳米多孔金(NPG)因其固有的结构特点以及良好的生物相容性而被广泛研究。Hu 等人对基于纳米多孔金作 DNA 生物传感器(图 6-25)的研究表明，多功能编码的纳米多孔金对靶标 DNA 具有良好的灵敏性和选择性，检测限可达 28 amol·L^{-1}(1 amol·$L^{-1}=1\times10^{-18}$ mol·L^{-1})，甚至对特定 DNA 表现出优异的选择性[141,142]。

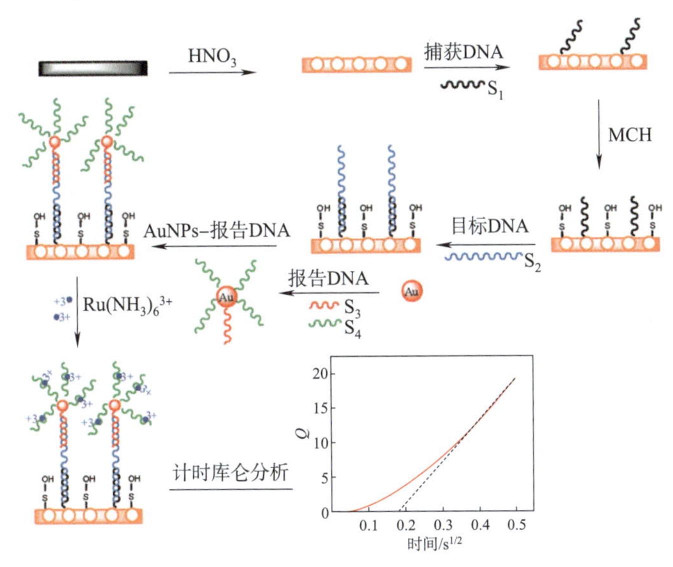

图 6-25　基于纳米多孔金的 DNA 生物传感器[142]

6.2.2.2 Hg^{2+} 传感器

汞污染是一个全球性的环境问题，无机汞、元素汞和通过多种自然(如火山和森林大火)和人为因素(如化石燃料燃烧、固体废物焚烧、煤炭和金矿开采、木浆制造、海洋排放物)释放

到环境中的 Hg^{2+} 有一系列危害公众健康的风险[143,144]。微量 Hg^{2+} 暴露即会对人体健康造成严重损害，如心律失常、心肌病、肾脏损害和中枢神经系统缺陷。因此，具有高灵敏度、低成本和便携性等优点的电化学 Hg^{2+} 检测方案受到了广泛关注，其适用于自动化检测和小型传感器[145]。Zeng 等人基于纳米多孔金和胸腺嘧啶-Hg^{2+}-胸腺嘧啶碱基对，构建了一种用于检测 Hg^{2+} 的实用且可再生的电化学适体传感器，并对河水、自来水和垃圾渗滤液样品中的 Hg^{2+} 进行检测，证明了该传感器的实用性[146]。

6.2.2.3 对硝基苯酚传感器

硝基苯酚(NP)是一类广泛应用于农药、染料和药品生产的有毒有机化合物[147,148]。特别是对硝基苯酚(p-NP)是对硫磷杀虫剂的有毒衍生物，在水中的稳定性和溶解度高，用传统方法降解处理 p-NP 污染的废水比较困难，一般需要耗费较长时间。因此，开发简单有效的分析水溶液中 p-NP 的方法，对监测 p-NP 的降解过程，保护水资源和食品供应具有重要意义[147-149]。电化学方法由于具有操作简单、响应速度快、原位检测等优点，在测定 NP 中受到了广泛关注[150]。由于电化学检测的选择性和灵敏度很大程度上取决于电极材料的微观结构和性能，因此该领域的研究重点也是发展功能化的纳米电化学传感材料。Liu 等人[151]采用脱合金法制备了具有均匀孔径和韧带的纳米多孔金(NPG)并作为工作电极，采用循环伏安法研究了 p-NP 的氧化还原行为，证明 NPG 具有较高的灵敏度和良好的选择性，有望成为检测废水中痕量 p-NP 的电化学传感材料。

6.2.2.4 H_2O_2 传感器

H_2O_2 作为一种广泛存在于多个生物进程中的活性氧物质，其细胞中的浓度可以作为生理活动的有效指标，异常高水平的 H_2O_2 浓度可能会触发诸如神经衰退、血管性心脏病和肿瘤等疾病[152]。因此，需要准确有效地检测 H_2O_2 来监测其在活细胞中的浓度并了解相关的生物学效应。迄今为止，在提出的检测 H_2O_2 的方法中，电化学检测由于其高灵敏度和快速响应而被认为是最有前途的检测技术，分为酶促电化学检测和非酶促电化学检测[153-155]。Meng 等人研究了纳米多孔金薄膜对 H_2O_2 的电还原行为，发现在 -0.4 V(vs. SCE)条件下，10 $\mu mol \cdot L^{-1}$ 至 8 $mmol \cdot L^{-1}$ 的宽浓度范围内，纳米多孔金电极对 H_2O_2 检测均呈现非常好的线性和重现性，检测下限为 3.26 $\mu mol \cdot L^{-1}$[156]。通过表面修饰，这类电极的性能还能够得到显著提升。Xiao 等人在纳米多孔金表面修饰上 Pt 纳米颗粒并用于 H_2O_2 高效电还原，检测限可降低约 4 个数量级至 0.3 $nmol \cdot L^{-1}$[157-159]。基于其高灵敏度，他们还验证了在单个乳腺癌细胞中 H_2O_2 释放的快速检测，证明了纳米多孔金属电极在生理和病理学应用方面的巨大潜力。

6.2.3 过滤与分离

因具有良好的渗透性能，多孔金属材料最重要的应用之一是过滤与分离。过滤孔径逐步向微细化、纳米化发展，传统多孔金属材料的过滤精度在 0.3～70 μm。随着人们对过滤精度需求不断提高，纳滤材料也不断出现，制备的过滤器可通过对流体介质中特定的固体粒子进行拦截和吸附达到净化或分离的目的，此类过滤器在制药、石化和食品工业中都有着广泛的应用[160]。

6.2.4　表面化学驱动

纳米多孔金属具有极大的比表面积，考虑到一个恒定的表面应力在固体内产生的弹性变形量与其比表面积成正比、与其特征尺寸成反比，若将纳米多孔金属置于化学或电化学环境中，则可通过控制电化学电位等来调节金属表面应力，在纳米多孔金属上实现可逆伸长或收缩，从而将电能或化学能转化为机械能，实现驱动功能[161]。Weissmuller 课题组最早报道了纳米多孔金的驱动特性[161]，将纳米多孔金与纯金条带贴合在一起，在 1 $mol \cdot L^{-1}$ 高氯酸溶液中施加仅 1 V 的电压，即观测到了毫米量级的宏观应变(图 6-26)。通过选用更小韧带尺寸及更高比表面积的纳米多孔铂金合金，他们的膨胀实验显示电化学驱动具有更大的可逆应变幅度，线性应变达到接近 1.3%，对应的应变能量密度高达 6.0 MJ/m^3[161]。Detsi 等人[162]则对纳米多孔银进行了研究。在正向和逆向扫描过程中，纳米多孔银的体积出现明显的收缩和膨胀，并且应变幅度随扫描速率的增大而降低，随孔尺寸的减小而增大，最大应变幅度在 0.5%左右，表明纳米多孔银是电化学驱动的良好低成本候选材料。受到上述研究启示，考虑到材料表面化学状态的改变也与其表面应力存在内在关联，Biener 等人[163]利用臭氧氧化吸附于纳米多孔金催化剂表面的 CO 分子，借助于 $CO+O_3 \rightarrow CO_2+O_2$ 过程作为化学驱动研究模型，发现在该体系中纳米多孔金可体现约 0.5%的可逆宏观应变，表明纳米多孔金属是实现表面化学驱动的理想材料。

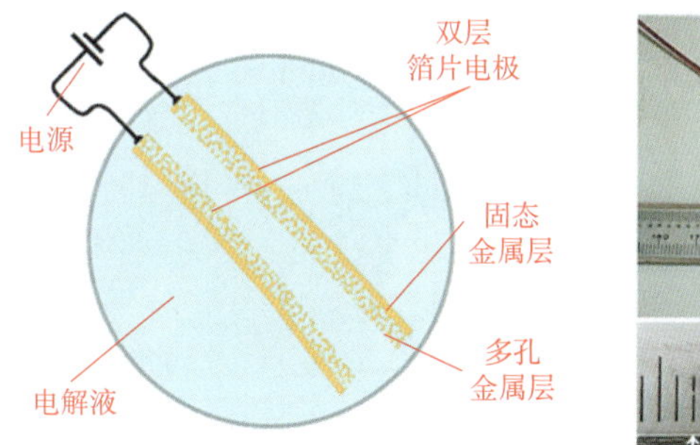

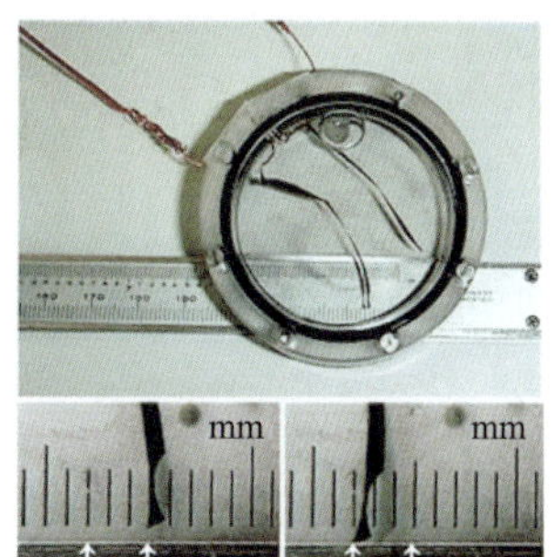

图 6-26　纳米多孔金电极的电化学驱动特性[161]

参考文献

[1]　MCCOLL H, RACIMO F, VINNER L, et al. The prehistoric peopling of Southeast Asia[J].

Science，2018，361(6397)：88-92.
[2] 胡海，肖文浚，上官文峰. 泡沫金属的制备、性能及其在催化反应中的应用 [J]. 工业催化，2006，(10)：55-58.
[3] BANHART J. Manufacture，characterisation and application of cellular metals and metal foams [J]. Progress in Materials Science，2001，46(6)：559-632.
[4] SHIMIZU K I. Catalytically activated metal foam absorber for light-to-chemical energy conversion via solar reforming of methane [J]. Energy & Fuels，2003，17(1)：13-17.
[5] LEE C W. A review on manufacturing and application of open-cell metal foam [J]. Procedia Materials Science，2014，4：305-309.
[6] PESTRYAKOV A N，YURCHENKO E N，FEOFILOV A E. Foam-metal catalysts for purification of waste gases and neutralization of automotive emissions [J]. Catalysis Today，1996，29(1-4)：67-70.
[7] PESTRYAKOV A N，LUNIN V V，DEVOCHKIN A N，et al. Selective oxidation of alcohols over foam-metal catalysts [J]. Applied Catalysis A：General，2002，227(1-2)：125-130.
[8] TAPPAN B C，STEINER S A，LUTHER E P. Nanoporous metal foams [J]. Angewandte Chemie International Edition，2010，49(27)：4544-4565.
[9] COGNET P，BERLAN J，LACOSTE G，et al. Application of metallic foams in an electrochemical pulsed flow reactor Part II：Oxidation of benzyl alcohol [J]. Journal of Applied Electrochemistry，1996，26(6)：631-637.
[10] RAJESHWAR K，IBANEZ J G. Electrochemical aspects of photocatalysis：Application to detoxification and disinfection scenarios [J]. Journal of Chemical Education，1995，72(11)：1044-1049.
[11] MURRAY R . Method of producing finely-divided nickel，US1628190[P]. 1927.
[12] 李辰灿. 纳米多孔金属的制备及其在有机合成中的应用 [D]. 济南：济南大学，2019.
[13] 尾崎萃. 催化剂手册 [M]. 北京：化学工业出版社，1982.
[14] RANEY M. Catalysts from alloys [J]. Industrial & Engineering Chemistry，1940，32(9)：1199-203.
[15] 王忠利. 以卤代硝基苯为原料加氢催化合成卤代苯胺催化剂的研究 [D]. 杭州：浙江理工大学，2018.
[16] 王建强，陈明明，刘巍，等. 固定床雷尼金属催化剂研究进展 [J]. 化工进展，2018，37(11)：4280-4285.
[17] 彭宗芳. 雷尼镍催化剂的性质及应用 [J]. 泸天化科技，1996，(02)：116-119.
[18] XIN Q，LIN L. Progress in catalysis in China during 1982-2012：Theory and technological innovations [J]. Chinese Journal of Catalysis，2013，34(3)：401-35.
[19] YU Y，CUI F，SUN J，et al. Atomic structure of ultrathin gold nanowires [J]. Nano Letter，2016，16(5)：3078-3084.
[20] 赵光. 工业催化基础 [M]. 哈尔滨：哈尔滨工业大学出版社，1999.
[21] MELLOR J R，COVILLE N J，SOFIANOS A C，et al. Raney copper catalysts for the water-gas shift reaction：I. Preparation，activity and stability [J]. Applied Catalysis A：General，1997，164(1)：171-183.
[22] SCHMIDT S R. Process for the selective production of propanols by hydrogenation of glycerol [Z]. 2014.
[23] 赵会吉，刘晨光，景美波，等. 一种糠醛液相催化加氢制备糠醇的方法，CN102603681A [P/OL]. 2012.

[24] 黄仲涛. 工业催化剂手册 [M]. 北京:化学工业出版社, 2004.

[25] HERKES FE, KOURTAKIS K. Preparation of isophorone diamine, US5491264 [P]. 1996.

[26] 张旭东. 异佛尔酮二胺合成研究 [D]. 杭州:浙江大学, 2013.

[27] F·芬克, T·希尔, J-P·梅尔德,等. 异佛尔酮二胺(IPDA,3-氨甲基-3,5,5-三甲基环己胺)的制备方法, CN1561260[P]. 2005.

[28] WITTSTOCK A, BAUMER M. Catalysis by unsupported skeletal gold catalysts [J]. Accounts of Chemical Research, 2014, 47(3): 731-739.

[29] ZHANG X M, DING Y. Unsupported nanoporous gold for heterogeneous catalysis [J]. Catalysis Science & Technology, 2013, 3(11): 2862-2868.

[30] MALLAT T, BAIKER A. Oxidation of alcohols with molecular oxygen on solid catalysts [J]. Chemical Reviews, 2004, 104(6): 3037-3058.

[31] ASAO N, HATAKEYAMA N, MENGGENBATEER, et al. Aerobic oxidation of alcohols in the liquid phase with nanoporous gold catalysts [J]. Cheminform, 2012, 48(38): 4540-4542.

[32] TANAKA S, MINATO T, ITO E, et al. Selective aerobic oxidation of methanol in the coexistence of amines by nanoporous gold catalysts: Highly efficient synthesis of formamides [J]. Chemistry-A European Journal, 2013, 19(36): 11832-11836.

[33] MITSUDOME T, NOUJIMA A, MIZUGAKI T, et al. Supported gold nanoparticle catalyst for the selective oxidation of silanes to silanols in water [J]. Chemical Communications, 2009(35): 5302-5304.

[34] MITSUDOME T, ARITA S, MORI H, et al. Supported silver-nanoparticle-catalyzed highly efficient aqueous oxidation of phenylsilanes to silanols [J]. Angewandte Chemie International Edition, 2008, 47(41): 7938-7940.

[35] ASAO N, ISHIKAWA Y, HATAKEYAMA N, et al. Nanostructured materials as catalysts: Nanoporous-gold-catalyzed oxidation of organosilanes with water [J]. Angewandte Chemie International Edition, 2010, 49(52): 10093-10095.

[36] JIA C C, YIN H M, MA H Y, et al. Enhanced photoelectrocatalytic activity of methanol oxidation on TiO_2-Decorated nanoporous gold [J]. Journal of Physical Chemistry C, 2009, 113(36): 16138-16143.

[37] CHINCHILLA R, NAJERA C. Chemicals from alkynes with Palladium catalysts [J]. Chemical Reviews, 2014, 114(3): 1783-1826.

[38] JIN T, TERADA M, BAO M, et al. Catalytic performance of nanoporous metal skeleton catalysts for molecular transformations [J]. Chemsuschem, 2019, 12(13): 2936-2954.

[39] YAN M, JIN T, ISHIKAWA Y, et al. Nanoporous gold catalyst for highly selective semihydrogenation of alkynes: Remarkable effect of amine additives [J]. Journal of the American Chemical Society, 2012, 134(42): 17536-1754

[40] WAGH Y S, ASAO N. Selective transfer semihydrogenation of alkynes with nanoporous gold catalysts [J]. The Journal of Organic Chemistry, 2015, 80(2): 847-851.

[41] YAN M, JIN T A, CHEN Q, et al. Unsupported nanoporous gold catalyst for highly selective hydrogenation of quinolines [J]. Organic Letters, 2013, 15(7): 1484-1487.

[42] SRIDHARAN V, SURYAVANSHI P A, MENENDEZ J C. Advances in the chemistry of tetrahydroquinolines [J]. Chemical Reviews, 2011, 111(11): 7157-7259.

[43] REN D, HE L, YU L, et al. An unusual chemoselective hydrogenation of quinoline compounds using supported gold catalysts [J]. Journal of the American Chemical Society, 2012, 134 (42): 17592-17598.

[44] OGER C, BALAS L, DURAND T, et al. Are alkyne reductions Chemo-, Regio-, and stereoselective enough to provide pure (Z)-olefins in polyfunctionalized bioactive molecules? [J]. Chemical Reviews, 2013, 113(3): 1313-1350.

[45] MITSUDOME T, YAMAMOTO M, MAENO Z, et al. One-step synthesis of core-gold/shell-ceria nanomaterial and Its catalysis for highly selective semihydrogenation of alkynes [J]. Journal of the American Chemical Society, 2015, 137(42): 13452-13455.

[46] TAKALE B S, FENG X J, LU Y, et al. Unsupported nanoporous gold catalyst for chemoselective hydrogenation reactions under low pressure: Effect of residual silver on the reaction [J]. Journal of the American Chemical Society, 2016, 138(32): 10356-10364.

[47] MIYAURA N, SUZUKI A. Palladium-catalyzed cross-coupling reactions of organoboron compounds [J]. Chemical Reviews, 1995, 95(7): 2457-2483.

[48] ROY D, UOZUMI Y. Recent advances in Palladium-catalyzed cross-coupling reactions at ppm to ppb Molar catalyst loadings [J]. Advanced Synthesis & Catalysis, 2018, 360(4): 602-625.

[49] TANAKA S, KANEKO T, ASAO N, et al. A nanostructured skeleton catalyst: Suzuki-coupling with a reusable and sustainable nanoporous metallic glass Pd-catalyst [J]. Chemical Communications, 2011, 47(21): 5985-5987.

[50] KANEKO T, TANAKA S, ASAO N, et al. Reusable and Sustainable nanostructured skeleton catalyst: Heck reaction with nanoporous metallic glass Pd (PdNPore) as a support, stabilizer and ligand-free catalyst [J]. Advanced Synthesis & Catalysis, 2011, 353(16): 2927-2932.

[51] GIRARD S A, KNAUBER T, LI C J. The cross-dehydrogenative coupling of C-sp^3-H bonds: A versatile strategy for C-C bond formations [J]. Angewandte Chemie International Edition, 2014, 53 (1): 74-100.

[52] HO H E, ISHIKAWA Y, ASAO N, et al. Highly efficient heterogeneous aerobic cross-dehydrogenative coupling via C-H functionalization of tertiary amines using a nanoporous gold skeleton catalyst [J]. Chemical Communications, 2015, 51(64): 12764-12767.

[53] CHEN Q, ZHAO J, ISHIKAWA Y, et al. Remarkable catalytic property of nanoporous gold on activation of diborons for direct diboration of alkynes [J]. Organic Letters, 2013, 15 (22): 5766-5769.

[54] CHEN Q, ZHANG X, SU S, et al. Nanoporous gold-catalyzed diboration of methylenecyclopropanes via a distal bond cleavage [J]. ACS Catalysis, 2018, 8(7): 5901-5906.

[55] JIN T, YAN M, MENGGENBATEER, et al. Nanoporous copper metal catalyst in click chemistry: Nanoporosity-dependent activity without supports and bases [J]. Advanced Synthesis & Catalysis, 2011, 353(17): 3095-100.

[56] WANG J, XU F, JIN H, et al. Non-noble metal-based carbon composites in hydrogen evolution reaction: Fundamentals to applications [J]. Advanced Materials, 2017, 29 (14): 1605838. 1-1605838. 35.

[57] ZOU X, ZHANG Y. Noble metal-free hydrogen evolution catalysts for water splitting [J]. Chemical

Society Reviews, 2015, 44(15): 5148-5180.

[58] LI X, HAO X, ABUDULA A, et al. Nanostructured catalysts for electrochemical water splitting: current state and prospects [J]. Journal of Materials Chemistry A, 2016, 4(31): 11973-2000.

[59] ZHANG J, JIA W, DANG S, et al. Sub-5nm octahedral platinum-copper nanostructures anchored on nitrogen-doped porous carbon nanofibers for remarkable electrocatalytic hydrogen evolution [J]. Journal of Colloid and Interface Science, 2020, 560: 161-168.

[60] WU Q, LUO M, HAN J, et al. Identifying electrocatalytic sites of the nanoporous Copper-Ruthenium alloy for hydrogen evolution reaction in alkaline electrolyte [J]. ACS Energy Letters, 2019, 5(1): 192-199.

[61] CONWAY B E, TILAK B V. Interfacial processes involving electrocatalytic evolution and oxidation of H_2, and the role of chemisorbed H [J]. Electrochimica Acta, 2002, 47(22-23): 3571-3594.

[62] MARKOVIC N M, LUCAS C A, GRGUR B N, et al. Surface electrochemistry of CO and H_2/CO mixtures at Pt(100) interface: Electrode kinetics and interfacial structures [J]. Journal of Physical Chemistry B, 1999, 103(44): 9616-9623.

[63] CLIMENT V, GOMEZ R, ORTS J M, et al. Thermodynamic analysis of the temperature dependence of OH adsorption on Pt(111) and Pt(100) electrodes in acidic media in the absence of specific anion adsorption [J]. Journal of Physical Chemistry B, 2006, 110(23): 11344-11351.

[64] REGMI Y N, WAETZIG G R, DUFFEE K D, et al. Carbides of group IVA, VA and VIA transition metals as alternative HER and ORR catalysts and support materials [J]. Journal of Materials Chemistry A, 2015, 3(18): 10085-10091.

[65] ESPOSITO D V, HUNT S T, KIMMEL Y C, et al. A new class of electrocatalysts for hydrogen production from water electrolysis: metal monolayers supported on low-cost transition metal carbides [J]. Journal of the American Chemical Society, 2012, 134(6): 3025-3033.

[66] PERIASAMY A P, SRIRAM P, CHEN Y W, et al. Porous aluminum electrodes with 3D channels and zig-zag edges for efficient hydrogen evolution [J]. Chemical Communications, 2019, 55(38): 5447-5450.

[67] LU Q, HUTCHINGS G S, YU W, et al. Highly porous non-precious bimetallic electrocatalysts for efficient hydrogen evolution [J]. Nature Communications, 2015, 6: 6567.

[68] WANG Y, ZHANG B, PAN W, et al. 3D porous Nickel-Cobalt nitrides supported on Nickel foam as efficient electrocatalysts for overall water splitting [J]. ChemSusChem, 2017, 10(21): 4170-4177.

[69] SAFIZADEH F, GHALI E, HOULACHI G. Electrocatalysis developments for hydrogen evolution reaction in alkaline solutions-A Review [J]. International Journal of Hydrogen Energy, 2015, 40(1): 256-274.

[70] VASU K I. Transition Metal-Based Cathodes for Hydrogen Evolution in Alkaline Solution: Electrocatalysis on Nickel-Based Ternary Electrolytic Codeposits [J]. Journal of Applied Electrochemistry, 1992, 22(5): 471-477.

[71] ZHANG Y Q, OUYANG B, XU J, et al. 3D porous hierarchical Nickel-Molybdenum Nitrides synthesized by RF Plasma as highly active and stable hydrogen-evolution-reaction electrocatalysts [J]. Advanced Energy Materials, 2016, 6(11): 1600221.

[72] HU K, JEONG S, WAKISAKA M, et al. Bottom-up synthesis of porous NiMo alloy for hydrogen evolution reaction [J]. Metals, 2018, 8(2): 83.

[73] SUEN N T, HUNG S F, QUAN Q, et al. Electrocatalysis for the oxygen evolution reaction: recent development and future perspectives [J]. Chemical Society Reviews, 2017, 46(2): 337-365.

[74] QI J, ZHANG W, CAO R. Porous materials as highly efficient electrocatalysts for the oxygen evolution reaction [J]. ChemCatChem, 2018, 10(6): 1206-1220.

[75] ZHANG K L, DENG S J, ZHONG Y, et al. Rational construction of cross-linked porous nickel arrays for efficient oxygen evolution reaction [J]. Chinese Journal of Catalysis, 2019, 40(7): 1063-1069.

[76] CAI J, XU J, WANG J, et al. Fabrication of three-dimensional nanoporous nickel films with tunable nanoporosity and their excellent electrocatalytic activities for hydrogen evolution reaction [J]. International Journal of Hydrogen Energy, 2013, 38(2): 934-941.

[77] XU H, FENG J X, TONG Y X, et al. Cu_2O-Cu hybrid foams as high-performance electrocatalysts for oxygen evolution reaction in alkaline media [J]. ACS Catalysis, 2016, 7(2): 986-991.

[78] NITIN K, CHAUDHARI H J, BYEONGYOON KIM, et al. Nanostructured materials on 3D nickel foam as electrocatalysts for water splitting [J]. Nanoscale, 2017, 9(34): 12231-12247.

[79] ZHOU T, CAO Z, ZHANG P, et al. Transition metal ions regulated oxygen evolution reaction performance of Ni-based hydroxides hierarchical nanoarrays[J]. Scientific Reports, 2017, 7: 46154. 1-46154. 9.

[80] LUO J, IM J H, MAYER M T, et al. Water photolysis at 12. 3% efficiency via perovskite photovoltaics and Earth-abundant catalysts [J]. Science, 2014, 345(6204): 1593-1596.

[81] DETSI E, COOK J B, LESEL B K, et al. Mesoporous $Ni_{60}Fe_{30}Mn_{10}$-alloy based metal/metal oxide composite thick films as highly active and robust oxygen evolution catalysts [J]. Energy & Environmental Science, 2016, 9(2): 540-549.

[82] YONGWEN TAN, HAO WANG, PAN LIU, et al. Versatile nanoporous bimetallic phosphides towards electrochemical water splitting [J]. Energy & Environmental Science, 2016, 9(7): 2257-2261.

[83] TAN Y, WANG H, LIU P, et al. 3D nanoporous metal phosphides toward high-efficiency electrochemical hydrogen production [J]. Advanced Materials, 2016, 28(15): 2951-2955.

[84] SEH Z W, KIBSGAARD J, DICKENS C F, et al. Combining theory and experiment in electrocatalysis: Insights into materials design [J]. Science, 2017, 355(6321): eaad4998.

[85] CAO Z, ZHOU T, CHEN Y L, et al. A trimodal porous cobalt-based electrocatalyst for enhanced oxygen evolution [J]. Advanced Material Interfaces, 2019, 6(17): 1900381.

[86] DONG C, KOU T, GAO H, et al. Eutectic-derived mesoporous Ni-Fe-O nanowire network catalyzing oxygen evolution and overall water splitting [J]. Advanced Energy Materials, 2018, 8(5): 1701347.

[87] WANG Y, ZHANG L, YIN K, et al. Nanoporous Iridium-based alloy nanowires as highly efficient electrocatalysts toward acidic oxygen evolution reaction [J]. ACS Applied Materials & Interfaces, 2019, 11(43): 39728-39736.

[88] WU Z, ZOU Z, HUANG J, et al. Fe-doped NiO mesoporous nanosheets array for highly efficient overall water splitting [J]. Journal of Catalysis, 2018, 358: 243-252.

[89] SUN T, XU L, YAN Y, et al. Ordered mesoporous Nickel sphere arrays for highly efficient electrocatalytic water oxidation [J]. ACS Catalysis, 2016, 6(3): 1446-1450.

[90] CHEREVKO S, ZERADJANIN A R, TOPALOV A A, et al. Dissolution of noble metals during oxygen evolution in acidic media [J]. ChemCatChem, 2014, 6(8): 2219-2223.

[91] JIN S. Are metal chalcogenides, nitrides, and phosphides oxygen evolution catalysts or bifunctional catalysts? [J]. ACS Energy Letters, 2017, 2(8): 1937-1938.

[92] LU X F, GU L F, WANG J W, et al. Bimetal-organic framework derived $CoFe_2O_4$/C porous hybrid nanorod arrays as high-performance electrocatalysts for oxygen evolution reaction [J]. Advanced Materials, 2017, 29(3): 1604437. 1-1604437. 7.

[93] SUN J S, ZHOU Y T, YAO R Q, et al. Nanoporous gold supported chromium-doped NiFe oxyhydroxides as high-performance catalysts for the oxygen evolution reaction [J]. Journal of Materials Chemistry A, 2019, 7(16): 9690-9697.

[94] XIE J F, ZHANG X D, ZHANG H, et al. Intralayered ostwald ripening to ultrathin nanomesh catalyst with robust oxygen-evolving performance [J]. Advanced Materials, 2017, 29(10): 1604765. 1-1604765. 9.

[95] YU H, WANG Z, YIN S, et al. Mesoporous Au_3Pd film on Ni foam: A self-supported electrocatalyst for efficient synthesis of ammonia [J]. ACS Applied Materials Interfaces, 2020, 12(1): 436-442.

[96] SEH Z W, KIBSGAARD J, DICKENS C F, et al. Combining theory and experiment in electrocatalysis: Insights into materials design[J]. Science, 2017, 355(6321): eaad4998.

[97] XU C X, ZHANG Y, WANG L, et al. Nanotubular mesoporous PdCu bimetallic electrocatalysts toward oxygen reduction reaction[J]. Chemistry of Materials, 2009, 21(14):3110-3116.

[98] LI X, FAGHRI A. Review and advances of direct methanol fuel cells (DMFCs) part I: Design, fabrication, and testing with high concentration methanol solutions [J]. Journal of Power Sources, 2013, 226: 223-240.

[99] WANG D, ZHAO P, LI Y. General preparation for Pt-based alloy nanoporous nanoparticles as potential nanocatalysts [J]. Scientific Reports, 2011, 1: 37.

[100] SNYDER J, MCCUE I, LIVI K, et al. Structure/processing/ properties relationships in nanoporous nanoparticles as applied to catalysis of the cathodic oxygen reduction reaction [J]. Journal of the American Chemical Society, 2012, 134(20): 8633-8645.

[101] WANG R, XU C, BI X, et al. Nanoporous surface alloys as highly active and durable oxygen reduction reaction electrocatalysts [J]. Energy & Environmental Science, 2012, 5(1): 5281-5286.

[102] LANG X Y, HAN G F, XIAO B B, et al. Mesostructured intermetallic compounds of Platinum and non-transition metals for enhanced electrocatalysis of oxygen reduction reaction [J]. Advanced Functional Materials, 2015, 25(2): 230-237.

[103] LI J, YIN H M, LI X B, et al. Surface evolution of a Pt-Pd-Au electrocatalyst for stable oxygen reduction [J]. Nature Energy, 2017, 2(8): 17111.

[104] XU C, WANG L, WANG R, et al. Nanotubular mesoporous bimetallic nanostructures with enhanced electrocatalytic performance [J]. Advanced Materials, 2009, 21(21): 2165-2169.

[105] GU X, CONG X, DING Y. Platinum-decorated Au porous nanotubes as highly efficient catalysts for formic acid electro-oxidation [J]. ChemPhysChem, 2010, 11(4): 841-846.

[106] ZEIS R, LEI T, SIERADZKI K, et al. Catalytic reduction of oxygen and hydrogen peroxide by nanoporous gold [J]. Journal of Catalysis, 2008, 253(1): 132-138.

[107] XU C, LI Y, TIAN F, et al. Dealloying to nanoporous silver and its implementation as a template material for construction of nanotubular mesoporous bimetallic nanostructures [J]. ChemPhysChem, 2010, 11(15): 3320-3328.

[108] KUHL K P, CAVE E R, ABRAM D N, et al. New insights into the electrochemical reduction of carbon dioxide on metallic copper surfaces [J]. Energy & Environmental Science. 2012, 5: 7050-7059.

[109] SEN S, LIU D, PALMORE G T R. Electrochemical reduction of CO_2 at Copper nanofoams [J]. ACS Catalysis, 2014, 4(9): 3091-3095.

[110] LU Q, ROSEN J, ZHOU Y, et al. A selective and efficient electrocatalyst for carbon dioxide reduction[J]. Nature Communications, 2014, 5: 3242.

[111] ZHANG W, HE J, LIU S, et al. Atomic origins of high electrochemical CO_2 reduction efficiency on nanoporous gold [J]. Nanoscale, 2018, 10(18): 8372-8376.

[112] HUANG Y Y, BABU D D, PENG Z, et al. Atomic Modulation, Structural Design, and Systematic Optimization for Efficient Electrochemical Nitrogen Reduction[J]. Advanced Science, 2020, 7(4): 1902390.

[113] LI M, HUANG H, LOW J, et al. Recent progress on electrocatalyst and photocatalyst design for nitrogen reduction [J]. Small Methods, 2018, 3(6): 1800388.

[114] YU H, WANG Z, YANG D, et al. Bimetallic Ag_3Cu porous networks for ambient electrolysis of nitrogen to ammonia [J]. Journal of Materials Chemistry A, 2019, 7(20): 12526-12531.

[115] ZHANG K, GUO R, PANG F, et al. Low-coordinated gold atoms boost electrochemical nitrogen reduction reaction under ambient conditions [J]. ACS Sustainable Chemistry & Engineering, 2019, 7(12): 10214-10220.

[116] CHU L, HAN L, ZHANG X L. Electrochemical simultaneous determination of nitrophenol isomers at nano-gold modified glassy carbon electrode [J]. Journal of Applied Electrochemistry, 2011, 41(6): 687-694.

[117] GUO X M, ZHOU H, FAN T X, et al. Electrochemical detection of p-nitrophenol on surface imprinted gold with lamellar-ridge architecture [J]. Sensors and Actuators B Chemical, 2015, 220: 33-39.

[118] DELHOMME O, MORVILLE S, MILLET M. Seasonal and diurnal variations of atmospheric concentrations of phenols and nitrophenols measured in the Strasbourg area, France [J]. Atmospheric Pollution Research, 2010, 1(1): 16-22.

[119] LIU Y, LIU H L, MA J, et al. Comparison of degradation mechanism of electrochemical oxidation of di- and tri-nitrophenols on Bi-doped lead dioxide electrode: Effect of the molecular structure [J]. Applied Catalysis B Environmental, 2009, 91(1-2): 284-299.

[120] 奚正平，汤慧萍，朱纪磊，等. 金属多孔材料在能源与环保中的应用 [J]. 稀有金属材料与工程，2006，(S2)：413-417.

[121] 黄国涛，左孝青，孙彦琳，等. 多孔金属过滤材料研究进展 [J]. 材料导报，2010，24(S2)：448-452.

[122] 刘培生，李铁藩，傅超，等. 多孔金属材料的应用 [J]. 功能材料，2001(1)：12-15.

[123] 石丹. Fe-Cr-Al金属纤维毡在环保领域的应用 [J]. 中国金属通报，2018(6)：142-143.

[124] NGUYEN N T，ALTOMARE M，YOO J，et al. Efficient photocatalytic H_2 Evolution：controlled dewetting-dealloying to fabricate site-selective high-activity nanoporous Au particles on highly ordered TiO_2 nanotube arrays [J]. Advanced Materials，2015，27(20)：3208-3215.

[125] CAO Q，YUAN K，LIU Q，et al. Porous Au-Ag alloy particles inlaid AgCl membranes as versatile plasmonic catalytic interfaces with simultaneous，insitu SERS monitoring [J]. ACS Applied Materials Interfaces，2015，7(33)：18491-18500.

[126] FANG Z，HONG Y，LI D，et al. One-step Nickel foam assisted synthesis of holey G-carbon nitride nanosheets for efficient visible-light photocatalytic H_2 Evolution [J]. ACS Applied Materials Interfaces，2018，10(24)：20521-20529.

[127] SHI W，SONG Y，ZHANG X，et al. Nanoporous Pt/TiO_2 nanocomposites with greatly enhanced photocatalytic performance [J]. Journal of the Chinese Chemical Society，2018，65(11)：1286-1292.

[128] LI Y Y，DING Y. Porous AgCl/Ag nanocomposites with enhanced visible light photocatalytic properties [J]. Journal of Physical Chemistry C，2010，114(7)：3175-3179.

[129] STEINEBRUNNER D，SCHNURPFEIL G，WICHMANN A，et al. Synergistic effect in zinc phthalocyanine—nanoporous gold hybrid materials for enhanced photocatalytic oxidations [J]. Catalysts，2019，9(6)：555.

[130] SUN Z，FANG W，ZHAO L，et al. 3D porous Cu-NPs/g-C_3N_4 foam with excellent CO_2 adsorption and Schottky junction effect for photocatalytic CO_2 reduction [J]. Applied Surface Science，2020，504：144347.

[131] ZHANG W，ZHAO Y，HE K，et al. Ultrathin nanoporous metal-semiconductor heterojunction photoanodes for visible light hydrogen evolution [J]. Nano Research，2018，11(4)：2046-2057.

[132] JUAREZ T，BIENER J，WEISSMüLLER J，et al. Nanoporous metals with structural hierarchy：A review [J]. Advanced Engineering Materials，2017，19(12)：1700389.

[133] 刁方园. 纳米多孔金属薄膜的制备及表面增强拉曼散射性能研究 [D]. 济南：山东大学，2018.

[134] KUCHEYEV S O，HAYES J R，BIENER J，et al. Surface-enhanced Raman scattering on nanoporous Au [J]. Applied Physics Letters，2006，89(5)：053102.

[135] QIAN L H，YAN X Q，FUJITA T，et al. Surface enhanced Raman scattering of nanoporous gold：Smaller pore sizes stronger enhancements [J]. Applied Physics Letters，2007，90(15)：153120.

[136] LI R，LIU X J，WANG H，et al. Nanoporous silver with tunable pore characteristics and superior surface enhanced Raman scattering [J]. Corrosion Science，2014，84：159-164.

[137] CHEN L Y，YU J S，FUJITA T，et al. Nanoporous copper with tunable nanoporosity for SERS applications [J]. Advanced Functional Materials，2009，19(8)：1221-1226.

[138] DRUMMOND T G，HILL M G，BARTON J K. Electrochemical DNA sensors [J]. Nature Biotechnology，2003，21(10)：1192-1199.

[139] PARK S J，TATON T A，MIRKIN C A. Array-based electrical detection of DNA with nanoparticle probes [J]. Science，2002，295(5559)：1503-1506.

[140] HAHM J I，LIEBER C M. Direct ultrasensitive electrical detection of DNA and DNA sequence variations using nanowire nanosensors [J]. Nano Letters，2004，4(1)：51-54.

[141] CHEN J Y, WILEY B, MCLELLA J, et al. Optical properties of Pd-Ag and Pt-Ag nanoboxes synthesized via galvanic replacement reactions [J]. Nano Letters, 2005, 5(10): 2058-2062.

[142] HU K, LI D, LI X , et al. Electrochemical DNA biosensor based on nanoporous gold electrode and multifunctional encoded DNA-Au bio bar codes [J]. Analytical Chemistry, 2008, 80 (23): 9124-9130.

[143] HUANG D, NIU C, ZENG G, et al. A highly sensitive protocol for the determination of Hg^{2+} in environmental water using time-gated mode [J]. Talanta, 2015, 132: 606-612.

[144] HUANG H, LI K, CHEN Z, et al. Achieving remarkable activity and durability toward oxygen reduction reaction based on ultrathin Rh-doped Pt nanowires [J]. Journal of the American Chemical Society, 2017, 139(24): 8152-8159.

[145] LEE J-S, HAN M S, MIRKIN C A. Colorimetric detection of mercuric Ion (Hg^{2+}) in aqueous media using DNA-functionalized gold nanoparticles [J]. Angewandte Chemie International Edition, 2007, 119(22): 4171-4174.

[146] ZENG G, ZHANG C, HUANG D, et al. Practical and regenerable electrochemical aptasensor based on nanoporous gold and thymine-Hg^{2+}-thymine base pairs for Hg^{2+} detection [J]. Biosensors and Bioelectronics, 2017, 90: 542-548.

[147] ZHANG H, FEI C, ZHANG D, et al. Degradation of 4-nitrophenol in aqueous medium by electro-Fenton method [J]. Journal of Hazardous Materials, 2007, 145(1-2): 227-232.

[148] LIU N, CAI X, ZHANG Q, et al. Real-time nitrophenol detection using single-walled carbon nanotube based devices [J]. Electroanalysis, 2008, 20(5): 558-562.

[149] LUO L Q, ZOU X L, DING Y P, et al. Derivative voltammetric direct simultaneous determination of nitrophenol isomers at a carbon nanotube modified electrode [J]. Sensors and Actuators B: Chemical, 2008, 135(1): 61-65.

[150] CHEN X, CAI Z, CHEN X, et al. Green synthesis of graphene-PtPd alloy nanoparticles with high electrocatalytic performance for ethanol oxidation [J]. Journal of Materials Chemistry A, 2014, 2 (2): 315-320.

[151] LIU Z, DU J, QIU C, et al. Electrochemical sensor for detection of p-nitrophenol based on nanoporous gold [J]. Electrochemistry Communications, 2009, 11(7): 1365-1368.

[152] LI Z, XIN Y, WU W, et al. Topotactic conversion of Copper(I) phosphide nanowires for sensitive electrochemical detection of H_2O_2 release from living cells [J]. Analytical Chemistry, 2016, 88 (15): 7724-7729.

[153] BAI J, JIANG X. A facile one-pot synthesis of copper sulfide-decorated reduced graphene oxide composites for enhanced detecting of H_2O_2 in biological environments [J]. Analytical chemistry, 2013, 85(17): 8095-8101.

[154] WANG T, ZHU H, ZHUO J, et al. Biosensor based on ultrasmall MoS_2 nanoparticles for electrochemical detection of H_2O_2 released by cells at the nanomolar level [J]. Analytical chemistry, 2013, 85 (21): 10289-10295.

[155] ZHOU J, LIAO C, ZHANG L, et al. Molecular hydrogel-stabilized enzyme with facilitated electron transfer for determination of H_2O_2 released from live cells [J]. Analytical chemistry, 2014, 86(9): 4395-4401.

[156] ZHANG X, LU W, YANG S, et al. A sensitive electrochemical nonenzymatic biosensor for the detection of H_2O_2 released from living cells based on ultrathin concave Ag nanosheets [J]. Biosensors & Bioelectronics, 2018, 106: 29-36.

[157] DING X K, YANG K L. Antibody-free detection of human chorionic gonadotropin by use of liquid crystals [J]. Analytical chemistry, 2013, 85(22): 10710-10716.

[158] YANG Y C, DONG S W, SHEN T, et al. Amplified immunosensing based on ionic liquid-doped chitosan film as a matrix and Au nanoparticle decorated graphene nanosheets as labels [J]. Electrochimica Acta, 2011, 56(17): 6021-6025.

[159] TEIXEIRA S, CONLAN R S, GUY O J, et al. Label-free human chorionic gonadotropin detection at picogram levels using oriented antibodies bound to graphene screen-printed electrodes [J]. Journal of Materials Chemistry B, 2014, 2(13): 1852-1865.

[160] 张文彦，奚正平，方明，等. 纳米孔结构金属多孔材料研究进展 [J]. 稀有金属材料与工程，2008，(07): 1129-1133.

[161] 叶兴龙，刘枫，金海军. 压缩变形纳米多孔金电化学驱动性能研究 [J]. 金属学报，2014，50(2): 252-258.

[162] DETSI E, SELLèS M S, ONCK P R, et al. Nanoporous silver as electrochemical actuator [J]. Scripta Materialia, 2013, 69(2): 195-198.

[163] BIENER J, WITTSTOCK A, ZEPEDA-RUIZ L A, et al. Surface-chemistry-driven actuation in nanoporous gold [J]. Nature Materials, 2009, 8(1): 47-51.

第7章 多孔金属的电池应用

随着“碳达峰、碳中和”等相关政策的加快实施，以锂离子电池、燃料电池、超级电容器等为代表的各类新型化学电源在各国能源战略中扮演着越来越重要的角色。在所有化学电源中，电极材料的电化学活性与稳定性很大程度上决定了整个器件的性能。如前所述，多孔金属优异的导电性和开放的孔道结构使其在传质传荷等方面具有突出优势，而其自身既可以作为电极载体，也可以直接作为活性电极来使用。事实上，各类多孔金属已经在几乎所有化学电源中得到应用。随着各类特殊应用场景的出现，对电池的关键技术指标，如能量密度、功率密度、续航能力、安全性能、服役温区等，提出了越来越高的要求，开发多功能电极并在此基础上研制出高性能化学电源已成为多孔金属基电极材料研发的热点。

7.1 铅酸电池

铅酸电池是一种以铅及其氧化物为工作电极，硫酸作为电解液的二次储能电池，又称蓄电池。铅酸电池在放电状态下，正极主要成分为二氧化铅，负极主要成分为铅；在充电状态下，正负极的主要成分均为硫酸铅。铅酸电池自1859年问世，迄今应用已超过160年[1]。如今，不管是在产值还是在产量方面，铅酸蓄电池在各类电源应用中仍处于首位。目前，对铅酸电池的研究仍在不断深入，相关应用已扩展至通信、交通、军事及电力等各个领域，在经济发展方面发挥了不可忽视的作用[2,3]。

7.1.1 铅酸电池的结构及工作原理

铅酸电池主要由正极板、隔板、负极板、电池外壳、安全阀盖等组成(图7-1)。电池可以制成多种形状，目前应用较多的是圆柱形、扣式、方形等。

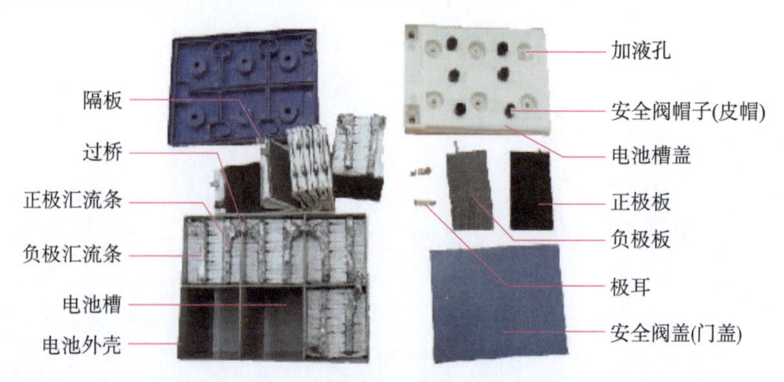

图7-1　12 V 10 A H型铅酸电池的内部解剖图

铅酸电池的正负极极板都是以含铅的合金板栅材料涂覆铅膏制成。目前，板栅材料一般为多孔电极，其中正极活性物质为二氧化铅（PbO_2），负极有效成分为铅（Pb）。电池的容量取决于正负极极板的数量，常将多片正、负极板串并联组成极板板群以获得容量较大的蓄电池。隔板的主要作用是防止正负极接触而发生短路，但同时要保证电解液充分接触极板以参与电化学反应，防止活性物质从电极表面脱落。目前，使用较多的隔板材料主要有聚氯乙烯板、微孔硬橡胶板等。铅酸电池使用硫酸作为电解液，使电子能够在电池正负极活性物质间转移。电池的外壳与盖子为聚丙烯塑料壳体或硬橡胶壳体等，提供电池正负极组合栏板放置的空间。

铅酸电池在放电过程中，正负极材料均转化成硫酸铅（$PbSO_4$）；在充电状态下，$PbSO_4$ 又形成 Pb 与 PbO_2。具体反应过程如下：

放电过程：

负极反应：$Pb-2e^- + SO_4^{2-} \longrightarrow PbSO_4$

正极反应：$PbO_2 + 2e^- + SO_4^{2-} + 4H^+ \longrightarrow PbSO_4 + 2H_2O$

总反应：$Pb + PbO_2 + 2H_2SO_4 \longrightarrow 2PbSO_4 + 2H_2O$

充电过程：

负极反应：$PbSO_4 + 2e^- \longrightarrow Pb + SO_4^{2-}$

正极反应：$PbSO_4 + 2e^- + 2H_2O \longrightarrow PbO_2 + 4H^+ + SO_4^{2-}$

总反应：$2PbSO_4 + 2H_2O \longrightarrow Pb + PbO_2 + 2H_2SO_4$

铅酸电池的优点主要包括：性能稳定，单电池电压可高达 2 V；内阻小，在特殊环境下也可以保证正常工作；电池材料回收率高，铅的回收率可以达到 95%～100%；成本低，根据极板板群数量可以有效调节电池的容量范围。

7.1.2　泡沫金属在铅酸电池中的应用

泡沫金属应用于铅酸电池可以提高它的活性物质利用率和比容量。泡沫金属在铅酸电池中的应用主要集中于泡沫铅、泡沫铜等。

以铅为极板材料的传统铅酸电池比容量较低，电池中极板和活性物质的质量占比较大。为了提高铅酸电池的能量密度，降低电池的重量，研究者们着手于优化电池极板材料和活性物质的组成[4-11]。众多研究工作提出使用比表面积较高的泡沫铅板栅材料代替传统的铅极板，可以有效地提高电池活性物质的利用率。当前泡沫铅的制备方法主要有铸造法、粉末冶金法、电沉积法等[6, 12]。采用渗流铸造法制备的泡沫铅强度和韧性较高、质量较轻[4]，将其作为铅酸电池集流体时，相较于传统板栅材料活性物质的利用率提高了 50%[5]。而使用电沉积法制备的泡沫铅，其板栅材料活性物质利用率比较高，原因是其活性材料颗粒更小，孔隙更多[6]。使用这种材料作为铅酸电池的板栅材料可以提高电池的大电流放电能力和充放电能力,并且可以提高活性材料的利用率,降低电池的内阻[7-9]。

此外,因泡沫铜具有更优的导电性,将其作为基底材料沉积铅合金应用在铅酸电池中也表现出优异的性能[13-15]。Tabaatabaai 等人[13]在泡沫铜基底上电沉积铅合金制备出具有开放孔结构的泡沫铅(图 7-2),这种材料由于三维电极的结构特性和泡沫铜的高导电性,可以有效提高活性材料的利用率;同时,负极材料有较好的稳定性,在较高的放电倍率下,容量可以得到有效提升。

Lang 等人制备了一种多孔铅-锡合金/石墨复合电极(图 7-3),将其应用在铅酸电池中[16]。这种多孔电极可以提供电解液扩散通道,并且可以减小活性物质的厚度,从而提高比功率和比容量,电池的循环寿命也得到了有效改善。研究发现,应用该多孔电极的电池放电平台较高,且在增加放电速率时平台电位也没有明显降低。

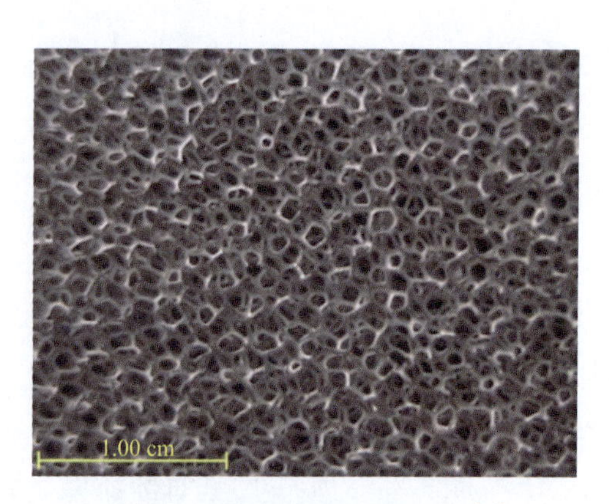

图 7-2 镀铜泡沫网格光学照片[13]

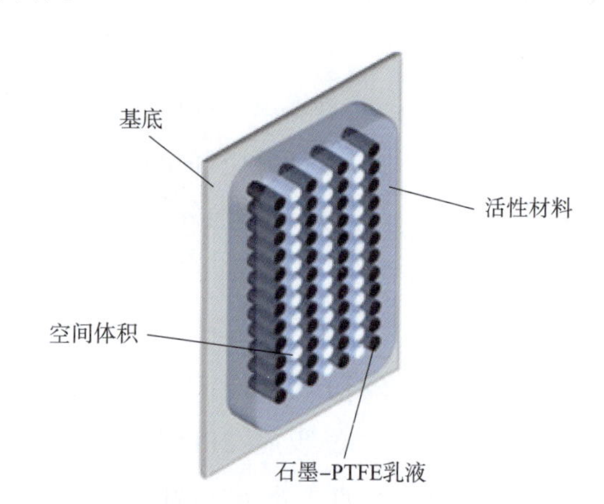

图 7-3 多孔铅/石墨复合电极示意图[16]

7.1.3 多孔金属氧化物在铅酸电池中的应用

多孔金属氧化物相较于普通金属氧化物有比表面积高、孔隙率高等特点,并且具有良好的形貌和结构特性。由于铅酸电池正极的活性物质为 PbO_2,所以多孔金属氧化物在铅酸电池中的应用主要集中在 PbO_2 上[17,18],或者将 PbO 作为正极或负极材料[19],此外也有将氧化物用作电池的添加剂等[20]。

使用电沉积法制备的纳米结构 PbO_2 薄膜质量较轻,可以减少电极重量。这种多孔 PbO_2 材料可以在较大的电流密度下循环,有效提高了铅酸电池的功率密度[17]。此外,还可以将 PbO 用于铅酸电池的正极与负极[19]。第一种策略是将 PbO 作为正极与商业负极板组装成铅酸电池,此时电池容量与普通铅酸电池相当。第二种方法则是将 PbO 作为负极与商业正极板组装成铅酸电池,结果发现其表现出较高的放电容量,表明 PbO 更适合于作为负极。将纳米多孔 Ti_4O_7 作为添加剂应用于铅酸电池时,有利于在正极中形成导电通道,可以提高电池放电容量,尤其是在高倍率放电时[20]。

7.2　镍 氢 电 池

镍氢电池具有比能量高、可快速充电、绿色无污染等特点，可分为高压镍氢电池和低压镍氢电池[21]。高压镍氢电池的正极为氧化镍，负极为氢电极，活性物质为氢气，由于其使用条件较为严苛而多用于航天领域。低压镍氢电池的正极为氢氧化镍，负极为储氢合金，氢氧化钾为电解质。镍氢电池的反应原理示意图如图 7-4 所示。以低压镍氢电池为例，其电极反应为[22]：

正极：$Ni(OH)_2+OH^- \longrightarrow NiOOH+H_2O+e^-$

负极：$M+H_2O+e^- \longrightarrow MH_{ab}+OH^-$

总反应：$Ni(OH)_2+M \longrightarrow NiOOH+MH$，其中 M 为储氢合金。

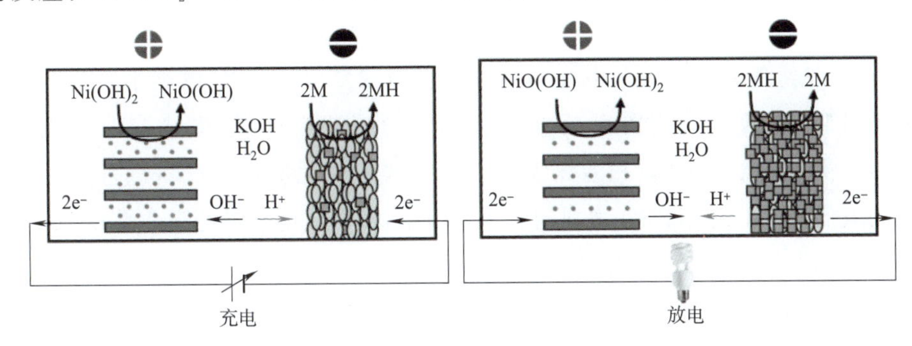

图 7-4　镍氢电池反应原理示意图[22]

7.2.1　多孔正极材料

1. 泡沫镍基体

镍氢电池正极活性物质为 NiOOH，它构成电极极片的工艺主要有烧结式、拉浆式、泡沫镍式、纤维镍式及嵌渗式等。不同工艺制备的电极在容量、大电流放电性能上存在较大差异，一般根据使用条件确定电池的生产工艺。镍氢电池正极多以泡沫镍作为载体，其结构对镍氢电池的性能有很大影响[23, 24]。优化基体的孔结构以增加电活性物质的比表面积并提高电解液的浸润性是提高电池性能的主要手段[25, 26]。此外，孔结构也有利于增加活性材料的负载量，增强键合强度和降低电极的内部应力[27]。

Sakai 等人[24]制备了三种不同孔结构的泡沫镍，并研究了孔结构对电池倍率性能的影响规律。结果发现，它们在较高电流密度下具有不同的容量，其中孔径最小、表面积最大的样品在镍氢电池中表现出最佳的性能。大孔径基体在相同电流密度下性能迅速下降。即使在更高的电流密度下，使用小孔径基体仍能体现稳定的电化学性能。阻抗测试表明，电荷转移电阻与基体的孔结构相关，其中具有最小孔径和最大表面积的基体电荷转移电阻最小。大表面积的基体使得集流体与活性材料之间的接触面积增加，有助于降低接触电阻和电荷转移电阻，从而使得电池的倍率性能得到提升。

2. 泡沫镍复合电极

将泡沫镍与其他材料复合可进一步改善电池性能。按照复合方式的不同，可以分为：化学共沉积方式（如化学共沉淀镍钴锌氢氧化物）、电化学共沉积方式（如电化学浸渍镍钴氢氧化物）、表面沉积方式（如在氢氧化镍表面化学沉积钴、氢氧化钴等）、物理添加方式（如在氢氧化镍中添加氧化钴）、在电解液中加入添加剂（如 Li^{+} 等）。

将镍粉加入高孔隙泡沫镍中，然后在 925 ℃下烧结 15 min，最后将制备的材料、镍和氢氧化钴进行电化学浸渍。通过电化学性能测试得到前十个周期的活性材料利用率可达到 80%，在更多的循环后活性材料利用率可进一步提高到约 98%[28]。氢氧化镍作为镍氢电池正极存在导电性较差的问题，为了提高电化学性能通常需要添加导电剂或者添加剂。将具有良好导电性能的碳纳米管添加到镍氢电池电极中可以降低电池内阻，同时提高电池容量，含碳管的电池也表现出更好的循环稳定性[29,30]。采用热化学气相沉积技术直接在泡沫镍表面生长多壁碳纳米管并作为镍氢电池的集流体。测试发现，生长的碳纳米管与基底自然融合，可将活性物质很好固定并充分反应，从而提升电化学性能。王震虎等人[31]则将纳米氧化锌（ZnO）、碳纳米管（CNTs）和泡沫镍混合作为镍氢电池的正极材料进行电化学性能测试，发现在较低倍率下纳米 ZnO 添加剂起主要作用，最高放电容量达到 301 mAh/g；在较高倍率下 CNTs 起主要作用；当添加 3% 纳米 ZnO 和 1% CNTs 时电化学性能最优，循环 40 个周期后容量保持在 212 mAh/g。

使用电化学共沉积的方式将稀土元素沉积在泡沫镍上，制备的复合多孔电极也可以提升镍氢电池的电化学性能[32, 33]。将氢氧化镍微球或者氧化亚镍微球以物理方式添加到泡沫镍中作为镍氢电池的正极材料，在厚度约为 700 μm，负载量约为 182 mg/cm^2，振实密度为 2.6 g/cm^3 情况下，电池的能量密度约为 140 Wh/kg，且在 1 500 个周期循环后仍保持出色的充放电能力[34,35]。

在另外一个研究中，邹建梅等人[36]将三种不同锌、钴含量的氢氧化镍与一定量的添加剂、黏合剂和成浆后，填充在 1 cm×1 cm 的泡沫镍基体中，经干燥压制后做成样品。电化学性能测试表明，不同的添加方式均能有效提高 $Ni(OH)_2$ 的活性，其中以共沉淀添加方式效果更好，可能是由于 Zn 元素的添加提高了 $Ni(OH)_2/NiOOH$ 的还原电位所致。

7.2.2 多孔负极材料

镍氢电池负极极片的制作方法有两种，一种是采用干法嵌渗技术进行上粉碾压，其缺陷是负极采用铜网作为导电骨架，而铜用于镍氢电池的正极中具有副作用，使得制成的电池存在荷电保持差、储存性能差的问题。另一种是采用湿法拉片，采用镍带或镀镍带作为导电骨架，将黏结剂与合金粉附在基带上再进行碾压成形。

在多孔镍钢带表面覆盖含金属镍的粉体复合物或者储氢合金粉末复合物，经过干法填充活性物质、表面处理、烘干、碾压切片等工序制备镍氢电池的负极材料，该方法工艺简单，可增加电池的循环寿命，具有大的放电平台[37]。

Chen 等人[35]采用双电极阴极沉积法在三维多孔泡沫镍基板上合成 NiMoCo 合金。NiMoCo 层直接生长在泡沫镍上，无其他导电剂和黏结剂。NiMoCo 具有大的孔结构，为快速充放电提供了更大的接触面积，放电过程中 H_2 更容易脱出（图 7-5）。同时，泡沫镍骨架确保了电极的导电性，从而具有优秀的电化学性能。

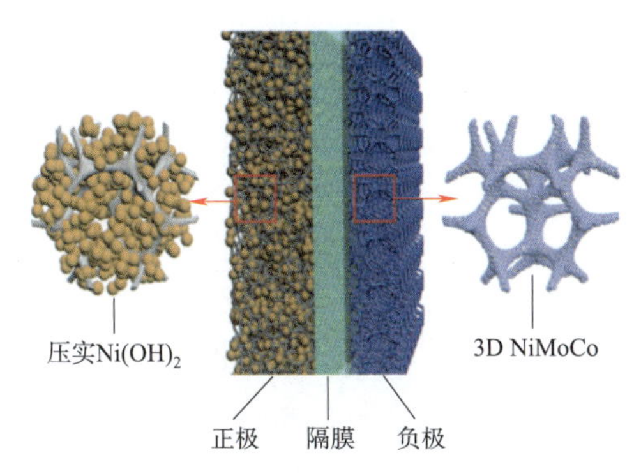

图 7-5　NiMoCo 修饰的泡沫镍负极用以制备镍氢电池[35]

7.3　锂 电 池

锂离子电池具有较高的工作电压、稳定的循环寿命以及良好的安全性能，已在便携式电子设备和电动汽车领域得到广泛应用。而里程焦虑、安全性、愈加复杂的应用场景等问题则促使学术界和产业界不断探索开发更高能量密度的锂金属电池。在这些方面，多孔金属双连续的开放型孔道和可灵活调控的成分、结构特性使其在锂电池领域获得了广泛关注。

7.3.1　锂离子电池

事实上，锂离子的嵌入/脱出与多孔结构的形成有着天然的联系。早在 2006 年，Hu 等人便首次观察到多孔金属和金属氧化物电极可以通过无模板的锂化/脱锂过程制得[38]。随后，通过合理调控 LiSn 合金脱锂反应中锂的脱出量，Chen 等人制备得到了具有双连续结构的多孔锡电极[39]。用于锂离子电池，其丰富的内部空间可以有效缓解充放电过程中严重的体积膨胀，同时连续的韧带和孔洞极大促进了电子和离子传输，最终获得了出色的循环和倍率性能。受这系列研究启发，多孔金属用作锂离子电池活性电极或者支撑骨架的相关研究近年来大量出现。

1. 活性电极材料

得益于脱合金技术丰富的前驱体和腐蚀工艺选择，一系列具有锂活性的纳米多孔材料可以直接用作锂离子电池负极，包括多孔硅、多孔锗、多孔锡，甚至多孔金属氧化物等。其中，硅具有最高的理论容量（4 200 mAh・g^{-1}），较低的运行电压和显著的成本优势，被认为是最具前景的一类负极材料[40]。但是合金化过程中,剧烈的体积膨胀严重制约了其进一步商业化。因此,合理利用多孔材料充裕的内部空间有望在一定程度上解决这一问题。通过优化脱合金参数,Tian 和 Kim 等人基于不同的前驱体得到了孔隙率和韧带尺寸可调的多孔硅,通过缓解体积膨胀,其作为锂电负极展示出良好的电化学性能[41,42]。除了传统的化学脱合金,Wada 和 Feng 等人利用液态金属脱合金和高温蒸发脱合金技术制得的多孔硅也具有类似性质[43,44](图 7-6)。除了体积膨胀,硅材料较差的本征电导率是影响其长循环和倍率性能的另一个关键因素。通过在多孔硅中引入碳(石墨烯[45]、碳纤维[46]、硬碳[47]等)或者非活性的金属(铝[48]、银[49]、铜[50]等),所制得的高导电性复合负极在促进电子传输的同时还可以有效抑制循环过程中的结构坍塌,从而很好地解决这些问题。

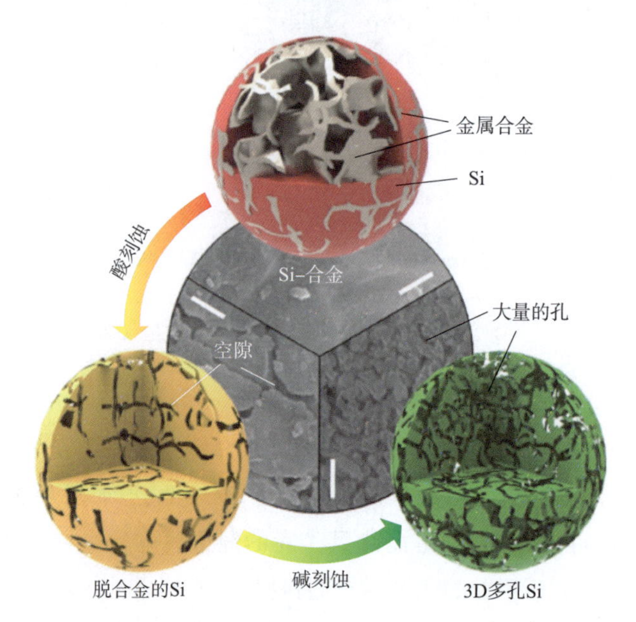

图 7-6 多孔硅制备过程及结构示意图[43,44]

和商业化石墨负极相比,锗和锡也具有相对较高的理论容量(1 600 $mAh \cdot g^{-1}$ 和 994 $mAh \cdot g^{-1}$)[51]。尽管略低于同一主族的硅,但是它们相对较小的体积膨胀和逐渐增强的金属特性也使它们有望成为下一代高性能锂离子电池负极。与多孔硅相似,脱合金制得的多孔锗和多孔锡也具有丰富的纳米孔洞和出色的电化学性能[52,53]。通过引入合适的导电金属基体可以进一步促进电子传输,容纳体积变化并保持电极结构稳定[54-57]。

基于多电子转移的转化反应机制,金属氧化物在具有高容量的同时也面临着在循环过程中剧烈的体积膨胀,最终导致严重的结构破坏和性能衰减。而多孔结构的引入可以很好地抑制这一现象。有趣的是,简单的化学脱合金也是制备过渡金属氧化物的有效手段。在碱性溶液中,随着腐蚀过程的进行,牺牲性的活泼元素不断溶解,而残余的金属原子直接暴露于富含氢氧根的环境中,并在电极和电解液界面不断氧化,最终生成多孔金属氧化物。不同的前驱体和腐蚀工艺得到的形貌和成分也各不相同。如在 Fe-Al[58]、Mn-Al[59] 体系中可以得到多孔片层氧化物,而在 Co-Al[60],Ti-Al[61] 体系中则会生成多孔颗粒状氧化物。此外,这种方法还可以拓展应用于三元金属体系,通过严格控制前驱体中各元素的比例,成功制得双元氧化物($MnCoO_x$[62]、$CoFe_2O_4$[63])或混合氧化物(Mn_3O_4/Fe_3O_4[64]、TiO_2/Fe_2O_3[65])。得益于新颖的多孔结构和有效的成分优化,其电化学性能往往比单组元氧化物更为出色。

2. 支撑骨架

多孔金属也可作为支撑骨架去承载电化学活性物质,在充放电过程中,这些载体有利于促进电子/电荷转移并缓解体积膨胀,从而增强复合电极的储锂性能。2011 年,Yu 等人首次采用了一种高性能纳米多孔金负载的锡电极[66]。如图 7-7 所示,纳米多孔金首先由传统的化学脱合金制得,随后通过改进的化学镀技术在其表面均匀沉积一层纳米锡颗粒。形貌和性能测试表明,制得的复合电极仍然保持了多孔金的双连续开放结构,并在锂离子电池中表现出优异的电化学性能。在 100 $mA\cdot g^{-1}$ 的电流密度下循环 140 圈后,具有 620 $mAh\cdot g^{-1}$ 的可逆容量,即使在 8 $A\cdot g^{-1}$ 的高倍率下,其容量仍能保持 260 $mAh\cdot g^{-1}$。随后,一系列活性物质(Ge[67]、MnO_2[68]、TiO_2[69])分别通过热蒸发、电化学沉积和原子层沉积等方法成功附着于多孔金表面,并均体现了优异的充放电特性。此外,国内外研究者也将这一方法拓展并成功应用于其他价格低廉且性能优越的多孔基体,如多孔铜-锡[70]、泡沫铜-氧化铜[71],泡沫镍-锡[72],多孔镍-氧化镍[73]等体系。

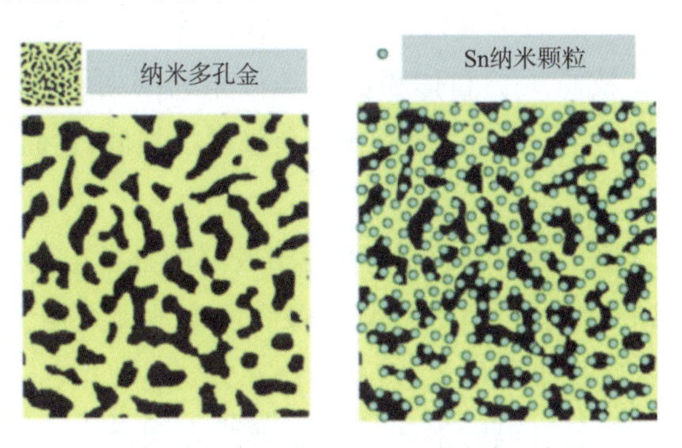

(a)纳米多孔金及其负载锡电极的制备示意图

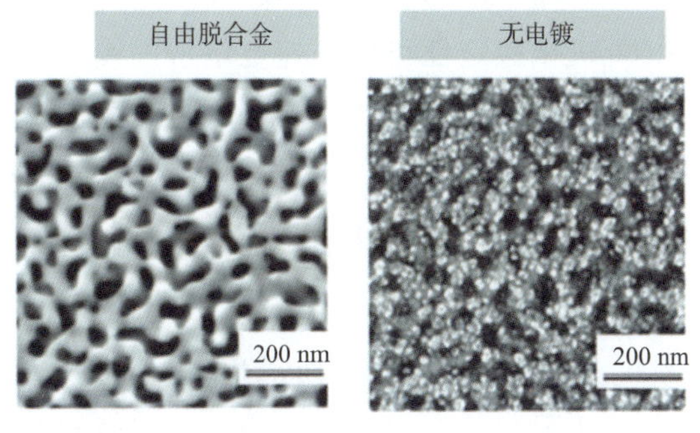

(b)SEM 图像

图　7-7

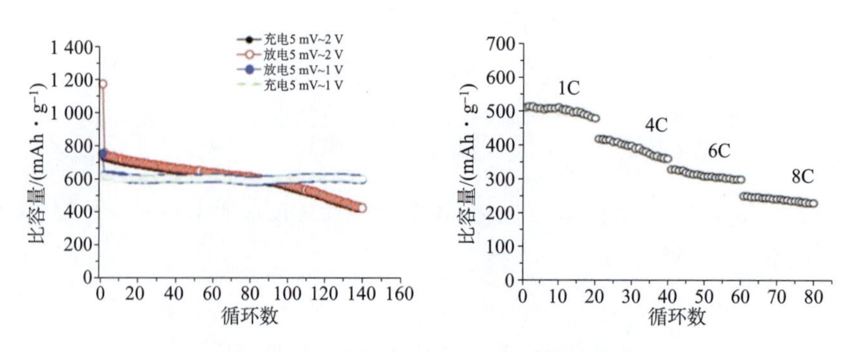

(c)纳米多孔金负载锡电极的循环和倍率性能

图 7-7 纳米多孔金及其负载锡电极的制备示意图、SEM 图像以及纳米多孔金负载锡电极的循环和倍率性能[66]

7.3.2 锂金属电池

锂金属作为电池负极,具有超高比容量和极低的电化学电位,配合高容量的氧或者硫正极,得到的锂空电池或者锂硫电池有望成为下一代新型高能量密度储能设备。但是,目前锂金属电池仍处于研发阶段,一些关键技术问题尚待解决。对于锂空电池,氧较高的热力学稳定性和放电产物固有的绝缘性会降低效率并增加极化。对于锂硫电池,充放电过程中硫剧烈的体积变化和多硫化物严重的穿梭效应显著影响其循环和倍率性能。同时,负极的锂金属在循环过程中也面临着枝晶生长和体积膨胀等一系列问题。得益于可调控的成分和结构,多孔金属已被探索应用于氧/硫正极,而在锂负极保护领域,它们也展现了独特的作用。

1. 锂空电池

多孔金属用于锂空电池正极材料,除了表现出较好的抵抗电解液腐蚀和外部腐蚀的能力,还具备高电导率和大比表面积的优势,从而最大限度地提高催化活性,促进氧在正极中的有效转化。作为一种高性能催化电极,多孔金属在锂空电池中已经受到越来越多的关注。Bruce 等人首次报道了脱合金制得的纳米多孔金薄膜在锂空电池中的应用[74,75](图 7-8)。他们发现具有本征催化性能的多孔金可以直接促使 Li_2O_2 可逆地形成和分解,其双连续开放式骨架结合优异的电化学/机械稳定性可以加速电解液的渗透并有效存储放电产物。通过优化有机溶剂并采用合适的添加剂,即使在 $1\ mA\cdot cm^{-2}$ 的电流密度下仍能够稳定循环 100 圈。一系列的原位测试表明,使用多孔金可以显著减少副反应,促进 Li_2O_2 的可逆转化[76,77]。此外,在多孔金表面修饰具有高催化活性的氧化物则可以获得性能更为优异的复合电极[78]。

为了降低成本,具有类似结构的廉价金属,如多孔镍和多孔钛,也可以应用于空气电池正极中,但是相对较差的电导率限制了它们的发展。通过在表面沉积或溅射一层高导电性的碳基或合金涂层,可以显著改善电池的循环和倍率性能[79-82]。

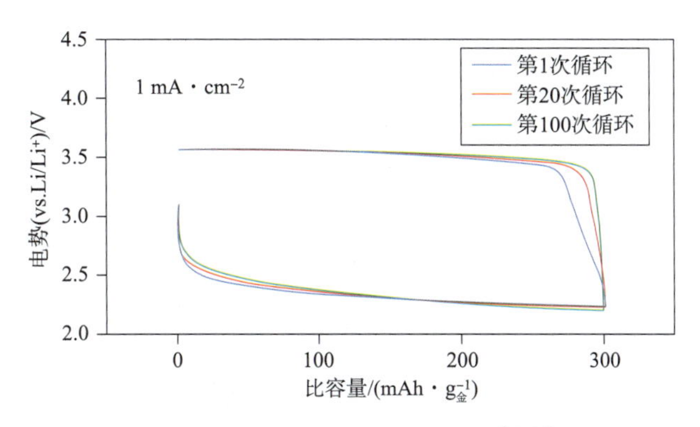

图 7-8　锂氧阴极的循环稳定性[75,76]

2. 锂硫电池

在锂硫电池中，得益于其丰富的内部空间，多孔金属，如泡沫镍[83]、泡沫铝[84]等，作为载体可以直接提高硫载量，促进电荷传输，保持性能稳定。此外，一些脱合金制得的多孔氧化物不仅可以作为电化学反应的基底，有效吸附中间产物，还可以直接促进多硫化锂与硫化锂的双向转化，最终有效抑制穿梭效应并缓解体积膨胀[85-87]。

3. 锂负极保护

对于锂金属负极，多孔金属较大的比表面积可以有效降低实际电流密度，从而抑制枝晶生成。因此，构建具有三维多孔结构的集流体或锂复合材料是目前锂负极保护研究的一个重要方向。2016 年，Yang 等人通过化学腐蚀商业黄铜即铜锌合金制得了三维多孔铜集流体[88]。如图 7-9 所示，对比于平面铜，其自然整合的互连多孔骨架可以缓解体积变化并抑制枝晶生长。无论是在对称电池或与磷酸铁锂组装成全电池时，都展现了出色的库伦效率和循环稳定性。相似的策略随后被进一步发展制得具有不同形貌且性能优异的多孔铜集流体[89-91]。此外，不同于铜，镍具有良好的亲锂浸润性。因此，可以采用高温熔融法将金属锂直接灌入泡沫镍的空隙中制得锂复合电极。相比于纯锂片，其展现了极化小、无枝晶、倍率高和循环好等一系列优异性能[92,93]。

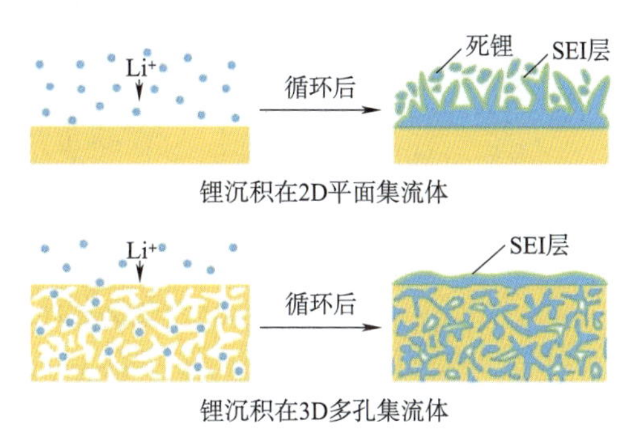

图 7-9　锂在二维平面集流体和三维多孔集流体表面沉积形貌对比示意图[88]

7.4 超级电容器

超级电容器(supercapacitor),又称为电化学电容器(electrochemical capacitor),是一种介于传统电容器和电池之间的新型储能设备。作为储能装置,超级电容器因其具有功率密度高、循环寿命长、充放电时间短、工作温度范围宽等优点而被认为是非常可靠的储能装置。超级电容器经历了较长的发展历史,根据反应机理的不同,它可以分为双电层电容器和赝电容器(又称为法拉第准电容器)两类(图 7-10)。双电层电容器是以电极和电解液内界面形成双电层存储能量的电子器件,其储能机理主要基于界面双电层理论。当两个电极存在于电解液中,通过在电极间外加一个电压(该电压需小于电解质溶液的分解电压),在电场作用下,电解液中的正负离子会迅速自发地向两极运动,在电极表面形成致密的电荷层,即双电层,而两个电极之间则产生电势差,从而储存电能。而赝电容器则是一种介于双电层电容器和电池之间的储能元件。其工作原理是:在电极表面或近表面体相中,活性物质发生高度可逆的化学吸附/脱附或氧化还原反应从而实现能量的存储及释放。

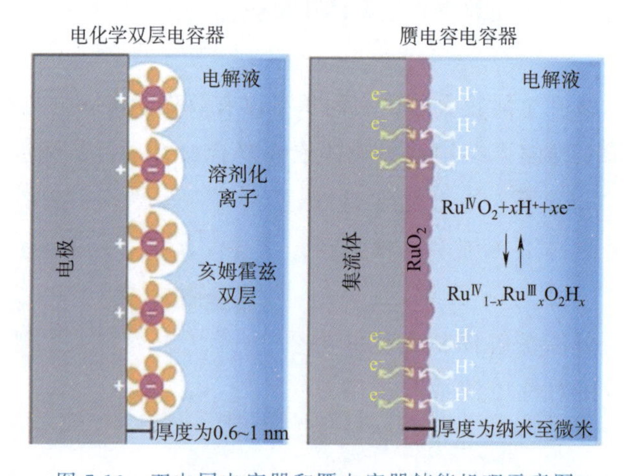

图 7-10 双电层电容器和赝电容器储能机理示意图

超级电容器主要由集流体、电极、电解质和隔膜等组成,其中,电极材料是制约其发展的关键因素。近年来,具有大比表面积和超高导电性的多孔金属作为双电层电容器和赝电容器的电极和基底材料得到广泛研究,它们主要具有以下优势:(1)独特的结构:在各类纳米结构材料中,多孔金属基电极具有开放且连续的框架结构,电解液可以很好地浸润电极材料,有助于充放电过程中的电荷吸附或氧化还原反应,以充分体现电活性材料的本征容量;(2)高导电率:据报道,纳米多孔金属,例如金或者铜,其电子电导率可比常规碳纳米材料高出 3～5 个数量级,而超高电导率有利于提高电子迁移速率,从而提供超高的比功率;(3)良好的稳定性:拥有金属固有的优异可加工特性,多孔金属无论作为活性电极或者载体电极都能更好地让电活性物质在表面稳定固载，这与传统颗粒型电极材料需要通过匀浆涂布制备电极的工艺形成了鲜明对比，并且稳定性更好。

7.4.1　多孔金属作为超级电容器电活性材料

纳米多孔金属可直接用作超级电容器的电极。Lang 等人以 $Ag_{65}Au_{35}$ 带材为原料，在 HNO_3 中脱合金制备了纳米多孔金（NPG），并将其用作超级电容器的电极进行研究[94]。超级电容器器件由两张 NPG 薄板组成，之间用一张棉纸隔开。研究证实，使用离子液体电解质时超级电容器的工作电压范围约为 2 V，较 KOH 水溶液电解质（约 1 V）明显改善；高导电性和高比表面积相结合，使 NPG 电极在两种液体电解质中均体现了良好的循环特性。

纳米多孔镍（NPNi）在有机电解质碳酸丙烯酯和离子液体电解质的电化学性能已被报道[95,96]。NPNi 电极材料通过在碱性溶液中腐蚀 NiAl 合金制得，考虑到 NPNi 具有高化学活性在空气中易氧化，研究人员比较了不同气氛条件下热处理样品的差别，发现 NPNi 的表面氧化会增加电化学电阻并使电容器性能下降。由氮气吸脱附等温线可确定该材料具有多峰多孔结构，其特征孔隙尺寸约为 5 nm、30 nm 和 80 nm。通过研究 NPNi 和其他商用活性炭的体积总电容，发现 NPNi 在扫描速率高于 20 $mV \cdot s^{-1}$ 时，电容几乎保持恒定。相应的电容保持率约是活性炭的 4.9 倍，性能的提高被认为与 NPNi 的纳米多孔结构有关。平均孔径为 7.2 nm 的 NPNi 电极分别在 $TEA \cdot BF_4/PC$ 有机电解质和 $EMIm \cdot BF_4$ 离子液体中进行了电化学性能测试。研究发现在数据都归一化到电极材料的活性表面积以后，NPNi 在 $TEA \cdot BF_4/PC$ 和 $EMIm \cdot BF_4$ 中的本征电容分别为 10.2 $\mu F \cdot cm^{-2}$ 和 16.6 $\mu F \cdot cm^{-2}$，远大于活性炭电极材料 MSP-20 的 7.0 $\mu F \cdot cm^{-2}$。考虑到 NPNi 的比表面积为 43 $m^2 \cdot g^{-1}$，远小于活性炭电极的 1 508～2 164 $m^2 \cdot g^{-1}$，NPNi 的体积比电容仍能达到 67.4 $F \cdot cm^{-3}$，与活性炭电极的 79.3 $F \cdot cm^{-3}$ 相差不多。

7.4.2　多孔金属负载金属氧化物作为超级电容器电极载体

MnO_2、$Ni(OH)_2$、RuO_2 和 SnO_2 等氧化物、氢氧化物具有多种可逆的氧化态，可以实现高效的氧化还原电荷转移，质量比电容高，因此是很有前途的赝电容材料。作为表面修饰材料修饰在多孔金属基底上，可以有效缓解其本身在导电性方面的不足，从而达到更高的能量和功率密度。

在各种电极材料中，MnO_2 因其理论比容量高（1 370 $F \cdot g^{-1}$）而备受关注，并且它是一种既廉价又对环境无污染的材料。然而，MnO_2 的低电导率（10^{-6}～10^{-5} $S \cdot cm^{-1}$）限制了充放电速率。Lang 等人最先报道了厚度约为 100 nm 的 MnO_2/NPG 复合电极[97]。他们以脱合金法制得的 NPG 为衬底来负载 MnO_2 纳米晶体，通过控制电镀时间，可以调节 MnO_2 的厚度和负载量。结构分析显示，晶粒尺寸约为 5 nm 的 MnO_2 颗粒在金韧带表面外延生长，形成化学结合的金属/氧化物界面。将所得 MnO_2/NPG 复合电极组装成对称超级电容器，循环伏安(CV)结果显示出完全对称的矩形；随着 MnO_2 负载量的增加，电容值有明显的提高。同时，该复合电极在 10～100 mV·s^{-1} 范围内表现出优异的倍率性能。当扫描速率为 50 mV·s^{-1} 时，比容量高达 1 145 F·g^{-1}，接近 MnO_2 的理论比容量。这种优异的性能与紧密贴合的多孔金属/氧化物界面结构有关，可利于电子和离子的高效迁移。研究人员还致力于优化 MnO_2/纳米多孔金属电极结构，研制出厚 MnO_2 层电极和芯片超级电容器[98]。

为了改善 MnO_2 的导电性不足和循环稳定性差等问题，Zhao 等人在泡沫镍上电沉积金-锡合金，结合后续的脱合金和电沉积技术，制备出多级孔 MnO_2/NPG 杂化电极[99]。与平面电极相比，这种高孔隙率的三维纳米多孔基底极大地提高了电极的比表面积，同时提高了 MnO_2 的导电性和分散性。此外，MnO_2/NPG 复合电极在比电容、充放电能力和循环稳定性等方面都有显著的提高，可实现 3 513 W·kg^{-1} 的高功率密度和 25.73 Wh·kg^{-1} 的能量密度。该复合电极在扫描速率为 5 mV·s^{-1} 时表现出 442 F·g^{-1} 的比电容；在扫描速率为 50 mV·s^{-1} 时，2 500 次循环后比电容仅下降 1%。

二氧化钌(RuO_2)因其超大的理论容量和高导电性(105 S·cm^{-1})，也是极有前途的超级电容器电极材料。然而，由于充放电过程中造成的纳米颗粒团聚，导致其电化学性能往往差强人意。Chen 等人利用 NPG 作为载体和集流体，在表面沉积低结晶度的 RuO_2 材料[100]，之后以 0.5 mol·L^{-1} 的 H_2SO_4 为电解液，研究了 RuO_2/NPG 复合电极的电容性能。他们发现，电镀周期为 40 周的复合电极表现出最优的电化学性能。在 10 mV·s^{-1} 的扫描速率下，比容量高达 1 500 F·g^{-1}；在扫描速率为 1 000 mV·s^{-1} 时，比容量逐渐减小，但仍能保持在 1 100 F·g^{-1} 左右，表现出良好的倍率性能。当电流密度从 20 A·g^{-1} 增加到 170 A·g^{-1}，比容量从约 1 450 F·g^{-1} 降低到 1 150 F·g^{-1}。这种优异的倍率性能是由 RuO_2 的高电容和 NPG 的高电导率共同实现的。

在众多金属氢氧化物中，$Ni(OH)_2$ 因具有理论比容量高、价格低廉等特点也得到了广泛关注[101,102]。通过在 $Ni(OH)_2$ 活性材料和 NPG 之间制造低电阻欧姆接触，Kim 等人制造了具有高能量密度和高功率密度以及良好稳定性的超级电容器电极[103]。通过微调 $Ni(OH)_2$ 沉积层与 NPG 的界面结构，所得 $Ni(OH)_2$/NPG 电极在电流密度为 5 A·g^{-1} 时，体积比电容达到 2 223 F·cm^{-3}，超过了理论电容值。在 500 A·g^{-1} 和 30 000 次循环后，器件保持了初始容量的 90%。在 $Ni(OH)_2$/NPG//MnO_2/NPG 非对称超级电容器器件中，其能量密度可高达 98 Wh·kg^{-1}，功率密度为 50 kW·kg^{-1}。$Ni(OH)_2$/NPG 电极的优异性能一方面应归功于 $Ni(OH)_2$ 活性材料比表面积的增大，另外也受益于 $Ni(OH)_2$ 与金电极之间良好的电荷输运路径。

采用脱合金和热处理相结合的方法还能获得具有 TiO_2 涂层的纳米多孔钛[104]。这种结构可以很好地保持孔隙孔道，以有效渗透电解质并维持金属骨架良好的导电性。电容性能测试显示，纳米多孔 TiO_2 的曲线呈现良好的矩形形状，其电容为 7.01 mF，优于 TiO_2 纳米管。纳米孔结构和非常薄的 TiO_2 层保证了更短的电子传输路径，有助于电极实现更快捷的充放电过程。

多相多组分氢氧化物作为超级电容器电极（图 7-11）同样可以表现出优异的电化学性能。Kang 等人通过对 Ni-Cu-Mn 前驱体脱合金制备了多相氢氧化物$(Ni_aMn_bMn_c)O_d(OH)_e \cdot fH_2O$[105]，可很好地保持纳米多孔金属的孔道结构。该混价氢氧化物在 0.25 $A \cdot cm^{-3}$ 的电流密度下表现出高达 627 $F \cdot cm^{-3}$ 的比容量，并且在水系电解液中保持了高达 1.8 V 的超宽工作电压窗口，这与 Ni、Cu 和 Mn 离子的协同作用有关。阻抗测试显示，其高频区域的半圆半径很小，表明电极/电解质界面上的电荷转移电阻较低，这与高导电性的金属骨架有关。

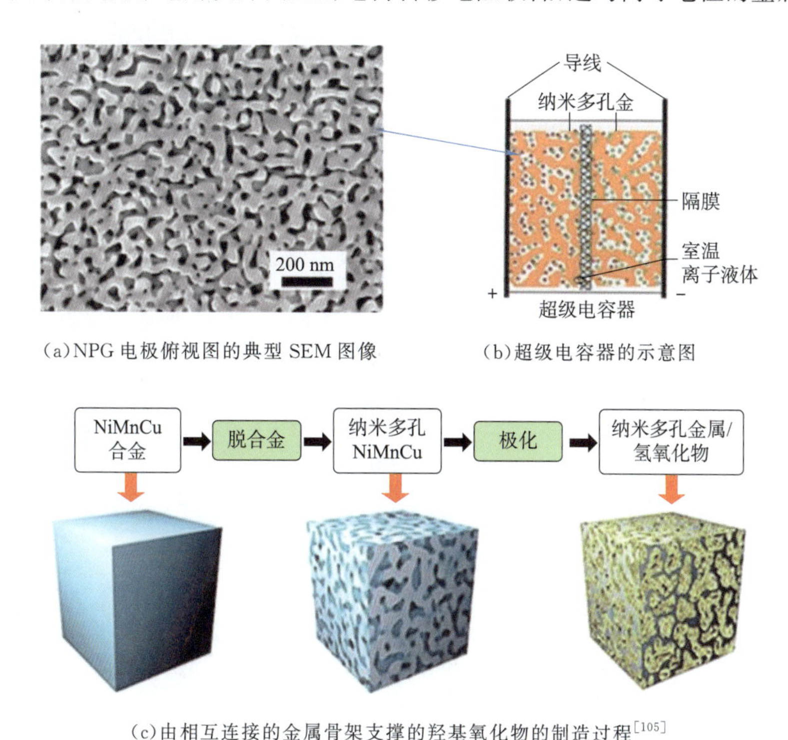

（a）NPG 电极俯视图的典型 SEM 图像　（b）超级电容器的示意图

（c）由相互连接的金属骨架支撑的羟基氧化物的制造过程[105]

图 7-11　纳米多孔多相多组分氢氧化物超级电容器电极

实现太阳能在能源器件中的转换和存储十分重要。An 等人基于这个思路设计出兼具光敏性能和电容性能的 NPC@Cu_2O 复合材料，在此基础上研制出一种光辅助充电超级电容器[106]。电极中的半导体 Cu_2O 的能带隙为 2.1 eV，可以吸收可见光。实验证实，这种超级电容器在光照条件下 1 $A \cdot g^{-1}$ 的电流密度时，表现出 37.9%的电容提升，且具有良好的循环稳定性。电容和能量效率的提高表明 NPC@Cu_2O 杂化阵列结构促进了光的渗透，提高了储能能力。电化学性能和动力学分析结果表明，Cu_2O 表面的光生空穴激发了更多的活性中心，促进了质子插入 Cu_2O 表面。因此，构建可利用可见光的光敏和赝电容双功能电极并结合纳米多孔金属的高比表面、高导电特性，可以开发出新型光辅助储能器件。

7.4.3 多孔金属负载导电聚合物作为超级电容器电极载体

导电聚合物因其较高的理论电容和良好的机械性能也是赝电容电极的研究热点[107-111]。然而，在实际器件中，这类材料能实现的能量密度往往比理论值低一个数量级，主要源于其较高的本征电阻和较低的电化学循环稳定性。将其复合到纳米多孔金属骨架上有望解决此问题。

Meng 等人发展了聚吡咯(PPy)/NPG 薄膜电极并研制出器件总厚度小于一微米的超薄柔性全固态超级电容器[109]。NPG 薄膜同时充当电极载体和集流体，含有 $HClO_4$ 的凝胶聚乙烯醇薄膜作为固态电解液和隔膜[图 7-12(a)]。该研究中，NPG 孔隙/韧带的尺寸约为 30 nm，表面经电聚合形成的 PPy 层厚度约 8 nm。在形成 PPy 薄膜后，电极颜色由亮褐色变为深绿色。包括固态电解质隔膜在内，所组装的超级电容器的总厚度仅为 600 nm。基于 PPy/NPG 电极计算，功率密度和能量密度分别高达 283 W·cm^{-3} 和 19 mWh·cm^{-3}；基于整个器件计算，其功率密度约为 56.7 W·cm^{-3}，能量密度为 2.8 mWh·cm^{-3}。更重要的是 PPy-NPG 基柔性全固态超级电容器具有宽电位窗口和高能量密度。NPG 衬底可有效缓解 PPy 导电性不足的问题，使 PPy 电极在高工作电压下保持高比容量和低内阻。

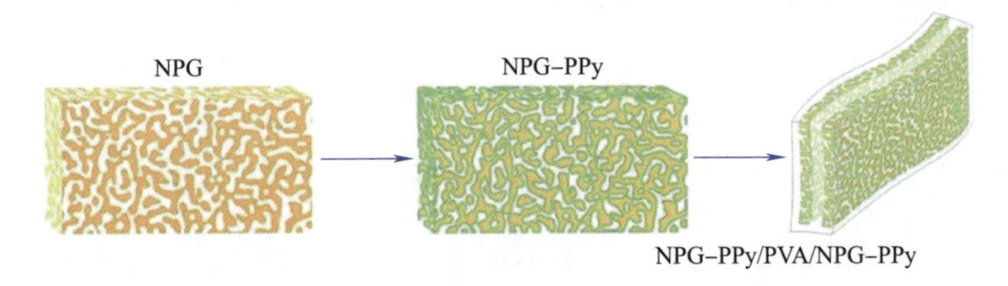

(a)超薄柔性固体超级电容器的制作工艺示意图

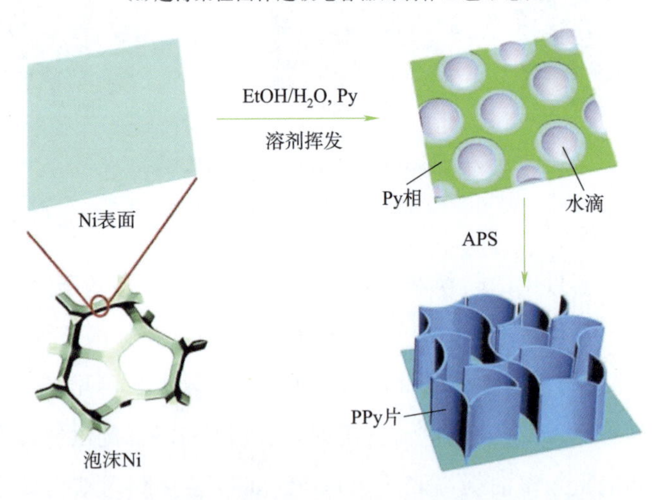

(b)在泡沫镍表面无模板合成垂直排列 PPy 纳米片的示意图

图 7-12 超薄柔性固体超级电容器的制作工艺示意图和在泡沫镍表面无模板合成垂直排列 PPy 纳米片的示意图[109, 112]

除了 PPy 以外，PANI/NPG 杂化结构也被应用于超级电容器中。以 Au-Mg 合金为原料，采用稀醋酸脱合金工艺制备 NPG 薄膜[108]，进而采用计时电位法，在高氯酸介质中在 NPG 衬底上电聚合聚苯胺。通过优化电聚合工艺，可以在 NPG 表面内外制备出厚度为 5～10 nm 的均匀致密的 PANI 层。制备的 PANI/NPG 超级电容器的比表面积电容为 $6.54\ mF \cdot cm^{-2}$，在功率密度 $1.56\ W \cdot cm^{-2}$ 时的最大能量密度为 $9.11\ mWh \cdot cm^{-2}$。

由于三维泡沫镍具有较大的电极-电解液界面和大孔道，可以作为电解质的储存器，从而缩短了从外部到内部表面的离子扩散距离。通过将吡咯(Py)的乙醇-水溶液在 Ni 泡沫上蒸发，再于过硫酸铵(APS)溶液中聚合可在泡沫镍上生长导电聚吡咯(PPy)[112][图 7-12(b)]。PPy 的片状结构和泡沫 Ni 的大孔特性使所制得的柔性全固态非对称超级电容器具有良好的电容性能。PPy-Ni//AC-Ni 电容器在 $0.2\ A \cdot g^{-1}$ 时具有高达 $38\ F \cdot g^{-1}$ 的比电容，2 000 次循环后电容保持率达 82%。此外，柔性全固态超级电容器的能量密度为 $14\ Wh \cdot kg^{-1}$，功率密度为 $6.2\ kW \cdot kg^{-1}$。类似的思路显然也适用于其他高赝电容特性材料体系，通过结合并有效发挥电活性材料与多孔金属电极各自的优点，有望发展制备出具有高能量和功率密度的柔性非对称超级电容器。

7.5　燃料电池

7.5.1　燃料电池简介

燃料电池是一种高效清洁的电化学发电装置，它可以把燃料和氧化剂中的化学能直接转化为电能且不受卡诺循环限制，具有能量转换效率高、环保、无噪声、可靠性高等特点[113]。燃料电池单电池主要由对称分布于电解质两侧的催化层、气体扩散层和双极板构成，电解质主要起传导离子、分隔阴阳极的作用；催化层为电极反应场所，其中阳极发生的是燃料如氢气的氧化反应，阴极发生的是氧化剂如氧气的还原反应；气体扩散层主要作用是为反应物和产物提供传输通道，并支撑催化剂，稳定电极结构，兼具集流、传热的作用；双极板主要起集流、支撑、传质的作用。一般来说，燃料电池按工作温度可分为低温(低于 100 ℃)、中温(100～300 ℃)和高温(600～1 000 ℃)燃料电池；按燃料及使用方式可分为直接式、间接式和再生式燃料电池；最常见的是按燃料电池所用的电解质分类，包括磷酸燃料电池(PAFC)、质子交换膜燃料电池(PEMFC)、碱性燃料电池(AFC)、熔融碳酸盐燃料电池(MCFC)和固态氧化物燃料电池(SOFC)，这五类燃料电池的特性见表 7-1[114]。

表 7-1　不同类型燃料电池的特性比较[114]

燃料电池类型	电解质	燃料	工作温度/℃	催化剂	电荷载体	功率密度/ $mW\cdot cm^{-2}$	优点	缺点
PAFC	液态 H_3PO_4	H_2	180～210	Pt	H^+	150～300	技术成熟；对 CO_2 不敏感	对 CO 敏感；成本高
PEMFC	聚合物膜	H_2、甲醇	80	Pt	H^+	300～1 000	寿命长；功率大；室温工作；启动迅速	对 CO 敏感；反应物需要加湿；水管理要求高
AFC	KOH 溶液	H_2	60～250	Pt	OH^-	150～400	启动快；非贵重金属催化剂	氧化剂为纯氧；必须从阳极排水
MCFC	碱性碳酸盐	H_2、甲烷、乙醇	650	Ni	CO_3^{2-}	100～300	燃料选择性多；非贵重金属催化剂	须提供 CO_2 循环；电解液是腐蚀性的、熔融的
SOFC	陶瓷	H_2、甲烷	600～1 000	钙钛矿	O^{2-}	250～350	燃料选择性灵活；非贵重金属催化剂；固体电解质	封装问题；相对昂贵的组件

以 PEMFC 为例，燃料电池的工作原理示意图如图 7-13 所示，阳极发生氢气氧化反应生成质子和电子，质子经中间的电解质膜转移到阴极，电子经外电路传导至阴极，阴极发生氧气、质子和电子的氧气还原反应，伴随着氢气和氧气的不断供给，燃料电池阴、阳极反应将连续不断地产生电能。

阳极反应：$2H_2 \longrightarrow 4H^+ + 4e^-$

阴极反应：$O_2 + 4H^+ + 4e^- \longrightarrow 2H_2O$

总反应：$2H_2 + O_2 \longrightarrow 2H_2O$

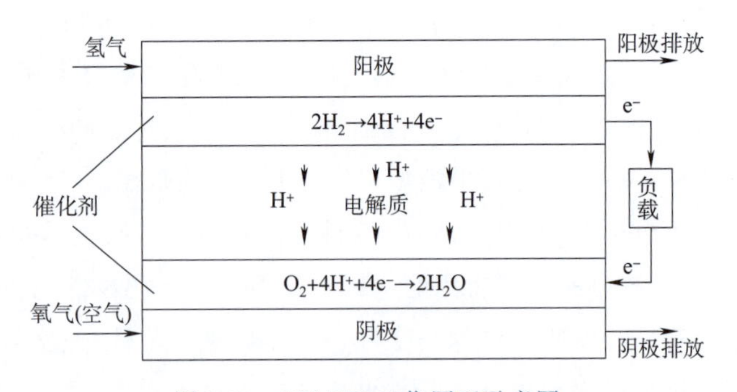

图 7-13　PEMFC 工作原理示意图

从燃料电池的发电原理可以看出，与其他类型电池相比，燃料电池是一个发电机，依据电化学原理来实现能量转化，而不是能量储存装置；发电过程中，无机械运转，工作环境安静，且产物排放环保；燃料电池体积模块化，输出功率可根据需求从 1 瓦级到兆瓦级灵活组装[115]。虽然燃料电池具备诸多优势，其市场化推广仍存在一定难度。首先是成本高，电极催化剂多选用贵金属如 Pt 基催化剂，而 Pt 资源短缺，影响规模应用；其次是技术不够成熟，电池性能如功率、寿命还需要进一步提高；再次是燃料氢气的供应问题，氢气的绿色大规模生产是一个瓶颈，而工业副产氢气纯度不能满足要求。近些年来，随着化石能源短缺和环保要求的提高，绿色能源技术包括燃料电池技术得到长足发展，尤其是 PEMFC 技术，对电池性能提升和成本降低都有显著作用，作为电源系统近年来已在电动汽车、移动电源等领域示范运行。

燃料电池的核心部件称之为膜电极（MEA），由阴、阳两极的气体扩散电极、电催化剂（催化层）和中间的电解质膜组成。其中，气体扩散层又由支撑层、微孔层组成[116]。支撑层一般是由碳纸或碳布以及多孔金属基材料构成，添加适量聚四氟乙烯（PTFE）来做疏水性处理，有利于气体的传输和水的排出；微孔层一般由碳粉组成，添加约 20%～30% 的 PTFE 形成疏水层；催化层一般由 Pt/C 催化剂、Nafion 树脂的混合物加有机溶剂喷涂到微孔层上形成。燃料氧化反应和氧化剂还原反应分别发生在阳极和阴极催化层，且一般都为气-液-固三相反应。为了提升燃料电池的综合性能，不仅要开发具有高活性、高稳定性且低成本的催化剂，还要求催化层须同时具备优异的离子和电子传导性能、高效的气体和液体的传输性能，减少各类极化作用带来的电池性能损失。

从燃料电池各部件的功能性需求可以看出，兼具高比表面积、高孔隙率、优异导电性的多孔金属材料，有望在燃料电池中得到很好的应用。目前开展的研究中，多将泡沫金属、金属网等作为聚合物电解质膜燃料电池的流场、扩散层，或者将纳米多孔金属薄膜作为催化剂直接构筑催化层[117]。

7.5.2　泡沫金属在聚合物电解质膜燃料电池中的应用

1. 构筑燃料电池流场

流场是燃料电池组件双极板的重要组成部分，对于反应物、产物的输运至关重要，一般把其分为进出口区、过渡区和反应区，各区域设计是否合理，直接影响到燃料电池性能的发挥。目前，常用的流场设计有直通道、蛇形、螺旋形、交指型和网格形等，近些年也逐渐开发出一些新型流场如多孔泡沫流场、仿生流场、3D 流场等。其中，泡沫金属流场，由于其三维立体结构、高孔隙率、优异的电导率和增强的物质传递，成为重要的研究方向。

与其他结构类型的流场相比，泡沫金属流场具有独特的优势（图 7-14）：首先，没有固定的流道，气体分配更加均匀；其次，与常规连续的长流动通道不同，泡沫金属流场提供了随机中断的流动通道，流体中温度和湿度的均匀性更高；再次，泡沫金属流场的网状结构可以形成气体湍流，增强气体传质特性；最后，泡沫金属流场不需要额外的制作工艺，可在电池组装过程中压缩制成，从而降低电池的工艺成本。因此，泡沫金属已成为高性能燃料电池流场的重要选择[117]。通过增强反应物和产物的物质传递，可以显著降低因浓差极化带来的极化过电势，降低燃料电池的电压损失；此外，与非金属碳质材料相比，泡沫金属的电导率更高，与固体金属材料相比，泡沫金属密度极低，在提高燃料电池的导电性能的同时，又显著降低其重量。目前用于燃料电池流场的泡沫金属主要有泡沫镍、泡沫铜、泡沫铝、泡沫镍铬合金等[118,119]。

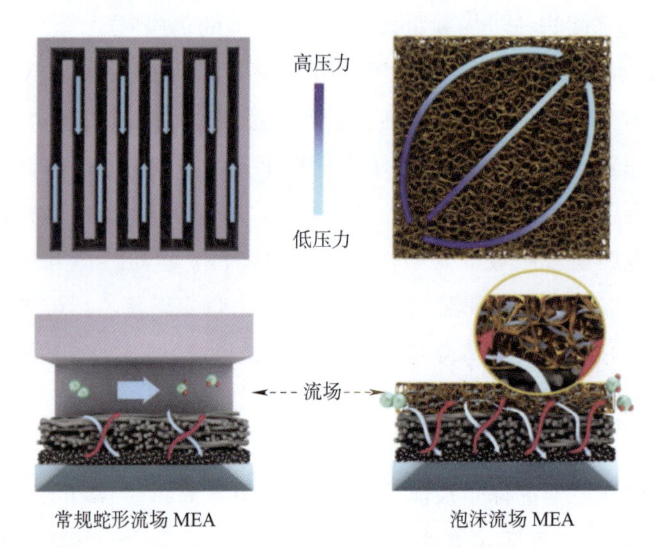

图 7-14　常规蛇形流场 MEA 和泡沫流场 MEA 的层结构对比示意图[119]

2. 构筑燃料电池扩散层

随着燃料电池技术的进步，电池的扩散层从单层结构逐步发展为由支撑层和微孔层组成的双层扩散层，支撑层一般由憎水处理过的大孔基质材料（MPS）构成，包括碳基和金属基材料，微孔层则由导电碳黑和憎水剂的混合物构筑，微孔层的存在可降低催化层和支撑层之间的接触电阻，使参与反应的流体在流场和催化层之间实现均匀再分配。因此，双层扩散层结构可显著降低电池尤其是阴极侧的欧姆和浓差过电势[120]。性能优异的扩散层应满足以下要求：(1)良好的导电性；(2)高孔隙度和合适的孔径分布；(3)一定的机械强度；(4)良好的化学稳定性和导热性能；(5)较高的性价比。原则上扩散层越薄越有利于传质和减小电阻，当前选用的双层结构扩散层，厚度一般在 100～300 μm 之间。

一般来说，碳基 MPS 由碳布、碳纸、碳毡和泡沫碳组成，而金属基 MPS 包括泡沫金属、金属网等。金属基 MPS 中，泡沫金属的使用更为普遍，该材料不仅质轻、导电性好、机械性能优异，还具有高比表面积和可控的孔隙率、渗透性和浸润性，可有效促进物料流通[117]。例如，将泡沫 Ni-Cr 合金作为甲醇燃料电池的阴极扩散层，可显著改善氧气的传质和阴极侧的整体除水功能[121,122]；由多种泡沫金属构筑的扩散层，可通过改变泡沫金属的结构特性，如渗透性、孔径、目数等，调控扩散层的流体力学特性，优化气、液传质过程[123]。

尽管使用泡沫金属构筑扩散层具有很多优势，但金属的耐腐性差对其应用造成了很大阻碍，相比于平面金属而言，泡沫金属表面防腐涂层的涂覆方法复杂得多。此外，泡沫金属的骨架容易刺穿电解质膜，也给电池的制作带来难度。因此，泡沫金属扩散层还处在发展的早期阶段。

7.5.3　纳米多孔金属薄膜构筑燃料电池催化层

从燃料电池的工作原理可以看出，电极反应多是发生在固体催化剂表面的气-液-固三相反应。因此，作为电极反应发生的场所，催化层必须同时满足如下条件。

(1)优异的电催化活性，包括高本征活性和充足活性位点。高本征活性可降低电极反应过电位从而提高电池电压，充足活性位点可提高电流密度从而提高电池输出功率密度。

(2)优异的电子导电性，使得阳极反应产生的电子可以迅速从阳极催化层传出，经外电路到达阴极催化层参与反应，从而降低电池内阻过大导致的能量损耗问题。

(3)优异的离子传导性，及时补充电极反应过程中所需的离子，确保催化剂活性得到充分发挥。

(4)通畅的传质通道，确保电极表面燃料的充足供应及其产物的迅速排放，提高电池稳定性。

目前，常用的催化层制备工艺是将碳载型粉末与具有导离子性能的聚合物树脂、作为导电体和分散剂的碳粉混合均匀，并喷涂到扩散层的微孔层上，通过调整树脂、碳粉含量和处理工艺，可对催化层的离子传输、电子传导和传质进行优化。但是，上述三个功能又互相制约。随着新材料的开发，越来越多具有新颖结构特性的材料被用于燃料电池中，如纳米多孔金属薄膜。

采用脱合金法制备的纳米多孔金属薄膜，其面积在厘米级以上，厚度在微米级以下，是一类具有三维双连续结构的宏观尺度金属功能材料，由连续的纳米尺度金属韧带与连通的纳米尺度孔道嵌合构成[124]。从结构特性看，纳米多孔金属薄膜作为燃料电池电极材料独具优势：连续的金属韧带是良好的电子导体，与碳载型粉末催化剂相比，纳米多孔金属的导电性能有三个数量级以上的提高；连通的孔道结构可为传质提供通畅渠道；纳米多孔结构将显著提高催化剂的比表面积即反应活性位点；金属韧带组分可调，且金属表面易于修饰，从而为高活性电极催化剂研发提供更多可能性。此外，上述优势之间相互独立[125,126]。简而言之，与常规的粉末型催化剂构筑的催化层相比，采用纳米多孔金属薄膜构筑催化层具有以下优势：(1)宏观材料，易于操作；(2)电导率高，利于电子转移；(3)厚度薄，迂曲度低，利于传质[51,127,128]。

Ding 等人于 2004 年最早报道了镀铂纳米多孔金箔用于 H_2/O_2 燃料电池的研究[图 7-15(a)、(b)、(c)]。在阴阳极铂载量均为 0.04 $mg \cdot cm^{-2}$ 的情况下，使用 Nafion-112 膜在无备压条件下实现了 140 $mW \cdot cm^{-2}$ 的室温放电功率[126]。Zeis 等人基于相似的工艺制备了铂载量从 0.01 至 0.05 $mg \cdot cm^{-2}$ 的多种电催化剂并比较了它们的放电特性[图 7-15(d)]，发现载量为 0.03 $mg \cdot cm^{-2}$ 的镀铂纳米多孔金箔性能最优，可在 75 ℃实现 250 $mW \cdot cm^{-2}$ 的放电功率，对应于铂质量效率 4.5 $kW \cdot g^{-1}$[129]。Shi 等人采用电化学沉积技术制备了不同铂载量的纳米多孔金薄膜电极并分别测试了它们的阳极和阴极性能[130]。

在使用相同的 0.2 mg·cm^{-2} 商业 Pt/C 阴极催化剂情况下，0.005 mg·cm^{-2} 的 NPG-Pt 可在 80 ℃、0.15 MPa 备压条件下实现 1.11 W·cm^{-2} 的峰值放电功率，高于作为比较的 0.1 mg·cm^{-2} 商业 Pt/C 阳极催化剂的性能(1.05 W·cm^{-2})。而在阴极测试中，使用相同的 0.1 mg·cm^{-2} 商业 Pt/C 作为阳极催化剂，0.042 mg·cm^{-2} 的 NPG-Pt 可在 80 ℃、0.15 MPa 备压条件下实现 0.83 W·cm^{-2} 的峰值放电功率，略高于相同铂载量的商业 Pt/C 阴极催化剂的性能(0.73 W·cm^{-2})。

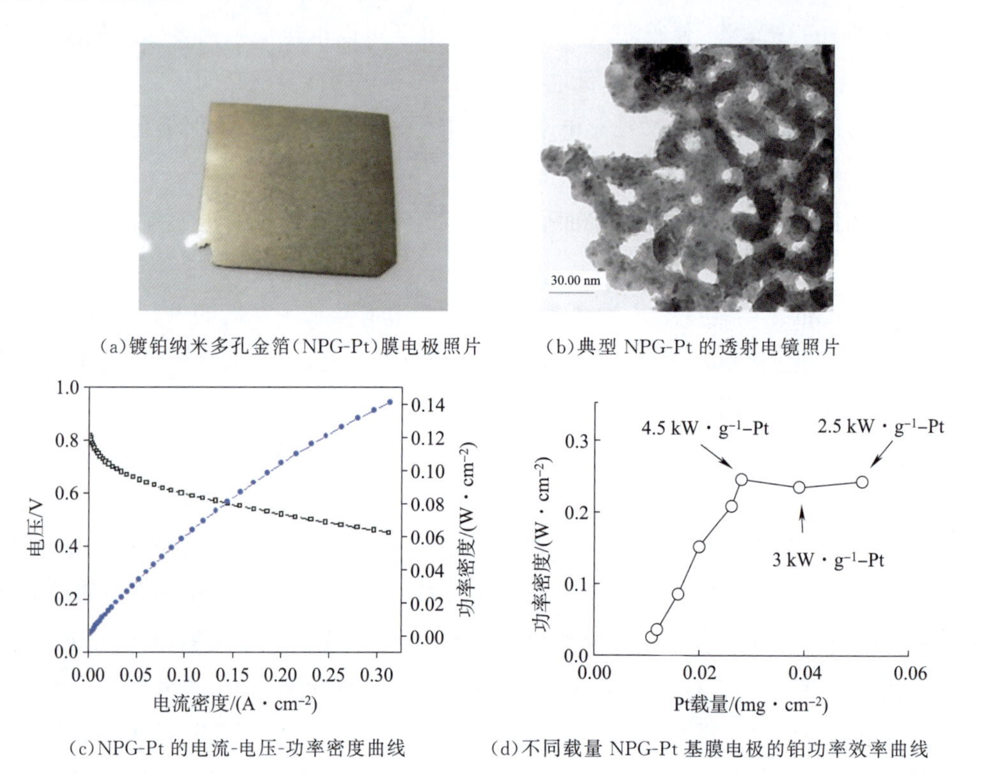

(a)镀铂纳米多孔金箔(NPG-Pt)膜电极照片　(b)典型 NPG-Pt 的透射电镜照片

(c)NPG-Pt 的电流-电压-功率密度曲线　(d)不同载量 NPG-Pt 基膜电极的铂功率效率曲线

图 7-15　镀铂纳米多孔金箔(NPG-Pt)膜电极照片、典型 NPG-Pt 的透射电镜照片[256]、NPG-Pt 的电流-电压-功率密度曲线[256]和不同载量 NPG-Pt 基膜电极的铂功率效率曲线[129]

在直接液体燃料电池方面，Ding 课题组发展了电化学沉积、吸附还原、欠电位沉积结合原位置换等多种手段，以纳米多孔金箔为载体，制备了低载量铂族元素(Pt、Pd)及其合金(PtRu、PtBi、PtAu、PdAu、PtPdAu)电催化剂，并探索了它们在小分子如甲醇[131]、甲酸[127,132,134]、葡萄糖[133]、水合肼[128]等的燃料特性，普遍能够在铂族元素面积载量降低 1～2 个数量级的情况下得到比商业 Pt/C 电催化剂更优的放电功率。比较有代表性的成果是研制的 NPG-PtBi 电催化剂可在低至 0.003 mg·cm^{-2} 铂阳极载量的情况下体现出比 2.2 mg·cm^{-2} 商业 Pt/C 催化剂更优的放电性能；并且这类超低铂电催化剂在电池组以及原型电源器件上经受了长达 6 个月的寿命验证(图 7-16)[134]。

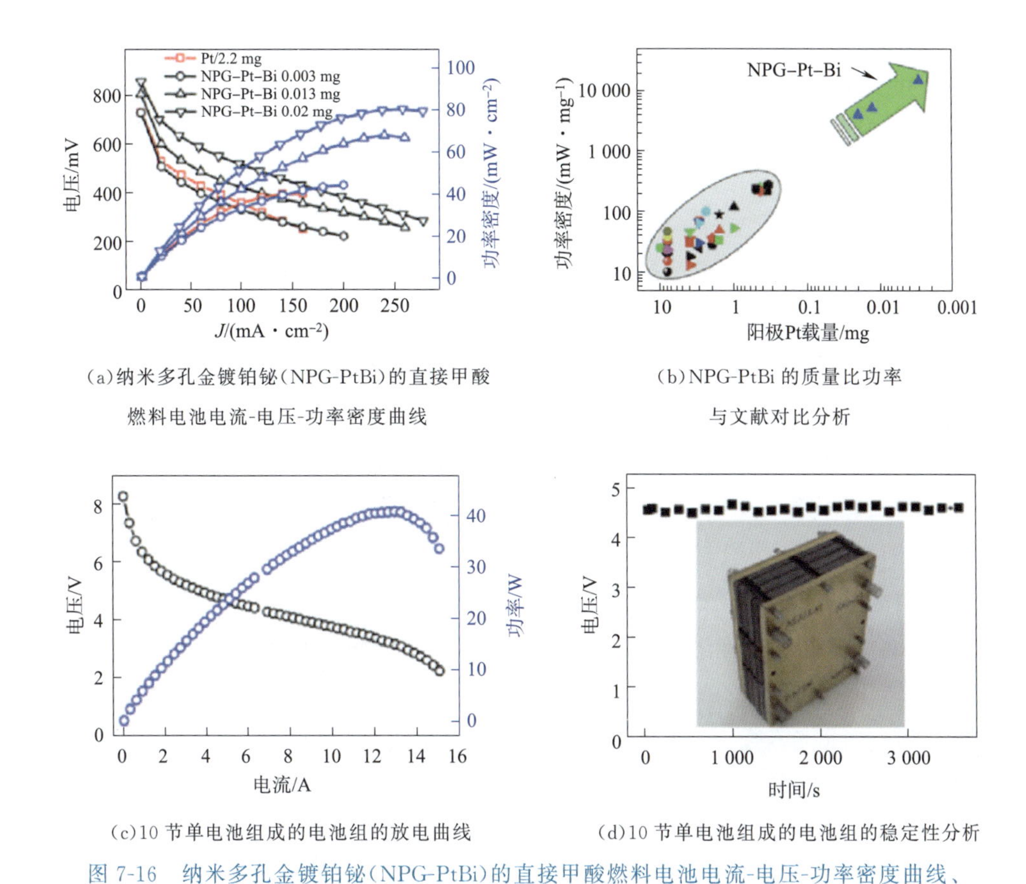

(a)纳米多孔金镀铂铋(NPG-PtBi)的直接甲酸燃料电池电流-电压-功率密度曲线

(b)NPG-PtBi 的质量比功率与文献对比分析

(c)10 节单电池组成的电池组的放电曲线

(d)10 节单电池组成的电池组的稳定性分析

图 7-16　纳米多孔金镀铂铋(NPG-PtBi)的直接甲酸燃料电池电流-电压-功率密度曲线、NPG-PtBi 的质量比功率与文献对比分析、10 节单电池组成的电池组的放电曲线及其稳定性分析[134]

总体来看,多孔金属材料应用于燃料电池各核心部件的研究尚处于起步阶段,如何根据电极反应及传质过程的需要设计并制备多尺度孔结构材料,开发结构稳定、价格低廉、活性高、耐受好的各类多孔金属材料,并实现其规模化制备,是实现该类型材料商业化应用的主要方向。

7.6　其他新型电池

传统电池体系已经接近理论极限,亟须开发基于新的反应原理的电池技术,满足新能源领域日益增长的需求。而新型电池,无论是基于 Na、K、Mg、Zn、Al 等新的客体离子的电池技术,还是另外一极基于空气或氧气的电池技术,在电极反应过程中,均涉及电解液与电极中离子的扩散交换以及电极中电子与外电路之间的传导,因此良好的电极导电性及电极与电解液的充分接触是研发新型电池的关键。而新型电池中,通常离子体积、电荷密度大于锂离子,在电解液中传输过程通常遭遇更大的阻力,面临比通常锂离子电池更大的问题。此外，由于充放电过程中离子的嵌入与脱出，造成电极体积巨大变化，伴随这一过程通常电极会产生粉化并从集流体上脱落，从而使电池性能迅速衰减，这也成为新型电池面临的关键问题。面对以上问题，多孔金属电极材料得到了广泛研究，展现出良好的应用前景。

7.6.1 钠/钾离子电池

作为同一主族的碱金属，钠和锂具有相似的化学性质。相比于锂，钠在地壳中储量更丰富，资源更广泛[135]。同时，钠与铝不会形成合金，因此在电池中可以使用铝箔来代替铜箔作为负极的集流体。因此，钠离子电池相比于锂离子电池具有更低的成本[136]。此外，相似的化学性质使钠离子电池在研发过程中可以借鉴锂离子电池体系的思路、方法和经验，有利于快速实现商业化。近些年来，锂离子电池的快速发展及其面临的资源和成本的问题，为钠离子电池的发展提供了新的机遇。如图 7-17(a)所示，钠离子电池的工作原理类似于锂离子电池，也是利用钠离子在正负极材料之间的可逆脱嵌实现充放电[135]。大部分的锂离子电池材料可以用于钠离子电池中，但是锂离子电池最为常用的石墨负极在钠离子电池中无法正常脱嵌钠，成为钠离子电池商业化的最大障碍。目前，钠离子负极材料可以分为三大类：嵌入类、合金类和转化类。具有多孔结构的金属电极材料具有良好的电解液渗透性以及离子和电子的快速传输通道等优势，在钠离子电池电极材料中得到广泛关注。化学脱合金法制备的纳米多孔锑[NP-Sb70，图 7-17(b)]负极以 100 $mA \cdot g^{-1}$ 电流密度在 200 次循环后依然能够提供 573.8 $mAh \cdot g^{-1}$ 的高容量[图 7-17(c)][137]。优异的电化学性能得益于纳米多孔锑能够适应钠化和脱钠过程所带来的体积变化，确保了材料结构完整。在商业铜箔上构筑多孔 CuO 纳米棒阵列[CAN，图 7-17(d)]并直接用作钠离子电池负极[138]，可避免在电极制造过程中添加其他非活性材料如导电剂或黏合剂，从而表现出优异的电化学性能。该复合电极在室温下实现了高电流密度、高容量以及良好的循环稳定性[图 7-17(e)]。此外，将多孔空心球结构的 V_2O_5[图 7-17(f)]用作钠离子电池的正极材料[139]，放电比容量可达 150 $mAh \cdot g^{-1}$[图 7-17(g)]，并且还表现出良好的高倍率性能和循环稳定性。多孔球壳和中空的球腔共同构成多级孔结构，能够适应循环过程中材料的体积膨胀和收缩，从而显著提升电极充放电过程的稳定性。

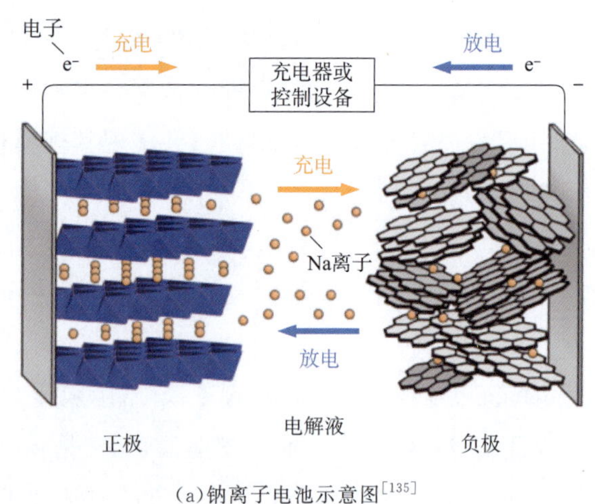

(a)钠离子电池示意图[135]

图 7-17

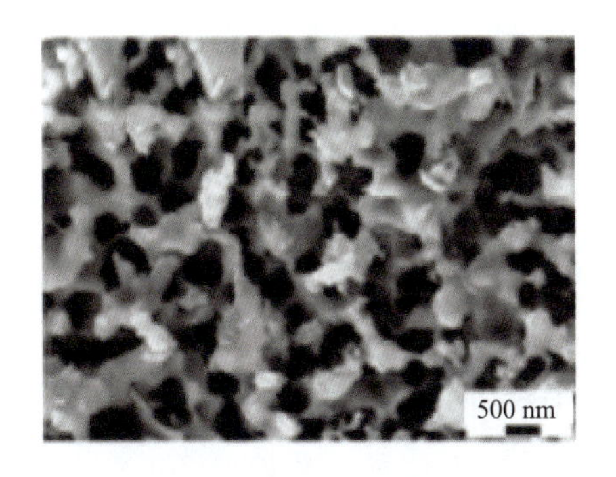

(b)纳米多孔锑(NP-Sb70)的扫描电镜图像

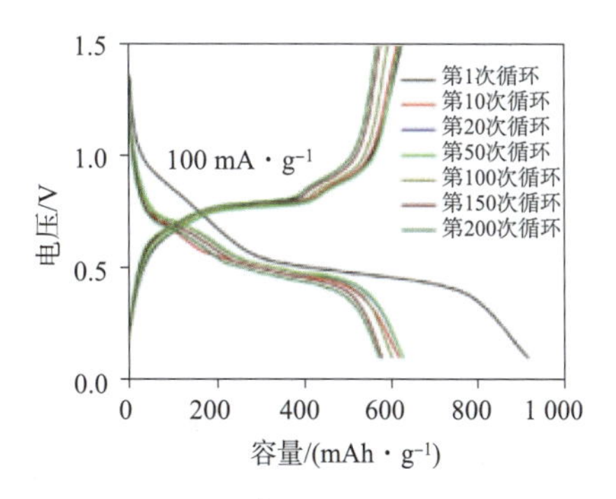

(c)在 100 mA · g^{-1} 电流密度下，电压在 0.1 V 和 1.5 V 之间，NP-Sb70 负极的恒流充放电曲线[137]

(d)CuO 纳米棒阵列(CNA)的扫描电镜图像

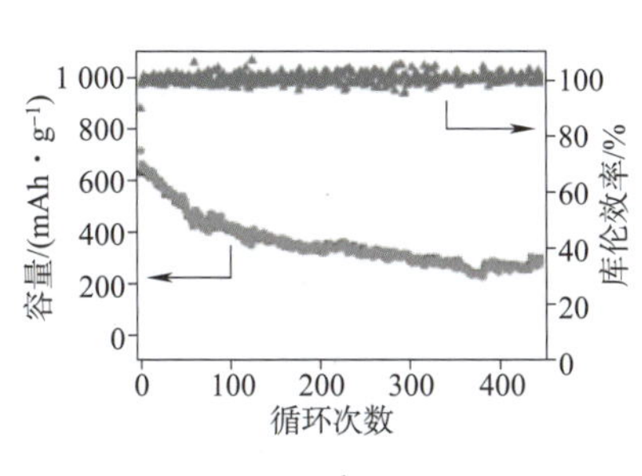

(e)在 200 mA · g^{-1} 高电流密度下无黏结剂 CAN 电极的循环性能[138]

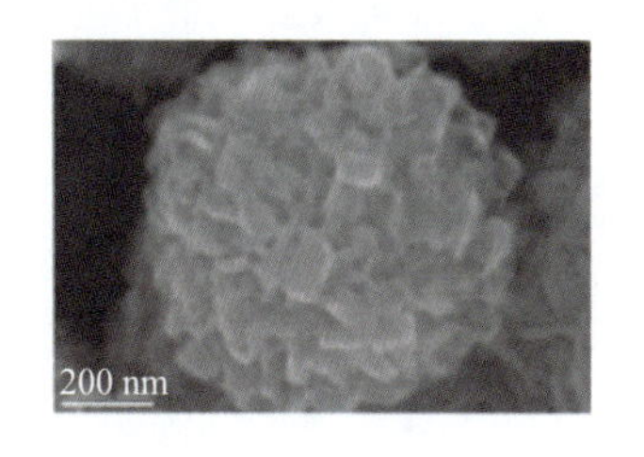

(f)V_2O_5 纳米球的场发射扫描电镜图像

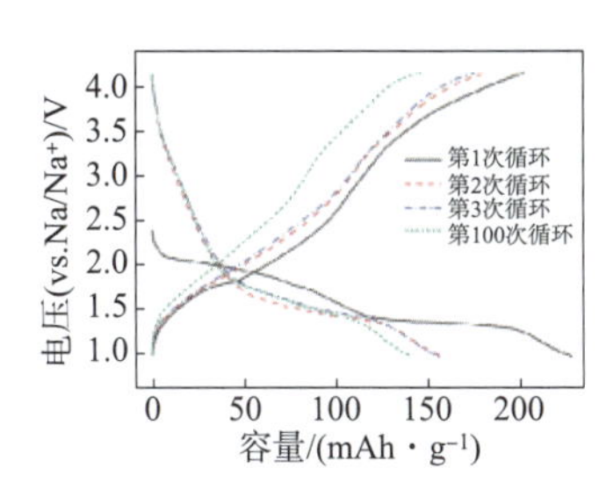

(g)在 20 mA · g^{-1} 电流密度下，V_2O_5 空心纳米球的第 1、2、3 和 100 圈的循环充放电曲线[139]

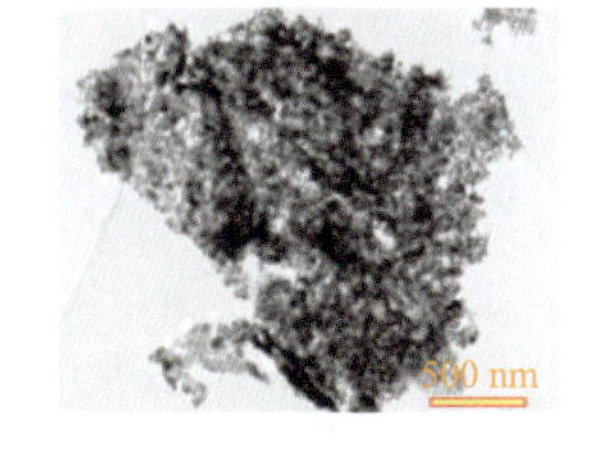

(h)锌锑合金(锌 : 锑 = 4 : 1)在 500 ℃下通过真空蒸馏法生成产物纳米多孔锑(NP-Sb-20)的透射电镜图像

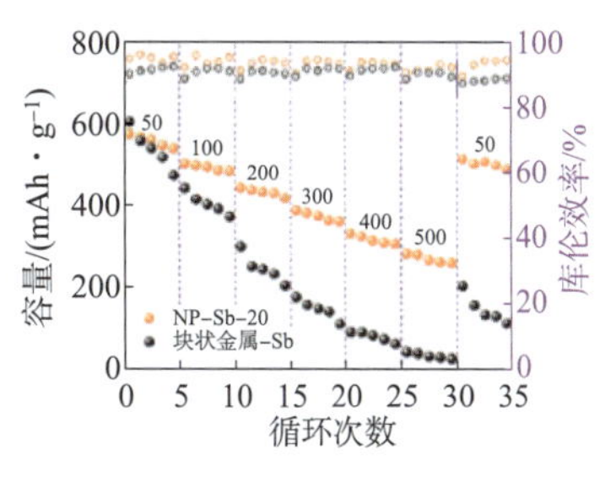

(i)NP-Sb-20 和块状 Sb 负极在 100 mA · g^{-1} 下的循环性能[142]

图 7-17　多孔金属在钠/钾离子中的应用

钾是在钠之后最为接近的碱金属，作为同一主族的元素，钾与锂、钠具有相似的化学性质。与锂相比，钾的资源储量更丰富，和钠相近；与钠相比，钾具有更低的还原电位，和锂最为相近[140,141]。因此，近几年对钾离子电池的研究呈现快速增长的态势[141]。多孔金属在钾离子电池负极中的应用较多，例如 An 等人通过蒸发商业化锌锑合金中低沸点的锌制备了纳米多孔锑[NP-Sb，图 7-17(h)]作为钾离子电池负极[142]，在 50 mA · g^{-1} 时可实现 560 mAh · g^{-1} 的容量，在 500 mA · g^{-1} 时保持 265 mAh · g^{-1} 的容量[图 7-17(i)]。同时表现出优异的循环性能和倍率性能，可归因于多孔结构中相互连接的韧带，它可以适应材料在钾化和脱钾过程中带来巨大的体积膨胀，并在充放电过程中促进离子在 NP-Sb 中的迁移。

7.6.2 钠/钾金属电池

金属钠在所有钠负极材料中具有最低的电池电位和高的理论容量，是最理想的钠离子电池负极材料。以金属钠为负极的电池统称为钠金属电池，其中包括代表性的钠空气电池（正极活性物质为空气）和钠硫电池（正极活性物质为单质硫）。

如图 7-18(a)所示，钠空气电池可分为非水系钠空气电池和水系钠空气电池[143]。非水系钠空气电池主要由有机电解液、钠金属负极和空气正极组成。放电时，钠离子与空气中的氧气反应生成放电产物 Na_2O_2；充电时，Na_2O_2 分解生成氧气和钠离子，由此实现可逆的充放电。水系钠空气电池又称为混合体系钠空气电池，在钠金属负极和空气正极之间由固态电解质陶瓷隔膜分开，负极侧使用有机电解液，正极侧使用水系电解。放电和充电过程是正极产物 NaOH 的生成和分解过程。纳米多孔金[NPG，图 7-18(b)]应用于上述两种体系的钠空气电池中都实现了可逆的充放电[图 7-18(c)][143]。

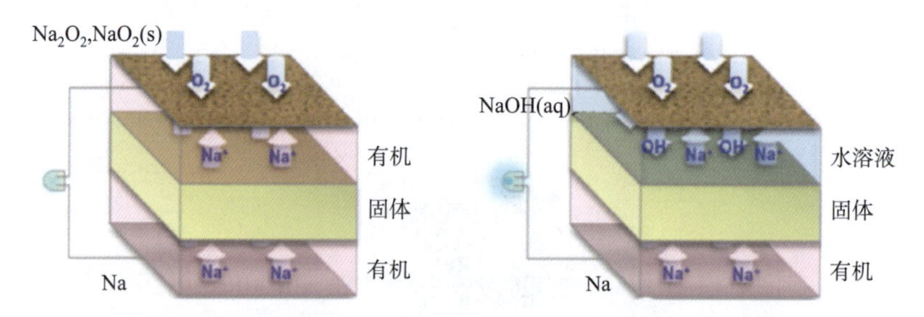

(a)带有 NPG 空气电极的"非水系"(左)和"水系"(右)钠空气电池的结构；
固体电解质(NASICON 陶瓷)分离由有机液体电解质填充的负极室(下部)和
由有机或水电解质填充的正极室(上部)，放电期间化学物质的流动被标出

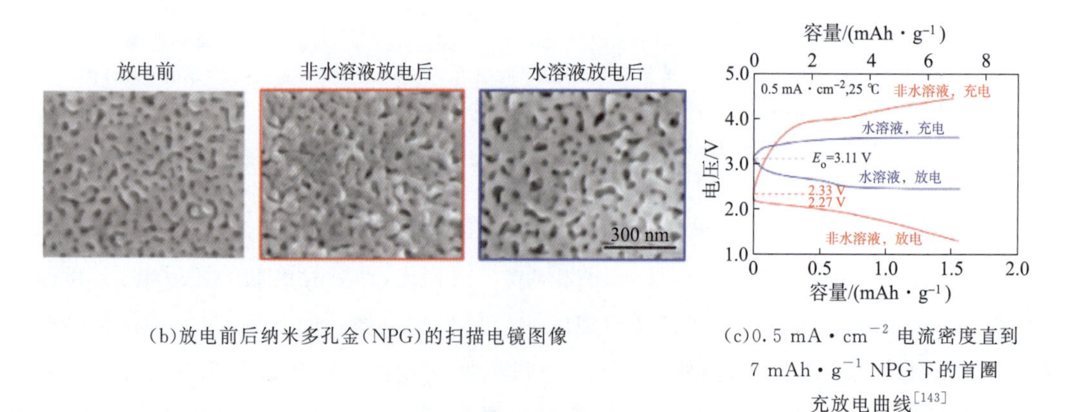

(b)放电前后纳米多孔金(NPG)的扫描电镜图像

(c)0.5 mA · cm^{-2} 电流密度直到 7 mAh · g^{-1} NPG 下的首圈充放电曲线[143]

图 7-18

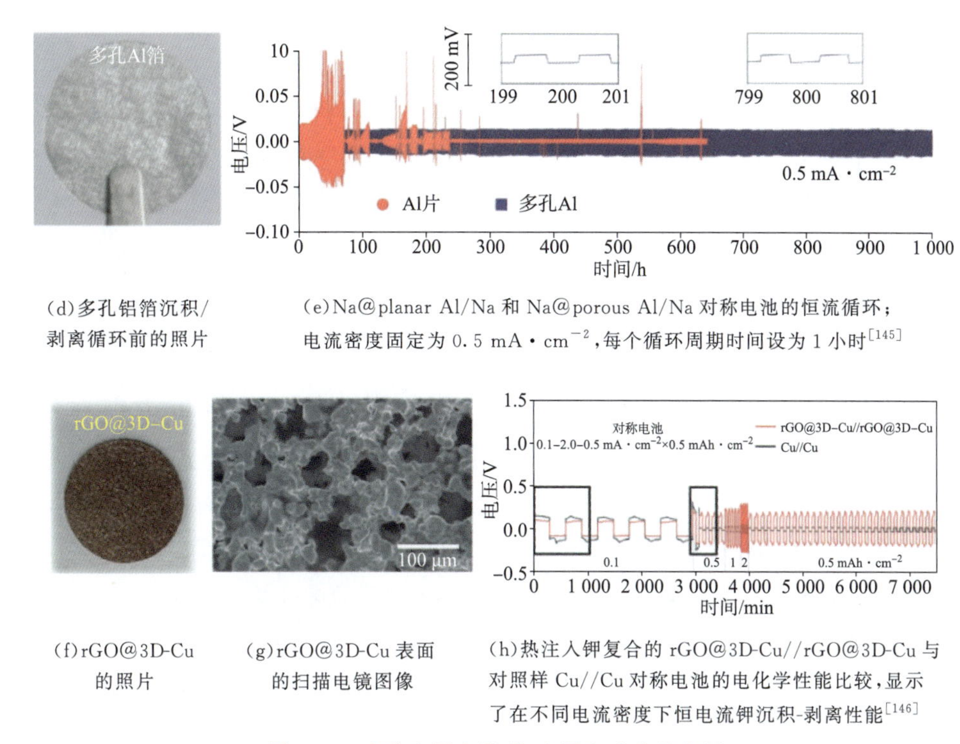

(d)多孔铝箔沉积/剥离循环前的照片

(e)Na@planar Al/Na 和 Na@porous Al/Na 对称电池的恒流循环；电流密度固定为 0.5 mA · cm^{-2}，每个循环周期时间设为 1 小时[145]

(f)rGO@3D-Cu 的照片

(g)rGO@3D-Cu 表面的扫描电镜图像

(h)热注入钾复合的 rGO@3D-Cu//rGO@3D-Cu 与对照样 Cu//Cu 对称电池的电化学性能比较，显示了在不同电流密度下恒电流钾沉积-剥离性能[146]

图 7-18　多孔金属在钠/钾金属电池中的应用

钠硫电池的正极活性物质是单质硫，放电和充电过程就是多硫化物的可逆生成和分解过程。在泡沫铜上原位生长二维硫纳米片(S nanosheets@Cu foam-150)作为室温钠硫电池正极，可以实现 3 189/1 403 mAh · g^{-1} 的超高初始放电/充电容量[144]。泡沫铜不但作为集流体提供了充放电反应的场所，也具有一定潜在的电催化活性，因而 S nanosheets@Cu foam 复合正极可获得较高的电化学活性。此外，以多孔铝集流体[图 7-18(d)]作为钠沉积和剥离的基底能够有效抑制钠枝晶的产生和生长[145]，Na@porous Al/Na 对称电池的测试结果显示，在 1 000 次循环中无电位波动，电压滞回低且稳定，平均库仑效率在 99.9%以上，远优于 Na@planar Al/Na 对称电池[图 7-18(e)]。同时，Na@porous Al 复合负极成功应用在全电池中并且表现出良好的电化学性能。

由于钾离子电池的研究刚刚起步，对于以金属钾为负极的钾电池(包括钾氧电池和钾硫电池等)的报道较少，不过仍然可以发现多孔金属在这方面的应用潜力。用部分还原的氧化石墨烯对泡沫铜集流体进行功能化以形成亲钾表面，得到多孔复合电极 rGO@3D-Cu[图 7-18(f)、(g)]，在碳酸酯类电解液中可以实现无枝晶且稳定的钾的沉积和剥离[272]。rGO@3D-Cu 的对称电池在 0.1～2 mA · cm^{-2} 电流密度下表现出稳定的循环特性，而当电流达到 0.5 mA · cm^{-2} 时，作为对比的 Cu 过早失效[图 7-18(h)]。相信随着钾金属电池的不断发展，将会有越来越多的多孔金属应用在钾氧电池和钾硫电池中。

7.6.3　镁、铝和锌离子电池

除了上述单价态碱金属离子电池外，多孔金属在其他多价金属离子（如镁、铝和锌离子）电池中也有着重要应用。与商业化的碱性锌电池类似，受益于锌的环保和耐腐蚀，可直接用作电极负极，在水系和非水系电解液中均可实现可逆循环。

如图 7-19(a)所示，锌离子电池的电荷存储机制依赖于锌负极和正极材料之间的 Zn^{2+} 离子迁移，正极材料则能够可逆地嵌入锌离子[147]。基于锌负极、β-MnO_2 正极、弱酸性水系电解液，Zhang 等人构筑了高性能可充锌锰电池[148]，水系电解液中添加 $Mn(CF_3SO_3)_2$ 可在 β-MnO_2 正极表面上形成均一多孔无定形的 MnO_x 保护层[图 7-19(b)]，从而抑制 Mn^{2+} 的溶解，保证了电极结构的完整性。由此可见，电池表现出 225 mAh · g^{-1} 的高容量和 32.50 C 时 100 mAh · g^{-1} 的高倍率[图 7-19(c)]以及长期循环稳定性(6.50 C 时 2 000 次循环后，容量保持率为 94%)。此外，组装的软包电池[图 7-19(d)]可提供 1 550 mAh 的高可逆容量，总能量密度为 75.2 Wh · kg^{-1}，远高于其他常见的水系电池。事实上，不但正极材料需要构筑多孔结构，金属负极也可以构筑多孔结构以提升电池性能。三维多孔海绵锌和纳米多孔锌作为多孔负极应用于水系锌基电池——镍锌电池中，显示出良好的应用效果[149,150]。采用电化学辅助的方法在钛箔上制备了具有层状结构的多孔 δ-MnO_2 薄膜[δ-MnO_2/Ti，图 7-19(e)]并用作水系镁离子电池正极[150]，实现了高倍率性能(100 mA · g^{-1} 时为 250 mAh · g^{-1})和优异的循环性能[3 A · g^{-1} 时 1 500 次循环后仍保持 84%，图 7-19(f)]。最近，一种使用铝金属负极和泡沫石墨正极[图 7-19(g)]的高倍率可充铝离子电池引起了极大关注[151]，其中泡沫镍作为石墨生长的基底和骨架，同时起集流体的作用。该正极能够实现快速的阴离子扩散和嵌入，充电时间约为 1 min，电流密度为 4 000 mA · g^{-1}(相当于 3 000 W · kg^{-1})，超过 7 500 次循环而不发生容量衰减[图 7-19(h)]。

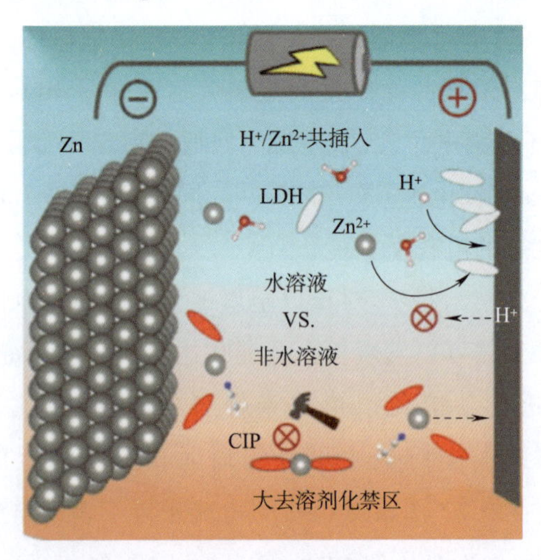

(a)锌离子电池示意[147]

图　7-19

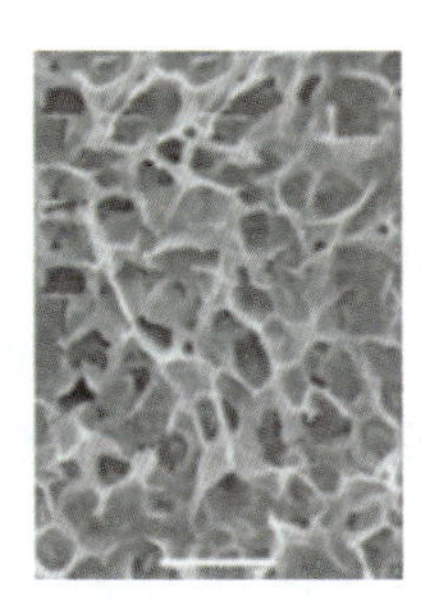

(b)正极在添加 0.1 mol·L^{-1} $Mn(CF_3SO_3)_2$ 的 3 mol·L^{-1} M $Zn(CF_3SO_3)_2$ 电解液中循环 10 圈后的扫描电镜图像,标尺为 10 μm

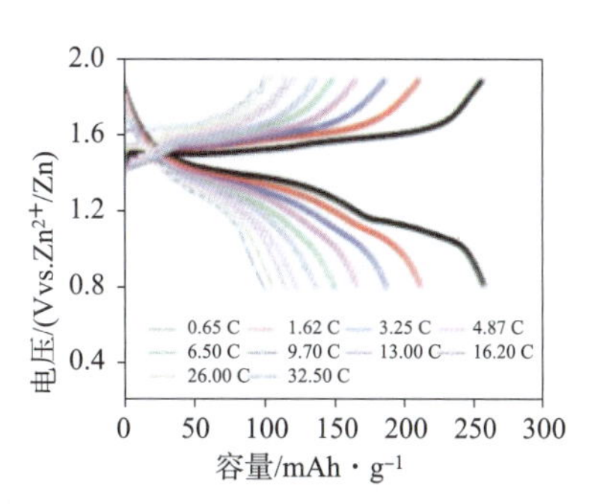

(c)添加 0.1 mol·L^{-1} $Mn(CF_3SO_3)_2$ 的 3 mol·L^{-1} $Zn(CF_3SO_3)_2$ 电解液中 Zn-MnO_2 电池在不同倍率下的充放电曲线

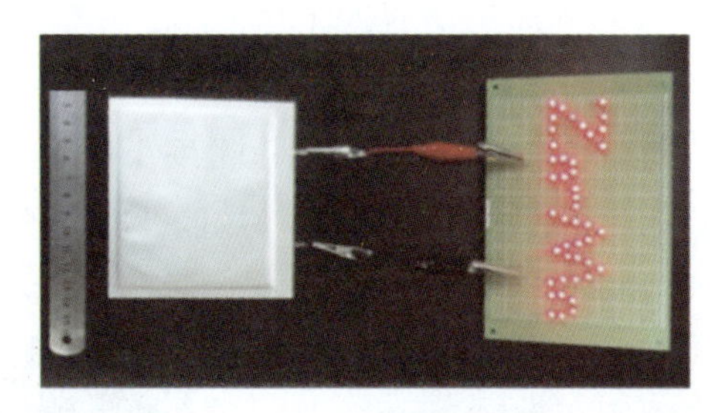

(d)一系列 LED 灯供电的软包装电池的数码照片[148]

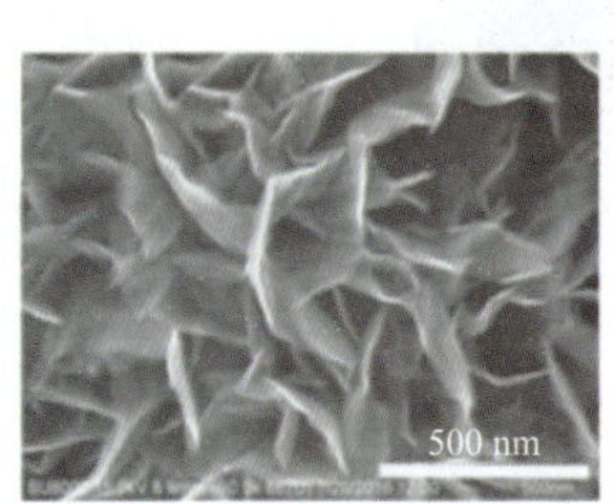

(e)δ-MnO_2/Ti 的扫描电镜图像

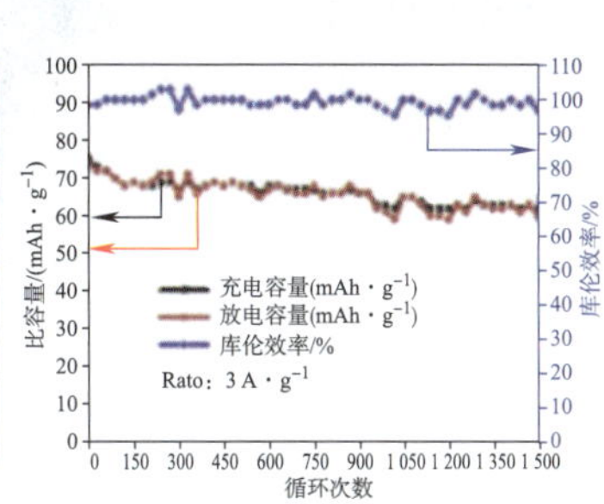

(f)在 3 A·g^{-1} 电流密度下水系电解液中 δ-MnO_2/Ti 的循环性能[151]

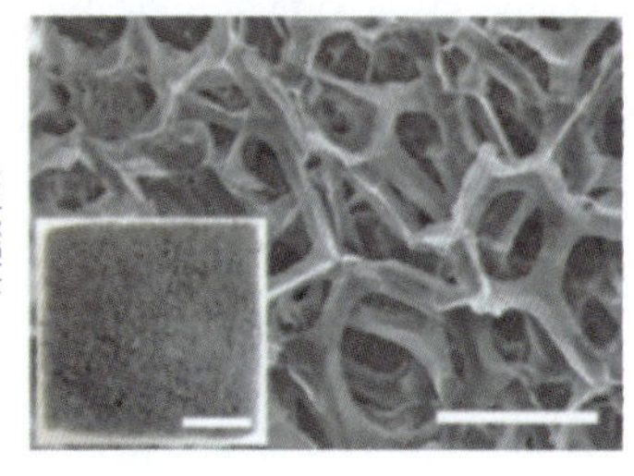

(g)开放式框架结构泡沫石墨的扫描电镜图像,标尺为 300 μm,插图为泡沫石墨的宏观照片;标尺为 1 cm

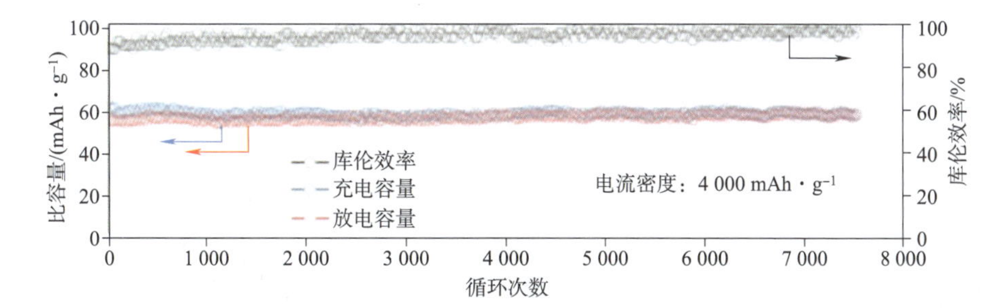

(h)Al/石墨化泡沫软包电池在 4 000 mA·g^{-1} 电流密度下 7 500 次充放电循环的长期稳定性测试[152]

图 7-19　多孔金属在镁、铝和锌离子电池中的应用

7.6.4 其他金属-空气电池

锌空气电池历史悠久，也较早地实现了商业化，其电池结构及反应原理与水系钠空气电池类似，但市面上常见的锌空气电池基本上都是一次性电池。随着对氧还原和析氧反应研究的不断深入，可充电锌空气电池的报道越来越多。将双功能催化剂 Co_3O_4 纳米线(NW)阵列作为活性材料直接生长在不锈钢(SS)网集流体的表面[图 7-20(a)]，直接作为锌空气电池空气电极[图 7-20(b)][152]，电池具有显著的电化学耐久性，展示出 600 小时的长循环寿命，充放电电位保持率分别为 97%和 94%[图 7-20(c)]。多孔金属负极在空气电池体系中同样有着应用，多孔镁薄膜[图 7-20(g)]作为负极的镁空气电池具有最优的放电性能[153]，包括平坦的放电平台，1.41 V 的高开路电压和 821 mAh・g⁻¹ 的大放电容量[图 7-20(h)]。在铝-气体电池方面，以二氧化碳为正极活性物质的铝二氧化碳电池中，正极采用镀钯纳米多孔金为正极催化剂[155]，电池在 333 mA・g⁻¹ 电流密度下的放电和充电平台之间显示出低至 0.091 V 的较小间隙，能量效率可高达 87.7%，并且可以实现多次循环充放电。

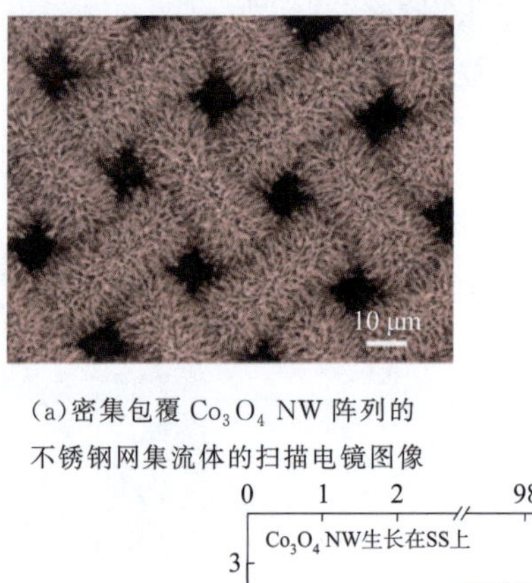

(a)密集包覆 Co_3O_4 NW 阵列的不锈钢网集流体的扫描电镜图像

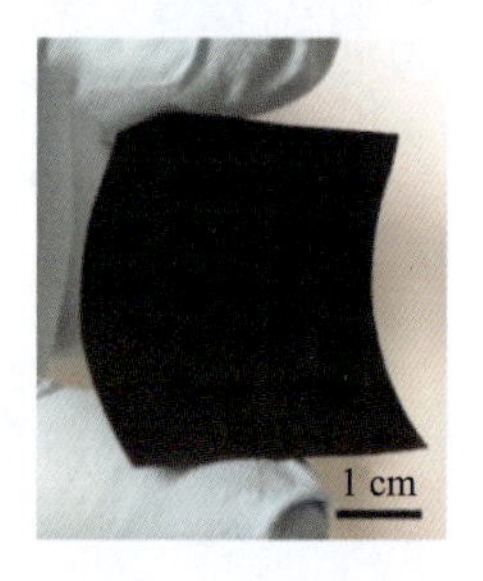

(b)生长 Co_3O_4 NW 的柔性空气电极的光学照片

(c)不锈钢网上生长 Co_3O_4 NWs 的锌空气电池循环测试的推广应用，在环境条件下使用空气[153]

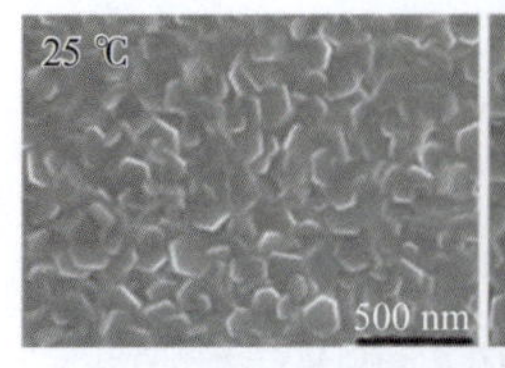

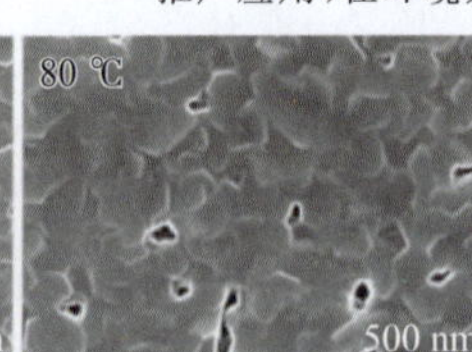

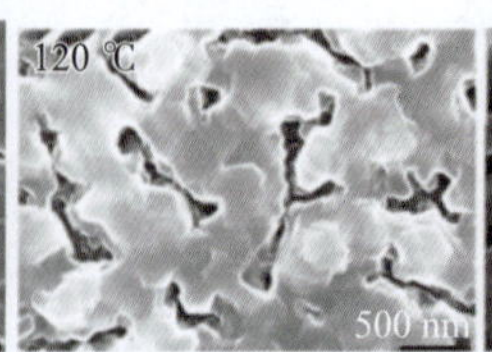

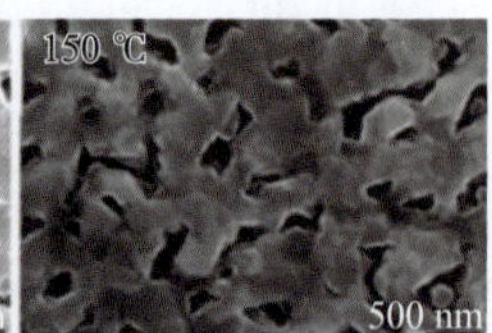

(d)不同衬底温度下制备的镁薄膜的扫描电镜图像

图 7-20

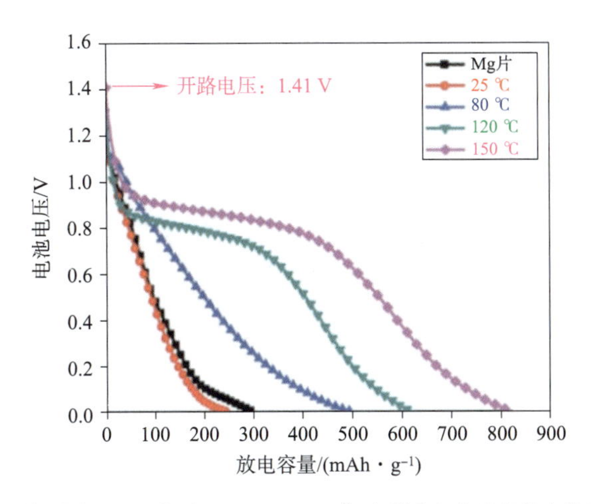

(e)不同镁膜在 298 K 恒流 0.1 mA · cm^{-2} 下，镁空气电池的放电曲线[154]

图 7-20　多孔金属在锌空气和镁空气电池中的应用

多孔金属材料在新型电池中的应用研究总体尚处于起步阶段，在孔结构的精确调控、成分的优化等方面需要进一步改进，从而提升新型电池的整体性能。值得一提的是，电池领域中其他辅助材料与电池原理认识的进一步深入，必将为纳米多孔金属材料的发展注入新的活力。

多孔金属即金属内部弥散分布着大量的有方向性或随机的孔道，兼具低密度、优异的力学、物理性能及可设计的功能特性，是一种结构功能一体化材料。本书从概念、分类、孔结构特性及应用领域与发展前景等方面论述了多孔金属材料。传统多孔金属材料的孔道尺寸位于微米至毫米量级，主要包括烧结多孔金属、泡沫金属和点阵金属，可通过粉末冶金、熔体发泡、增材制造等方法制备；因其在吸音、隔热、减振、电磁屏蔽等方面的特性，已广泛应用于石油化工、航空航天、电子机械、建筑及生物医学等多个领域。通过脱合金法和软、硬模板法等制备方法减小孔道尺寸至纳米级即构筑纳米多孔金属，可进一步提高多孔金属的比表面积，同时赋予其丰富的表界面特性和相关功能特性，可在先进制造、清洁能源、绿色化工、环境保护等重要领域发挥关键作用。

20 世纪以来，随着材料科学和各种表征手段的快速发展，多孔金属特别是纳米多孔金属引起了材料领域研究者越来越多的关注，研究重点从简单的制备与应用性能测试逐渐延伸到对结构功能一体化新型多孔金属材料的可控设计、制备与应用开发等。事实上，多孔金属材料能否被应用于更多关键的领域，需要同时从基础和应用两个角度，对材料的制备、结构特性和性能进行深入系统的研究，最终实现功能导向的多孔结构可控制备与应用。首先，通过发展原位表征技术并结合理论计算，阐明多孔材料的结构形成和演化机制。多孔金属的结构特性很大程度上依赖于其形貌和原子结构，因此从原子尺度解析多孔金属的三维空间结构是理解其基础结构和性能间的关联，进而指导其工程应用的关键。由于多孔结构在三维立体空间上的复杂性，发展更加精确的微观组织结构表征技术并在原子尺度原位监控材料结构的演化行为已成为纳米多孔金属材料领域不断发展并获得突破的关键，这将为理性设计并开发新型多功能材料提供基础信息。其次，应结合具体的应用需求发展低成本、规模化和易于集成整合的材料体系和制备工艺。近年来，多孔金属特别是纳米多孔金属已在绿色催化与合成、高效能源转换和存储、生物与医学检测等领域取得了系列创新性成果，展现了巨大的应用前景。作为一种处于快速发展期的明星材料，多孔金属的成功应用既需要在基础研究方面不断探索并有全新的理论发现，也有赖于应用领域的具体技术需求作为引导。例如，在可植入生物器件、可穿戴柔性电子产品等领域，电子元器件的微型化和集成化，亟待发展安全可靠、高比能、高比功率的微型储能器件实现电子系统的能量自管理。而在大宗材料应用领域，如精细化工、智能电网与交通运输，则需要在明确工程应用路线的前提下实现多孔材料制备工艺的低成本化、规模化和一致性。近年来出现的高通量材料筛选与表征、增材制造（3D 打印）技术、三维激光加工技术等先进的材料设计、制造和加工方法为开发新型结构功能一体化多孔金属材料提供了全新的手段和难得的机遇，具有创新拓扑结构的新型纳米多孔超材料，将在能源、资源、环境、交通等领域发挥关键作用。

参考文献

[1] JUNG J，ZHANG L，ZHANG J J. Lead-acid battery in electrochemical technologies for energy storage and conversion[M]. CRC Press，2012，ISBN-13：978-1466592223.

[2] 陈汉武，谢远锋. 铅酸蓄电池发展综述[J]. 中小企业管理与科技（中旬刊），2019，No.593(11)：138-139.

[3] YU C，MAO X，ZHAO Y，et al. Lead-acid battery use in the development of renewable energy systems in China[J]. Journal of Power Sources，2009，191(1)：176-183.

[4] 刘荣佩，左孝青，杨晓源. 泡沫铅的制备及预制块的研究[J]. 兵器材料科学与工程，2001，24(004)：38-41.

[5] GYENGE E，JUNG J，SPLINTER S，et al. High specific surface area，reticulated current collectors for lead-acid batteries[J]. Journal of Applied Electrochemistry，2002，32(3)：287-295.

[6] GYENGE E，JUNG J，MAHATO B. Electroplated reticulated vitreous carbon current collectors for lead-acid batteries：opportunities and challenges[J]. Journal of Power Sources，2003，113(2)：388-395.

[7] DAI C S，ZHANG B，WANG D L，et al. Study of influence of lead foam as negative electrode current collector material on VRLA battery charge performance[J]. Journal of Alloys and Compounds，2006，422(1-2)：332-337.

[8] DAI C S，ZHANG S，WANG D L，et al. Electrochemical behavior of lead foam negative electrode in spiral VRLA batteries[J]. Rare Metal Materials and Engineering，2007，36(6)：503-509.

[9] DAI C S，YI T F，WANG D L，et al. Effects of lead-foam grids on performance of VRLA battery[J]. Journal of Power Sources，2006，158(2)：885-890.

[10]　郭学益，李钧，田庆华. 高性能铅酸电池用泡沫铅电沉积制备研究[J]. 电源技术，2009，33(2)：130-133.

[11]　SAVACI U，YILMAZ S，GÜDEN M. Open cell lead foams：processing，microstructure，and mechanical properties[J]. Journal of Materials Science，2012，47(15)：5646-5654.

[12]　伊廷锋，霍慧彬，胡信国. 铅蓄电池板栅材料的研究发展现状[J]. 电池工业，2006，11(004)：267-272.

[13]　TABAATABAAI S M，RAHMANIFAR M S，MOUSAVI S A，et al. Lead-acid batteries with foam grids[J]. Journal of Power Sources，2006，158(2)：879-884.

[14]　Dai C S，Zhang B，Wang D L，et al. Preparation and performance of lead foam grid for negative electrode of VRLA battery[J]. Materials Chemistry & Physics，2006，99：431-436.

[15]　JI K J，XU C，ZHAO H H，et al. Electrodeposited lead-foam grids on copper-foam substrates as positive current collectors for lead-acid batteries[J]. Journal of Power Sources，2014，248：307-316.

[16]　LANG X，XIAO Y，CAI K，et al. High-performance porous lead/graphite composite electrode for bipolar lead-acid batteries[J]. International Journal of Energy Research，2017，41(10)：1504-1509.

[17]　EGAN D，LOW C，WALSH F C. Electrodeposited nanostructured lead dioxide as a thin film electrode for a lightweight lead-acid battery[J]. Journal of Power Sources，2011，196(13)：5725-5730.

[18]　FERG E E，GOUWS S，PONGOMA B. Electrochemical oxidation of phenol using a flow-through micro-porous lead dioxide/lead cell[J]. South African Journal of Chemistry，2012,65：165-173.

[19]　KARAMI H，GHAMOOSHI-RAMANDI M. Synthesis of sub-micro and nanometer sized lead oxide by sol-gel pyrolysis method and its application as cathode and anode of lead-acid batteries[J]. International Journal of Electrochemical Science，2013，8(6)：7553-7564.

[20]　郭泉忠，郭兴华，杜克勤，等. 电化学氧化制备的纳米多孔 Ti_4O_7 导电添加剂对铅酸电池正极性能的影响[J]. 蓄电池，2018，055(005)：211-214.

[21]　郭炳. 化学电源——电池原理及制造技术[J]. 电池工业，2000，005(001)：10.

[22]　王丹. Ni-MH 动力电池的研制及其电化学性能研究[D]. 天津：天津大学，2003.

[23]　REN Z H，YU J，LI Y J，et al. Tunable free-standing ultrathin porous nickel film for high performance flexible nickel-metal hydride batteries[J]. Advanced Energy Materials，2018，8：1702467.

[24]　YAO M，OKUNO K，IWAKI T，et al. Influence of nickel foam pore structure on the high-rate capability of nickel/metal-hydride batteries[J]. Journal of The Electrochemical Society，2007，154(7)：A709-A714.

[25]　YAO M，OKUNO K，IWAKI T，et al. High-power nickel/metal-hydride battery using new micronetwork substrate：Discharge rate capability and cycle-life performance[J]. Journal of Power Sources，2007，171(2)：1033-1039.

[26]　SORIA M L，J CHACÓN，JC HERNÁNDEZ. Metal hydride electrodes and Ni/MH batteries for automotive high power applications[J]. Journal of Power Sources，2001，102(1-2)：97-104.

[27]　XU W，CANFIELD N L，WANG D，et al. An approach to make macroporous metal sheets as current collectors for lithium-ion batteries[J]. Journal of the Electrochemical Society，2010，157(7)：A765-A769.

[28]　METZGER W，WESTFALL R，HERMANN A. Nickel foam substrate for nickel metal hydride electrodes and lightweight honeycomb structures[J]. International Journal of Hydrogen Energy，1998，23(11)：1025-1029.

［29］ 董长昆，谢非，翟莹，等. 泡沫镍基底上直接生长碳纳米管来制备电池电极的方法，CN 201410763931［P］. 2015.

［30］ 谢非，钱维金，翟莹，等. CVD 直接生长技术高效碳纳米管镍氢电池的研究［J］. 真空与低温，2015，000(003)：151-156,150.

［31］ 王震虎，易双萍，赵渺. 纳米氧化锌和碳纳米管对镍氢电池正极电化学性能的影响［J］. 稀有金属材料与工程，2012(S2)：320-322.

［32］ 倪成员. 特种 MH/Ni 电池用稀土系储氢电极合金的制备与电化学性能［D］. 长沙:中南大学，2012.

［33］ 石伟群，刘奎，王琳，等. 泡沫稀土-镍合金及其制备方法、用途与流程，CN107151805B［P］. 2019.

［34］ 井玉龙，常照荣. 泡沫镍电极的制备和电性能研究［J］. 河南化工，1999，000(010)：12-13.

［35］ CHEN W，JIN Y，ZHAO J，et al. Nickel-hydrogen batteries for large-scale energy storage［J］. Proceedings of the National Academy of Sciences，2018，115(46)：11694-9.

［36］ 邹建梅，单昕，邹全忠. 泡沫镍正极添加剂的研究［J］. 电源技术，1998(04)：8-11.

［37］ 李志林，黄铁生，程利芳，等. 一种镍氢电池负极的制备方法，CN101304087A［P］. 2008.

［38］ YONG-SHENG H U，GUO Y G，Sigle W. Electrochemical lithiation synthesis of nanoporous materials with superior catalytic and capacitive activity［J］. Nature Materials，2006，5(9)：713-717.

［39］ CHEN Q，SIERADZKI K. Spontaneous evolution of bicontinuous nanostructures in dealloyed Li-based systems［J］. Nature Materials，2013，12(12)：1102-1106.

［40］ HOLZAPFEL M，BUQA H，HARDWICK L J，et al. Nano silicon for lithium-ion batteries［J］. Electrochimica Acta，2006，52(3)：973-978.

［41］ HE W，TIAN H J，XIN F X，et al. Scalable fabrication of micro-sized bulk porous Si from Fe—Si alloy as a high performance anode for lithium-ion batteries［J］. Journal of Materials Chemistry A，2015，3(35)：17956-17962.

［42］ SOHN M，LEE D G，PARK H I，et al. Microstructure controlled porous silicon particles as a high capacity lithium storage material via dual step pore engineering［J］. Advanced Functional Materials，2018，28(23)：1800855.

［43］ WADA T，ICHITSUBO T，YUBUTA K，et al. Bulk-nanoporous-silicon negative electrode with extremely high cyclability for lithium-ion batteries prepared using a top-down process［J］. Nano Letters，2014，14(8)：4505-4510.

［44］ AN Y，FEI H，ZENG G，et al. Green，scalable，and controllable fabrication of nanoporous silicon from commercial alloy precursors for high-energy lithium-ion batteries［J］. ACS Nano，2018，12(5)：4993-5002.

［45］ FENG J K，ZHANG Z，CI L J，et al. Chemical dealloying synthesis of porous silicon anchored by in situ generated graphene sheets as anode material for lithium-ion batteries［J］. Journal of Power Sources，2015，287(1)：177-183.

［46］ HYEONG-IL P，SOHN M，KIM D S，et al. Carbon nanofiber/3D nanoporous silicon hybrids as high capacity lithium storage materials ［J］. ChemSusChem，2016，9(8)：834-840.

［47］ JIA H，ZHENG J，SONG J，et al. A novel approach to synthesize micrometer-sized porous silicon as a high performance anode for lithium-ion batteries［J］. Nano Energy，2018，50：589-597.

［48］ ZHOU W，JIANG T，ZHOU H，et al. The nanostructure of the Si-Al eutectic and its use in lithium batteries［J］. MRS Communications，2013，3(03)：119-121.

[49] HAO Q, ZHAO D, DUAN H, et al. Si/Ag composite with bimodal micro-nano porous structure as a high-performance anode for Li-ion batteries[J]. Nanoscale, 2015, 7(12): 5320-5327.

[50] XU C X, HAO Q, ZHAO D Y, et al. Facile fabrication of a nanoporous Si/Cu composite and its application as a high-performance anode in lithium-ion batteries[J]. Nano Research, 2016, 9(4): 908-916.

[51] CHEN Q, DING Y, CHEN M W, et al. Nanoporous metal by dealloying for electrochemical energy conversion and storage[J]. MRS Bulletin, 2018, 43(1): 43-48.

[52] LIU S, FENG J, BIAN X, et al. Nanoporous germanium as high-capacity lithium-ion battery anode [J]. Nano Energy, 2015, 13: 651-657.

[53] SONG T, YAN M, QIAN M. A dealloying approach to synthesizing micro-sized porous tin (Sn) from immiscible alloy systems for potential lithium-ion battery anode applications[J]. Journal of Porous Materials, 2015, 22(3): 713-719.

[54] HAO Q, LIU Q, ZHANG Y, et al. Easy preparation of nanoporous Ge/Cu_3Ge composite and its high performances towards lithium storage[J]. Journal of Colloid and Interface Science, 2018, 539: 665-671.

[55] MA W, WANG Y, YANG Y, et al. Temperature-dependent Li storage performance in nanoporous Cu-Ge-Al alloy[J]. ACS Applied Materials & Interfaces, 2019, 11(9): 9073-9082.

[56] Liu X, Zhang R, Wei Y, et al. Three-dimensional electrode with conductive Cu framework for stable and fast Li-ion storage[J]. Energy Storage Materials, 2018,11: 83-90.

[57] FAN W, LIU X Z,WANG Z F, et al. Synergetic enhancement of the electronic/ionic conductivity of a Li-ion battery by fabrication of a carbon-coated nanoporous SnO_xS_b alloy anode[J]. Nanoscale, 2018, 10(16): 7605-7611.

[58] JIA S, SONG T, ZHAO B, et al. Dealloyed Fe_3O_4 octahedra as anode material for lithium-ion batteries with stable and high electrochemical performance[J]. Journal of Alloys & Compounds, 2014, 617(34): 787-791.

[59] HAO Q, WANG J P, XU C X. Facile preparation of Mn_3O_4 octahedra and their long-term cycle life as an anode material for Li-ion batteries[J]. Journal of Materials Chemistry A, 2013, 2(1): 65-75.

[60] HAO Q, LI M H, JIA S Z, et al. Controllable preparation of Co_3O_4 nanosheets and their electrochemical performance for Li-ion batteries[J]. RSC Advances, 2013, 3(21): 7850-7854.

[61] HAO Q, CHEN L, XU CX. Facile fabrication of a three-dimensional cross-linking TiO_2 nanowire network and its long-term cycling life for lithium storage[J]. ACS Applied Materials & Interfaces, 2014, 6(13): 10107-10112.

[62] YE J, ZHAO D Y, HAO Q, et al. Facile Fabrication of Hierarchical Manganese-Cobalt Mixed Oxide Microspheres as High-Performance Anode Material for Lithium Storage[J]. Electrochimica Acta, 2016, 222: 1402-1409.

[63] ZHAO Y, WANG L P, SOUGRATI M T, et al. A review on design strategies for carbon based metal oxides and sulfides nanocomposites for high performance Li and Na ion battery anodes[J]. Advanced Energy Materials, 2017, 7(9): 1601424.

[64] ZHAO D, HAO Q, XU C X. Facile fabrication of composited Mn_3O_4/Fe_3O_4 nanoflowers with high electrochemical performance as anode material for lithium ion batteries[J]. Electrochimica Acta,

2015, 180: 493-500.

[65] ZHAO W, FEI P, ZHANG X, et al. Porous TiO_2/Fe_2O_3 nanoplate composites prepared by de-alloying method for Li-ion batteries[J]. Materials Letters, 2018, 211: 254-257.

[66] YU Y, LIN G, LANG X, et al. Li Storage in 3D Nanoporous Au-Supported Nanocrystalline Tin[J]. Advanced Materials, 2011, 23(21): 2443-2447.

[67] YU Y, YAN C, GU L, et al. Three-dimensional (3D) bicontinuous Au/amorphous-Ge thin films as fast and high-capacity anodes for lithium-ion batteries[J]. Advanced Energy Materials, 2013, 3(3): 281-285.

[68] GUO X, HAN J, ZHANG L, et al. A nanoporous metal recuperated MnO_2 anode for lithium ion batteries[J]. Nanoscale, 2015, 7(37): 15111-15116.

[69] YE J, BAUMGAERTEL A C, WANG Y M, et al. Structural Optimization of 3D Porous Electrodes for High-Rate Performance Lithium Ion Batteries[J]. ACS Nano, 2015, 9(2): 2194-2202.

[70] ZHANG S, XING Y, JIANG T, et al. A three-dimensional tin-coated nanoporous copper for lithium-ion battery anodes[J]. Journal of Power Sources, 2011, 196(16): 6915-6919.

[71] WANG Z, ZHANG Y, XIONG H, et al. Yucca fern shaped CuO nanowires on Cu foam for remitting capacity fading of Li-ion battery anodes[J]. Scientific Reports, 2018, 8(1): 6530-6539.

[72] JUNG H R, KIM E J, PARK Y J, et al. Nickel-tin foam with nanostructured walls for rechargeable lithium battery[J]. Journal of Power Sources, 2011, 196(11): 5122-5127.

[73] RAHMAN M A, ZHU X, WEN C. Fabrication of nanoporous Ni by chemical dealloying Al from Ni-Al alloys for lithium-ion batteries[J]. International Journal of Electrochemical Science, 2014, 10(5): 3767-3783.

[74] PENG Z Q, FREUNBERGER S A, CHEN Y H, et al. A reversible and higher-rate Li-O_2 battery [J]. Science, 2012, 337(6094): 563-566.

[75] CHEN Y, FREUNBERGER S A, PENG Z, et al. Charging a Li-O_2 battery using a redox mediator [J]. Nature Chemistry, 2013, 5(6): 489-494.

[76] GITTLESON F S, RYU W H, TAYLOR A D. Operando observation of the gold-Eelectrolyte interface in Li-O_2 batteries[J]. ACS Applied Materials & Interfaces, 2014, 6(21): 19017-19025.

[77] WEN R, BYON H R. In situ monitoring of the Li-O_2 electrochemical reaction on nanoporous gold using electrochemical AFM[J]. Chemical Communications, 2014, 50(20): 2628-2631.

[78] CHEN L Y, GUO X W, HAN J H, et al. Nanoporous metal/oxide hybrid materials for rechargeable lithium-oxygen batteries[J]. Journal of Materials Chemistry A, 2015, 3(7): 3620-3626.

[79] GUO X, HAN J, LIU P, et al. Graphene@nanoporous nickel cathode for Li-O_2 batteries[J]. ChemNanoMat, 2016, 2(3): 176-181.

[80] ZHAO G, ZHANG L, NIU Y, et al. Enhanced durability of Li-O_2 batteries employing vertically standing Ti nanowire array supported cathodes[J]. Journal of Materials Chemistry A, 2016, 4(11): 4009-4014.

[81] XU J J, CHANG Z W, YIN Y B, et al. Nanoengineered ultralight and robust all-metal cathode for high-capacity, stable lithium-oxygen batteries[J]. ACS Central Science, 2017, 3(6): 598-604.

[82] MENG F L, CHANG Z W, XU J J, et al. Photoinduced decoration of NiO nanosheets/Ni foam with Pd nanoparticles towards a carbon-free and self-standing cathode for a lithium-oxygen battery with a

low overpotential and long cycle life[J]. Materials Horizons, 2018, 5(2): 298-302.

[83] ZHANG K, QIN F, FANG J, et al. Nickel foam as interlayer to improve the performance of lithium-sulfur battery[J]. Joural of Solid State Electrochemistry, 2014, 18(4): 1025-1029.

[84] CHENG X B, PENG H J, HUANG J Q, et al. Three-dimensional aluminum foam/carbon nanotube scaffolds as long- and short-range electron pathways with improved sulfur loading for high energy density lithium-sulfur batteries[J]. Journal of Power Sources, 2014, 261(s1): 264-270.

[85] LIU N, LU W, YAN Z, et al. Hierarchically porous TiO_2 matrix encapsulated sulfur and polysulfides for high performance lithium/sulfur batteries[J]. Journal of Alloys and Compounds, 2018, 769: 678-685.

[86] WU L, WANG Z, AN C, et al. Chemical-dealloying to fabricate nonconductive interlayers for high-loading lithium sulfur batteries[J]. Journal of Alloys and Compounds, 2019, 806: 881-888.

[87] ZHAO Y, TIAN Y, ZHANG X, et al. Mn_3O_4 octahedral microparticles prepared by facile dealloying process as efficient sulfur hosts for lithium/sulfur batteries[J]. Metals, 2018, 8(7): 515-522.

[88] YUN Q, HE Y B, LV W, et al. Chemical dealloying derived 3D porous current collector for Li metal anodes[J]. Advanced Materials, 2016, 28(32): 6932-6939.

[89] ZHAO H, LEI D, HE Y B, et al. Compact 3D copper with uniform porous structure derived by electrochemical dealloying as dendrite-free lithium metal anode current collector[J]. Advanced Energy Materials, 2018, 8(19): 1800266.

[90] SHI Y, WANG Z, GAO H, et al. A self-supported, three-dimensional porous copper film as a current collector for advanced lithium metal batteries[J]. Journal of Materials Chemistry A, 2019, 7(3): 1092-1098.

[91] YANG G, CHEN J, XIAO P, et al. Graphene anchored on Cu foam as a lithiophilic 3D current collector for a stable and dendrite-free lithium metal anode[J]. Journal of Materials Chemistry A, 2018, 6(21): 9899-905.

[92] CHI S S, LIU Y, SONG W L, et al. Prestoring lithium into stable 3D nickel foam host as dendrite-free lithium metal anode [J]. Advanced Functional Materials 2017, 27(24): 1700348.

[93] SONG R, WANG B, XIE Y, et al. A 3D conductive scaffold with lithiophilic modification for stable lithium metal batteries[J]. Journal of Materials Chemistry A, 2018, 6(37): 17967-17976.

[94] LANG X Y, YUAN H T, IWASA Y, et al. Three-dimensional nanoporous gold for electrochemical supercapacitors[J]. Scripta Materialia, 2011, 64(9): 923-926.

[95] KOBAYASHI N, OGATA H, PARK K C, et al. Investigation on capacitive behaviors of porous Ni electrodes for electric double layer capacitors[J]. Electrochimica Acta, 2013, 90(Complete): 408-415.

[96] KOBAYASHI N, SAKUMOTO T, MORI S, et al. Investigation on capacitive behaviors of porous Ni electrodes in ionic liquids[J]. Electrochimica Acta, 2013, 105(Complete): 455-461.

[97] LANG X, HIRATA A, FUJITA T, et al. Nanoporous metal/oxide hybrid electrodes for electrochemical supercapacitors[J]. Nature Nanotechnology, 2011, 6(4):232-236.

[98] KANG J, CHEN L, HOU Y, et al. Electroplated thick manganese oxide films with ultrahigh capacitance [J]. Advanced Energy Materials, 2013, 3(7): 857-863.

[99] ZHAO J, ZOU X, SUN P, et al. Three-dimensional Bi-continuous nanoporous gold/nickel foam

supported MnO_2 for high performance supercapacitors[J]. Scientific Reports, 2017, 7(1): 17857-17864.

[100] CHEN L Y, HOU Y, KANG J L, et al. Toward the Theoretical Capacitance of RuO_2 Reinforced by Highly Conductive Nanoporous Gold[J]. Advanced Energy Materials, 2013, 3(7): 851-856.

[101] KE X, ZHANG Z, CHENG Y, et al. $Ni(OH)_2$ nanoflakes supported on 3D hierarchically nanoporous gold/Ni foam as superior electrodes for supercapacitors[J]. Science China Materials, 2017, 61(3): 353-362.

[102] XIONG X, DING D, CHEN D, et al. Three-dimensional ultrathin $Ni(OH)_2$ nanosheets grown on nickel foam for high-performance supercapacitors[J]. Nano Energy, 2015, 11: 154-161.

[103] KIM S I, KIM S W, JUNG K, et al. Ideal nanoporous gold based supercapacitors with theoretical capacitance and high energy/power density[J]. Nano Energy, 2016, 24: 17-24.

[104] Chen P C, Hsieh S J, Zou J, et al. Selectively dealloyed Ti/TiO_2 network nanostructures for supercapacitor application[J]. Materials Letters, 2014, 133: 175-178.

[105] KANG J, HIRATA A, CHEN L, et al. Extraordinary supercapacitor performance of a multicomponent and mixed-valence oxyhydroxide[J]. Angewandte Chemie International Edition, 2015, 54(28): 8100-8114.

[106] AN C H, WANG Z F, XI W, et al. Nanoporous $Cu@Cu_2O$ hybrid arrays enable photo-assisted supercapacitor with enhanced capacities[J]. Journal of Materials Chemistry A, 2019, 7(26): 15691-15697.

[107] HOU Y, CHEN L, LIU P, et al. Nanoporous metal based flexible asymmetric pseudocapacitors [J]. Journal of Materials Chemistry A, 2014, 2(28): 10910-10916.

[108] LEE K U, BYUN J Y, SHIN H J, et al. A high-performance supercapacitor based on polyaniline-nanoporous gold[J]. Journal of Alloys and Compounds, 2019, 779: 74-80.

[109] MENG F H, DING Y. Sub-micrometer-thick all-solid-state supercapacitors with high power and energy densities[J]. Advanced Materials, 2011, 23(35): 4098-4102.

[110] PURKAIT T, SINGH G, KAMBOJ N, et al. All-porous heterostructure of reduced graphene oxide-polypyrrole-nanoporous gold for a planar flexible supercapacitor showing outstanding volumetric capacitance and energy density[J]. Journal of Materials Chemistry A, 2018, 6(45): 22858-22869.

[111] YAN M, YAO Y, WEN J, et al. Construction of a hierarchical $NiCo_2S_4@PPy$ core-shell heterostructure nanotube array on Ni foam for a high-performance asymmetric supercapacitor[J]. ACS Applied Materials & Interfaces, 2016, 8(37): 24525-24535.

[112] YANG X, LIN Z, ZHENG J, et al. Facile template-free synthesis of vertically aligned polypyrrole nanosheets on nickel foams for flexible all-solid-state asymmetric supercapacitors[J]. Nanoscale, 2016, 8(16): 8650-8657.

[113] 王吉华，居钰生，易正根，等. 燃料电池技术发展及应用现状综述(上)[J]. 现代车用动力，2018，000(002)：7-12，39.

[114] 衣宝廉. 燃料电池-原理、技术、应用[M]. 北京：化学工业出版社，2003.

[115] 奥海尔. 燃料电池基础[M]. 北京：电子工业出版社，2007.

[116] MAJLAN E H, ROHENDI D, DAUD W R W, et al. Electrode for proton exchange membrane fuel cells: A review[J]. Renewable and Sustainable Energy Reviews, 2018, 89: 117-134.

[117] YUAN W, TANG Y, YANG X, et al. Porous metal materials for polymer electrolyte membrane fuel cells-a review[J]. Applied Energy, 2012, 94: 309-329.

[118] ARISETTY S, PRASAD A K, ADVANI S G. Metal foams as flow field and gas diffusion layer in direct methanol fuel cells[J]. Journal of Power Sources, 2007, 165(1): 49-57.

[119] PARK J E, HWANG W, LIM M S, et al. Achieving breakthrough performance caused by optimized metal foam flow field in fuel cells [J]. International Journal of Hydrogen Energy, 2019, 44(39): 22074-22084.

[120] DICKS A , RAND D A J. Fuel Cell Systems Explained[M]. Hoboken: Wiley, 2000.

[121] CHEN R, ZHAO T S. Porous current collectors for passive direct methanol fuel cells[J]. Electrochimica Acta, 2007, 52(13): 4317-4324.

[122] CHEN R, ZHAO T S. A novel electrode architecture for passive direct methanol fuel cells[J]. Electrochemistry Communications, 2007, 9(4): 718-724.

[123] OZDEN A, SHAHGALDI S, LI X, et al. A review of gas diffusion layers for proton exchange membrane fuel cells—with a focus on characteristics, characterization techniques, materials and designs[J]. Progress in Energy and Combustion Science, 2019, 74: 50-102.

[124] 王荣跃. 直接甲酸燃料电池催化剂的设计、制备与性能研究 [D]. 济南:山东大学, 2012.

[125] DING Y, CHEN M, ERLEBACHER J. Metallic mesoporous nanocomposites for electrocatalysis [J]. Journal of the American Chemical Society, 2004, 126(22): 6876-6877.

[126] 丁轶. 纳米多孔金属：一种新型能源纳米材料[J]. 山东大学学报：理学版, 2011, 46(10): 121-133.

[127] WANG R, LIU J, PAN L, et al. Dispersing Pt atoms onto nanoporous gold for high performance direct formic acid fuel cells[J]. Chemical Science, 2013, 5(1): 403-409.

[128] YAN X, MENG F, XIE Y, et al. Direct N_2H_4/H_2O_2 fuel cells powered by nanoporous gold leaves [J]. Scientific Reports, 2012, 2(1): 941-947.

[129] ZEIS R, MATHUR A, FRITZ G, et al. Platinum-plated nanoporous gold: An efficient, low Pt loading electrocatalyst for PEM fuel cells[J]. Journal of Power Sources, 2007, 165: 65-72.

[130] SHI S, WEN X L, SANG Q Q, et al. Ultrathin nanoporous metal electrodes facilitate high proton conduction for low-Pt PEMFCs[J]. Nano Research, 2021, 14(257): 2681-2688.

[131] TIAN M M, SHI S, SHEN Y L, et al. PtRu alloy nanoparticles supported on nanoporous gold as an efficient anode catalyst for direct methanol fuel cell[J]. Electrochimica Acta, 2019, 293:390-398

[132] SANG Q Q, YIN S, LIU F, et al. Highly coordinated Pd overlayers on nanoporous gold for efficient formic acid electro-oxidation[J]. Nano Research, 2021, 14: 3502-3508.

[133] GUO H, YIN H M, YAN X L, et al. Pt-Bi decorated nanoporous gold for high performance direct glucose fuel cell[J]. Scientific Reports, 2016, 6: 39162.

[134] WANG R, LIU J, LIU P, et al. Ultra-thin layer structured anodes for highly durable low-Pt direct formic acid fuel cells[J]. Nano Research, 2014, 7(11):1569-1580.

[135] YABUUCHI N, KUBOTA K, DAHBI M, et al. Research development on sodium-ion batteries [J]. Chemical Reviews, 2014, 114(23): 11636-11682.

[136] VAALMA C, BUCHHOLZ D, WEIL M, et al. A cost and resource analysis of sodium-ion batteries [J]. Nature Reviews Materials, 2018, 3(4): 18013-18023.

[137] LIU S, FENG J K, BIAN X F, et al. The morphology-controlled synthesis of a nanoporous-

antimony anode for high-performance sodium-ion batteries[J]. Energy Environmental Science, 2016, 9(4): 1229-1236.

[138] YUAN S, HUANG X L, MA D L, et al. Engraving copper foil to give large-scale binder-free porous CuO arrays for a high-performance sodium-ion battery anode[J]. Advanced Materials, 2014, 26(14): 2273-2279.

[139] SU D W, DOU S X, WANG G X. Hierarchical orthorhombic V2O5 hollow nanospheres as high performance cathode materials for sodium-ion batteries[J]. Journal of Materials Chemistry A, 2014, 2(29): 11185-11194.

[140] KIM H, KIM J C, BIANCHINI M, et al. Recent progress and perspective in electrode materials for K-ion batteries[J]. Advanced Energy Materials, 2018, 8(9):1702384.

[141] RAJAGOPALAN R, TANG Y, JI X, et al. Advancements and challenges in potassium ion batteries: a comprehensive review[J]. Advanced Functional Materials, 2020, 30(12):1909486.

[142] AN Y, TIAN Y, CI L, et al. Micron-sized nanoporous antimony with tunable porosity for high-performance potassium-ion batteries [J]. ACS Nano, 2018, 12(12): 12932-12940.

[143] HASHIMOTO T, HAYASHI K. Aqueous and nonaqueous sodium-air cells with nanoporous gold cathode[J]. Electrochimica Acta, 2015, 182: 809-814.

[144] ZHANG B W, LIU Y D, WANG Y X, et al. In situ grown S nanosheets on Cu foam: an ultrahigh electroactive cathode for room-temperature Na-S batteries[J]. ACS Applied Materials & Interfaces, 2017, 9(29): 24446-24450.

[145] LIU S, TANG S, ZHANG X, et al. Porous Al current collector for dendrite-free Na metal anodes [J]. Nano Letters, 2017, 17(9): 5862-5868.

[146] LIU P, WANG Y, GU Q, et al. Dendrite-free potassium metal anodes in a carbonate electrolyte [J]. Advanced Materials, 2020, 32(7): 1906735.

[147] BLANC L E, KUNDU D, NAZAR L F. Scientific challenges for the implementation of Zn-ion batteries[J]. Joule, 2020, 4(4): 771-799.

[148] ZHANG N, CHENG F, LIU J, et al. Rechargeable aqueous zinc-manganese dioxide batteries with high energy and power densities [J]. Nature Communications, 2017, 8(1): 405-413.

[149] PARKER J F, CHERVIN C N, PALA I R, et al. Rechargeable nickel-3D zinc batteries: An energy-dense, safer alternative to lithium-ion[J]. Science, 2017, 356(6336): 415-418.

[150] WANG C, ZHU G, LIU P, et al. Monolithic nanoporous Zn anode for rechargeable alkaline batteries[J]. ACS Nano, 2020, 14(2): 2404-2411.

[151] WU C, ZHAO G, BAO X, et al. Hierarchically porous delta-manganese dioxide films prepared by an electrochemically assistant method for Mg ion battery cathodes with high rate performance[J]. Journal of Alloys & Compounds, 2019, 770: 914-919.

[152] LIN M C, GONG M, LU B, et al. An ultrafast rechargeable aluminum-ion battery[J]. Nature, 2015, 520(7547): 325-328.

[153] LEE D U, CHOI J-Y, FENG K, et al. Advanced extremely durable 3D bifunctional air electrodes for rechargeable zinc-air batteries[J]. Advanced Energy Materials,2014, 4(6):1301389-1301393.

[154] XIN G, WANG X, WANG C, et al. Porous Mg thin films for Mg-air batteries[J]. Dalton Transactions, 2013, 42(48): 16693-16696.